现代学徒制试点创新成果系列教材

建筑装饰工程计量与计价

主　编　吴美琼　陈惠渝

副主编　彭　聪　王　璐　庞慧英

主　审　罗志龙

中国水利水电出版社
www.waterpub.com.cn
·北京·

内 容 提 要

本教材根据现行的国家标准、规范进行编写，主要介绍了建筑装饰工程造价基本知识，包括现行工程量清单计价模式的内容、方法，工程量清单的编制规则以及编制方法、工程招标控制价以及投标报价的编制方法及过程，最后以案例形式介绍了应用较广泛的造价软件的使用与应用。通过本教材的学习，基本能掌握建筑装饰工程工程造价管理的基本知识，能够进行工程量清单和工程投标报价书的编制。

本教材既可用作高职高专工程造价等相关专业教学用书，也可作为建筑装饰计量与计价课程培训教材，还可供装饰装修工程造价技术人员参考。

图书在版编目（CIP）数据

建筑装饰工程计量与计价 / 吴美琼，陈惠渝主编
. -- 北京：中国水利水电出版社，2020.8(2022.8重印)
现代学徒制试点创新成果系列教材
ISBN 978-7-5170-8700-7

Ⅰ．①建… Ⅱ．①吴… ②陈… Ⅲ．①建筑装饰－工程造价－高等职业教育－教材 Ⅳ．①TU723.3

中国版本图书馆CIP数据核字(2020)第126694号

书　　名	现代学徒制试点创新成果系列教材 **建筑装饰工程计量与计价** JIANZHU ZHUANGSHI GONGCHENG JILIANG YU JIJIA
作　　者	主　编　吴美琼　陈惠渝 副主编　彭　聪　王　璐　庞慧英 主　审　罗志龙
出版发行	中国水利水电出版社 （北京市海淀区玉渊潭南路 1 号 D 座　100038） 网址：www.waterpub.com.cn E-mail：sales@mwr.gov.cn 电话：(010) 68545888（营销中心）
经　　售	北京科水图书销售有限公司 电话：(010) 68545874、63202643 全国各地新华书店和相关出版物销售网点
排　　版	中国水利水电出版社微机排版中心
印　　刷	清淞永业（天津）印刷有限公司
规　　格	184mm×260mm　16 开本　15.5 印张　377 千字
版　　次	2020 年 8 月第 1 版　2022 年 8 月第 2 次印刷
印　　数	1501—4500 册
定　　价	**49.50 元**

凡购买我社图书，如有缺页、倒页、脱页的，本社营销中心负责调换

编　委　会

主　任　李　林

副主任　刘存香

秘书长　蔡永强

委　员　龙艳红　陆尚平　韦庆辉　余金凤　邓海鹰
　　　　　陈炳森　宁爱民　吴美琼　陈光会　黄晓东
　　　　　江　颉　黄勇标　梁小流　古　朴（宝鹰）
　　　　　李　捷（鑫伟万豪）

本　书　编　写　人　员

主　编　吴美琼　陈惠渝

副主编　彭　聪　王　璐　庞慧英

主　审　罗志龙

 序

　　国家在 2019 年出台了《国家职业教育改革实施方案》（简称《方案》），职业教育迎来了一个重大发展机遇，《方案》明确提出职业院校要进一步总结现代学徒制和企业新型学徒制经验，坚持工学结合，推动校企全面加强深度合作。这既说明国家对已开展的现代学徒制工作的高度肯定，同时也反映了现代学徒制人才培养模式还要继续创新，要办出中国特色。

　　广西水利电力职业技术学院是教育部现代学徒制试点单位，在现代学徒制培养方面做了大量且有益的探索，学院与深圳市宝鹰建设集团股份有限公司联合，共同针对如何招生、如何组织分段式教学、如何实施"师带徒"、如何建设移动式教学工场等问题进行了深入研究与实践，并形成了符合现代学徒制特征、又不乏特色的"一生三场、双元分段、三师共育、四位评价"的"1234"人才培养模式。

　　本人有幸为教材作序，实感惶恐，通篇阅读后深有感触。本教材可以说是学院现代学徒制试点工作的特色成果之一，教材内容遵照我国建筑装饰行业标准，将理论与实践有机融合，可操作性强。难能可贵的是此教材可作为教师开展碎片化知识重构和组织课程模块化教学的有益辅助，值得面向全国同类专业推荐。

　　然正如书中前言所述，教材还存在值得进一步雕琢研磨之处，譬如还要进一步结合"三教"改革要求，进一步完善成为"工作手册式""活页式"教材；要进一步结合资源库建设，丰富教材内容等。

　　总之，作为市面上为数不多、在现代学徒制探索中形成的教材，编写组勇气可嘉，创新精神值得肯定。

2020 年 5 月 9 日

前言

　　现代学徒制是传统学徒培训与现代教育相结合、企业与学校合作育人机制的一种职业教育制度。为深化教学改革、创新人才培养模式，广西水利电力职业技术学院与深圳市宝鹰建设集团股份有限公司开展双主体联合办学，通过专业教学标准研制、共同组建科研团队、开展教师培训与交流、教学资源建设与共享、联合研发教材等方式，开展现代学徒制试点建设。

　　产教融合、校企合作是职业教育的基本规律。针对高职院校人才培养出现的脱离企业岗位能力、不注重实用与创新的教育"夹生饭"现象，校企联合开发了学徒制系列教材，在人才培养目标、培养内容、培养方式、师资配备等方面协同，最终实现"高等性"、"职业性"和"教育性"的有机统一。《建筑装饰工程计量与计价》为建筑装饰工程技术专业核心课程教材，注重实例应用，以企业建设项目为案例，结合实践经验和教学研究基础，校企合作进行编制而成。本教材是按新规范、新标准编写的，内容上既重理论，也重技能，具有可操作性、实用性、实践性强的特点，并强调了新技术、新规范的应用。在内容的编排上采用重点难点知识图文对照的形式，新颖直观，通俗易懂，流程清晰，便于自学。本教材适用于建筑装饰工程技术专业、建筑室内设计专业教学培训使用，也为其他现代学徒制专业及课程提供借鉴和参考。

　　本教材主要参考规范有：《建设工程工程量清单计价规范》（GB 50500—2013）（全书简称《计价规范》）、《房屋建筑与装饰工程工程量计算规范》（GB 50854—2013）（全书简称《计量规范》）、2013年发布的《广西壮族自治区建筑装饰装修工程消耗量定额》（全书简称2013版《广西定额》）、《广西壮族自治区建筑装饰装修工程费用定额》。本教材案例使用图纸，如无特别说明，单位均为"mm"，书中不再标注。本教材出现如"A9－83"此类编号，则为《广西壮族自治区建筑装饰装修工程消耗量定额》的定额子目编号，需配合2013版《广西定额》查询使用。

　　本教材由广西水利电力职业技术学院建筑装饰教学团队教师和深圳市宝

鹰建设集团股份有限公司技术部资深专家共同编写。主编由广西水利电力职业技术学院吴美琼、陈惠渝担任，副主编由广西水利电力职业技术学院彭聪、王璐、庞慧英担任。主审是深圳市宝鹰建设集团股份有限公司罗志龙。全书共分8章，具体分工：庞慧英编写项目1～项目3，彭聪编写项目4，吴美琼编写项目5，王璐编写项目6，陈惠渝编写项目7和项目8及附录。陈惠渝负责整本教材的内容设计和最后的文字整理，吴美琼负责整本教材的内容校对。

　　本教材在编写过程中参考了许多教材和文献资料，并得到了深圳市宝鹰建设集团股份有限公司的大力支持，在此一并表示衷心感谢。

　　限于编者水平，书中难免有不足之处，恳请读者批评指正。

编者

2020 年 5 月

目录

项目 1 概　　述

【内容提要】

本章主要内容包括工程建设的相关知识、工程计量与计价的基础知识。

【知识目标】

1. 了解工程建设的概念。
2. 了解工程建设的构成。
3. 掌握工程建设的程序。
4. 掌握建设工程计价的特点。
5. 掌握建设工程计价的类型及应用。

【能力目标】

1. 能理解工程建设的概念。
2. 能理解工程建设的程序。
3. 能明确建设工程计价的特点。
4. 能明确建设工程计价的类型及应用。

【学习建议】

1. 结合工程实践理解工程建设的概念、特征。
2. 结合工程实践理解建设工程计价的特点、类型及应用。

任务 1.1　工程建设相关知识

1.1.1　工程建设的概念

工程建设是指固定资产扩大再生产的新建、改建、扩建、恢复工程以及与之相连带的其他工作。简单地说，它是一种综合性的将投资转化为固定资产的经济活动，但是以新建和扩建为主，也就是把一定的建筑材料、机器设备，通过购置、建造与安装等活动转化为固定资产的过程，还包括一些相连带的工作，如征用土地、勘察设计、筹建机构、职工培训等。

社会的扩大再生产主要依靠工程的建设活动来实现。而所谓的固定资产，是指在生产和消费领域中实际发挥效能并长期使用着的劳动资料和消费资料，是使用年限在一年以上，且单位价值在规定额以上的一种物质财富。如厂房、铁路、公路、桥梁、码头、各种机器设备；住宅、医院、学校、办公楼、影剧院和各种生活福利设施等。前一种称为生产性固定资产，后一种称为非生产性固定资产。

1.1.2　工程建设的构成

工程建设的构成一般包括 5 个方面：①建筑工程；②设备、工器具的购置；③安装工程；④地质的勘探及勘察设计工作；⑤其他工程建设工作（包括土地征购、拆迁补偿、人

1

员培训等)。

建筑工程是指永久性和临时性的建筑物,构筑物的土建,采暖、通风、给水排水、照明工程、动力、电信管线的敷设工程,设备基础,工业炉砌筑,厂区竖向布置工程,铁路、公路、桥涵及农田水利工程以及建筑场地平整,清理和绿化工程等。

设备、工器具的购置是指车间、试验室、医院、学校、车站等生产场所应配备的各种设备、工具、生产家具及试验仪器的购置。

安装工程是指一切需要安装与不需要安装的生产、动力、电信、起重、运输、医疗、试验等设备的装配、安装工程,以及附属于被安装设备的管线敷设、金属支架、梯台和有关保温、油漆、测试、试车等工作。

地质的勘探及勘测设计工作是指通过各种手段、方法对地质进行勘查、探测,进行地质结构层的分析,为工程设计打下基础。

其他工程建设工作是指上述以外的各种工作,如土地征购、青苗赔偿、干部及生产人员培训、科学研究、施工队伍调迁及大型临时设施等。

我们在今后的学习中,主要以建筑工程为主。

1.1.3 工程建设项目的划分(由整体到局部)

以某学院的建设为例,介绍工程建设项目的划分如图 1.1.1 所示。

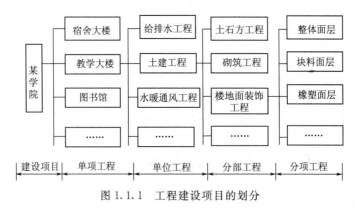

图 1.1.1 工程建设项目的划分

1. 建设项目

建设项目是指具有设计任务书、经济上实行独立核算、管理上具有独立组织形式的基本建设单位。建设项目具有单件性并具有一定的约束条件。例如,投入一定资金,在某一地点、时间内按照总体设计建造一座具有一定生产能力的工厂或建设一所学校、一所医院都可以称作是一个建设项目。

2. 单项工程

单项工程是指具有独立的设计文件,建成后可以独立发挥生产能力或使用效益的工程,是建设项目的组成部分,一个建设项目可以是一个或多个单项工程。例如,一座工厂的各个车间、办公楼等,一所医院的病房楼、门诊楼等。

3. 单位工程

单位工程一般是指具有独立设计文件,可以独立组织施工和单独成为核算对象,但建成后不能单独进行生产或发挥使用效益的工程,是单项工程的组成部分。例如,教学楼的土建工程、生活给水排水工程、电气照明工程、采暖工程等都是单位工程。建筑安装工程预算都是以单位工程为基本单元进行编制的。

4. 分部工程

分部工程是单位工程的组成部分，是按单位工程的结构形式、工程部位、构件性质、使用材料、设备种类等类别划分的工程项目。例如，一般土建工程可以划分为土石方工程、桩基础工程、砌筑工程、混凝土和钢筋混凝土工程、金属结构工程、构件运输及安装工程、木结构及木装修工程、楼地面工程、屋面工程、装饰工程等分部工程。

5. 分项工程

分项工程是分部工程的组成部分，一般是按不同的施工方法、所使用材料及构件规格等划分。例如，砌筑工程可以划分为砖基础、内墙、外墙、空斗墙、空心砖墙、砖柱、钢筋砖过梁等。分项工程是用较简单的施工过程完成，可以计算工料消耗的最基本构成项目。

分项工程是单位工程组成的基本要素，它是工程造价的基本计算单位体，在"预算定额"中是组成定额的基本单位体，这种单位体也被称作定额子目。

综上所述，一个建设项目是由一个或几个单项工程组成，一个单项工程是由几个单位工程组成，一个单位工程又可划分为若干个分部工程，一个分部工程又可划分成许多分项工程。

1.1.4 工程建设程序

工程建设程序是指工程建设项目从决策立项、勘察设计、施工建造到竣工验收等整个工作过程中各个阶段的先后顺序。工程建设的完成需要进行多方面的工作，其中，有些相互连接，有些又相互交叉，所以，这些工作必须按照一定的工作程序来进行才能达到预期的效果，科学的（基本）工程建设程序是工程建设全过程及其客观规律性的反映，是不可随意改变的。

我国的工程建设程序包括项目建议书阶段、可行性研究阶段、设计阶段、建设准备阶段、建设施工阶段和竣工验收阶段。

1. 项目建议书阶段

项目建议书是对拟建项目轮廓的设想，是投资决策前的建议性文件。项目建议书是建设单位向国家提出建设某一具体项目书面要求。其作用是对拟建设项目的初步说明，论述项目建设的必要性、可行性及获利的可能性，供国家主管部门选择确定是否进行下一步工作。

项目建议书的内容包括：

（1）提出项目建设的必要性和依据。

（2）拟建项目的规模、产品方案、建设地点的初步设想。

（3）建设条件、资源条件、协作关系的初步分析。

（4）建设项目投资估算和资金筹措方法以及偿还能力的大致测算。

（5）建设项目经济效益、社会效益、环境效益的初步估算。

（6）项目的进度安排。

有关文件明确规定，所有建设项目都要有提出和审批项目建议书这一程序。国家根据项目建议书对建设项目进行选择以及可行性的研究。但项目建议书被批准后，并不表示项目正式成立，而只是反映国家同意该项目进行下一步的工作，即进入可行性研究阶段。

2. 可行性研究阶段

可行性研究是指根据国民经济发展规划和项目建议书，对建设项目进行技术可行性和经济合理性的分析、论证。即论证该项目在技术上是否先进，经济上是否合理，运作后是否盈利。通过多方案的比较，最后提出评价的意见，决定其行与不行。可行性研究大体分为市场需求研究、技术研究和经济研究。其内容大致包括：

(1) 总论，包括建设项目提出、投资的必要性和经济意义以及研究工作的依据和范围。

(2) 需求预测及拟建规范，包括国内外需求情况预测；国内现有生产能力的估计；销售预测，价格分析，产品的竞争能力分析，进入国际市场的前景；拟建项目的规模，产品方案和发展方向的技术比较分析。

(3) 资源、原材料、燃料及公用设施，包括资源的储量、品位、成分及其开采、使用条件；原材料的种类、数量来源和供应可能；所需公用设施的数量和供应条件。

(4) 建厂条件和厂址方案，包括建厂的地理位置、气象、水文、地质、地形条件和社会经济状况；交通运输及水、电、气的现状和发展趋势；厂址比较与选择意见。

(5) 方案设计，包括项目的构成范围（指各种单位项目工程），技术来源和生产方法，主要技术工艺和设备选择方案的比较，引进技术设备的来源国别，与外商合作制造的可能性；全厂布置方案的初步选择和土建工程量的结算；公用辅助设施和厂内外交通运输方式、比较和初步选择。

(6) 环境保护，包括调查环境现状，分析预测项目对环境的影响，提出环境保护措施及治理；"三废"的初步方案。

(7) 企业组织、劳动定员和人员培训的计划。

(8) 实施进度的计划。

(9) 投资估算和资金筹措，包括主体工程和协作配套工程所需的投资；生产流动资金的估算；资金来源、筹措方式和贷款的偿付方式。

(10) 社会效益和经济效果的评价。可行性研被批准后，是不能任意修改的，它是确定建设项目、编制设计文件的依据。

3. 设计阶段

设计阶段是根据报批的可行性研究报告进行的，除方案设计外，一般分为初步设计和施工图设计两个阶段。有的建设项目，技术比较复杂又增加技术设计阶段，初步设计和技术设计被称为扩大初步设计，简称扩初设计阶段。初步设计师根据有关的设计基础资料，拟定建设项目实施的初步方案，并编制项目的总概算。设计文件是由设计说明书、设计图纸和设计概算组成，可作为主要设备的订货、施工准备工作、土地征用、控制投资、施工图设计或技术设计以及编制施工组织总设计等的依据。初步设计和设计概算按其规模大小和规定的审批程序报相应主管部门批准，只有经批准后才可进行技术设计或施工图设计。

施工图设计师根据批准的初步设计文件对建设项目方案进一步具体化、明确化，通过详细的计算和安排，绘制出正确的建筑安装图纸，并编制施工图预算。

4. 建设准备阶段

建设准备阶段是工程开工前的各项准备工作，其内容包括：

（1）征地拆迁。土地征用是根据国家的土地管理法规和城市规划进行的，一般用地单位要支付一定的土地补偿费和安置补助费。

（2）五通一平。"五通"是指工程施工现场的路通、电通、水通、信通、气通；"一平"是指场地平整工作。

（3）进行招投标，择优选择施工单位。

（4）搭建工程的临时设施。

（5）办理工程开工手续。

5. 建设施工阶段

建设施工阶段包括施工前的准备，组织施工以及生产准备。

6. 竣工验收阶段

竣工验收阶段是建设项目建设过程中的最后一个阶段，也是建设项目转入生产或使用的标志。

建设项目竣工验收、交付生产和使用，应达到下列标准：

（1）生产性工程和辅助性公用设施，已按设计要求全部建成。

（2）主要工艺设备已安装配套，经联动负荷试车已构成生产线，形成生产力，能够生产出设计文件所规定的产品。

（3）一些必要的生活（产）福利设施能适应投产初期的需要，如职工宿舍等。

竣工验收的程序为先由建设单位对单项工程组织验收，然后同业主吸纳建设、施工、设计单位以及建设银行、环保等有关部门共同组织的验收委员会进行全面的验收，并向主管部门提交竣工验收报告。竣工验收报告需提供下列文档资料：工程竣工图和竣工决算，隐蔽工程记录，工程定位测量记录，建筑物、构筑物的各种试验记录，设计变更通知单，质量事故处理报告以及工程造价方面的有关资料。

验收合格后，办理交工验收手续，正式移交使用。

任务 1.2　工程计量与计价的基础知识

1.2.1　工程计量计价的概念

工程计量，即工程造价的确定，应该以该工程所要完成的工程实体数量为依据，对工程实体的数量做出正确的计算，并以一定的计量单位表述，这就需要工程计量，即工程量的计算，以此作为工程造价的基础。

工程计价是指计算和确定建筑工程的造价，具体是指工程造价人员在项目实施的各个阶段，根据不同要求，遵循计价原则和程序，采用科学的计价方法，对投资项目最可能实现的合理计价作出科学的计算，从而确定投资项目的工程造价，编制工程造价的经济文件。

建筑装饰工程造价有两层含义：第一层含义是指建设一项工程预期开支或实际开支的全部固定资产投资费用，包括设备及工器具购置费、建筑安装工程费、工程建设其他费、预备费、建设期贷款利息和固定资产投资方向调节税；第二层含义是从承发包的角度来定义，工程造价是工程承发包价格，对于发包方和承包方来说，就是工程承发包范围以内的建造价格。建设项目总承发包有建设项目工程造价，某单项工程建筑安装任务的承发包有该单项工程的建筑安装工程造价，某工程二次装饰分包有装饰工程造价等。

由于工程造价具有大额性、个别性和差异性、动态性、层次性及兼容性等特点，所以，建筑工程计价的内容、方法及表现形式也各不相同。业主或其委托的咨询单位编制的建设项目的投资估算价、设计概算价、标底价、承包商或分包商提出的报价都是工程计价的不同表现形式。

1.2.2　建筑装饰工程计价的特点

1. 计价的单件性

建筑工程产品的个别性和差异性决定了每项建设项目都必须单独计算造价。每项建设项目都有其特点、功能与用途，因而导致其结构不同。项目所在地的气象、地质、水文等自然条件不同，建设地点、社会经济等都会直接或间接地影响建设项目的计价。因此，每一个建设项目都必须根据其具体情况进行单独计价，任何建设项目的计价都是按照特定空间、一定时间来进行。即便是完全相同的建设项目，由于建设地点或建设时间不同，也会影响其工程的造价，因此，仍必须进行单独计价。

2. 计价的多次性

建设项目的建设周期长、规模大、造价高，这就要求在工程建设的各个阶段多次计价，并对其进行监督和控制，以保证工程造价计算的准确性和控制的有效性。计价的多次性特点决定了工程造价不是固定、唯一的，而是随着工程的进行，逐步接近实际造价并最终达到实际造价的过程。

（1）投资估算，指在编制项目建议书、进行可行性研究阶段，根据投资估算指标、类似工程造价资料、现行的设备材料价格并结合工程的实际情况，对拟建项目的投资需要量进行估算。投资估算是可行性研究报告的重要组成部分，是判断项目可行性、进行项目决策、筹资、控制造价的主要依据之一。经批准的投资估算是工程造价的目标限额，是编制概预算的基础。

（2）设计总概算，指在初步的设计阶段，根据初步设计的总体布置，采用概算定额或概算指标等编制项目的总概算。设计总概算是初步设计文件的重要组成部分。经批准的设计总概算是确定建设项目的总造价、编制固定资产投资计划、签订建设项目承包合同和贷款合同的依据，也是控制拟建项目投资的最高限额。概算造价可分为建设项目概算总造价、单项工程概算综合造价和单位工程概算造价三个层次。

（3）修正概算，指当采用三阶段设计时，在技术设计阶段随着对初步设计的深化，建设规模、结构性质、设备类型等方面可能要进行必要的修改和变动，因此，初步设计阶段概算随之需要作必要的修正和调整。但一般情况下，修正概算造价不能超过概算造价。

（4）施工图预算，指在施工图设计阶段，根据施工图纸以及各种计价依据和有关规定编制施工图预算，它是施工图设计文件的重要组成部分。经审查批准的施工图预算是签订建筑安装工程承包合同、办理建筑安装工程价款结算的依据，它比概算造价或修正概算造价更为详尽和准确，但不能超过设计总概算造价。

（5）合同价，指工程招标投标阶段，在签订总承包合同、建筑安装工程施工承包合同、设备材料采购合同时，由发包方和承包方共同协商一致，作为双方结算基础的工程合同价格。合同价属于市场价格的性质，它是由发承包双方根据市场行情共同议定和认可的成交价格，但并不等同于最终决算的实际工程造价。

（6）施工预算，指在施工阶段，由施工单位根据施工图纸、施工定额、施工方案及相关施工文件编制的，用以体现施工中所需消耗的人工、材料及施工机械台班数量及相应费用的文件。

施工预算是施工企业计划成本的依据，反映了完成建设项目所消耗的实物与金额数量标准，也是与施工图预算进行"两算对比"的基础资料。施工企业通过"两算对比"可以预先发现项目的"效益值"或"亏损值"，以便有针对性的采取相应措施来减少亏损，有利于企业生产管理及成本控制。

（7）结算价，指在合同实施阶段，以合同价为基础，同时考虑实际发生的工程量增减、设备材料价差等影响工程造价的因素，按合同规定的调价范围和调价方法对合同价进行必要的修正和调整，确定结算价。结算价是该单项工程的实际造价。

（8）竣工决算，指在竣工验收阶段，根据工程建设过程中实际发生的全部费用，由建设单位编制。竣工决算反映工程的实际造价和建成交付使用的资产情况，作为财产交接、考核交付使用财产和登记新增财产价值的依据，它是建设项目的最终实际造价。

以上内容说明，工程的计价过程是一个由浅到深、由粗略到精细，经过多次计价最终达到实际造价的过程。各计价过程之间是相互联系、相互补充、相互制约的关系，前者制约后者，后者补充前者。各个经济文件之间的对应关系见表 1.2.1。

表 1.2.1　　　　　　　　　　　　经济文件之间的对应关系

项　　目	设计概算	施工图预算	施工预算	工程结算	工程决算
编制时间	设计阶段	施工图设计后	建设实施阶段	建设实施阶段	工程竣工阶段
编制单位	设计部门	施工企业、业主	施工企业	施工企业	业主
使用图纸及定额	概算定额（指标）设计图纸	预算定额及施工图纸	施工定额及施工图纸	预算定额及施（竣）工图纸	预算定额及竣工图纸
编制目的	控制装饰工程总投资	工程造价（标底、工程预算成本）	进行两算对比，降低工程成本，提高经济效益等	申请支付进度款	计算装饰工程全部建设费用
编制对象范围	装饰工程	装饰单位工程	装饰单位工程或分部（分项）工程	装饰分部（分项）工程或单位工程	单位工程
编制深度	工程项目总投资概算	详细计算造价金额，比概算要精确些	准确计算工料机消耗	与建筑装饰实体相符的详细造价	与建筑装饰实体相符的详细造价

3. 计价的组合性

工程造价的计算是逐步组合而成的，一个建设项目总造价由各个单项工程造价组成，一个单项工程造价由各个单位工程造价组成，一个单项工程造价按分部分项工程计算得出，这充分体现了计价组合的特点。因此，工程计价的过程：分部分项工程造价→单位工程造价→单项工程造价→建设项目总造价。

4. 计价方法的多样性

工程造价在各个阶段具有不同的作用，而且各个阶段对建设项目的研究深度也有很大的差异，因而工程造价的计价方法是多种多样的。在可行性研究阶段，工程造价的计价多采用设备系数法、生产能力指数估算法等。在设计阶段，尤其是施工图设计阶段，设计图纸完整，细部构造及做法均有大样图，工程量已能准确计算，且施工方案比较明确，此时多采用定额法或实物法计算。

5. 计价依据的复杂性

由于工程造价的构成复杂，影响因素多，且计价方法多种多样，因此，计价依据的种类也很多，主要可分为以下 7 类：

(1) 设备和工程量的计算依据，包括项目建议书、可行性研究报告、设计文件等。

(2) 计算人工、材料、机械等实物消耗量的依据，包括各种定额。

(3) 计算工程资源单价的依据，包括人工单价、材料单价、机械台班单价等。

(4) 计算设备单价的依据，包括设备原价、设备运杂费、进口设备关税等。

(5) 计算企业管理费和工程建设其他费用的依据，主要是相关的费用定额和指标。

(6) 政府规定的税费依据。

(7) 调整工程的依据，如造价文件规定、物价指数、工程造价指数等。

1.2.3　建筑装饰工程计价的类型及其应用

由于建筑产品价格的特殊性，其与一般工业产品价格的计价方法相比，采取了特殊的计价模式，即定额计价模式和工程量清单计价模式。

1. 定额计价模式

建设工程定额计价模式是我国长期以来在工程价格形成中采用的计价模式，是国家通过颁发统一的估价指标、概算指标、概算定额、预算定额和相应的费用定额，对建筑产品价格有计划地进行管理的一种方式。在计价中以定额为依据，按定额规定的分部分项子目，逐项计算工程量，套用定额单价（或单价估价表）确定人工费、材料费和机械费，然后按规定取费标准确定构成工程价格的其他费用和利税（利润和税金的合称），最后汇总即可获得建筑安装工程造价。

建设工程概预算书是根据不同设计阶段的设计图纸和国家规定的定额、指标及各项费用取费标准等资料，预先计算的新建、扩建、改建工程的投资额的技术经济文件。由建设工程概预算书所确定的每一个建设项目、单项工程或单位工程的建设费用实质上就是相应工程的计划价格。

定额计价模式可以确定建筑产品价格定额计价的基本方法和程序，还可以用公式表示如下：

$$人工费 = \sum (人工工日数量 \times 人工工资标准)$$

$$材料费 = \sum (材料用量 \times 材料基价)$$

$$施工机械使用费 = \sum (机械台班用量 \times 台班单价)$$

$$单位工程概预算造价 = 人工费 + 材料费 + 施工机械使用费 + 企业管理费 + 利润 + 规费 + 税金$$

$$单位工程概算造价 = \sum 单位工程概预算造价 + 设备、工器具购置费$$

$$建设项目全部工程概预算造价 = \sum 单项工程概算造价 + 预备费 + 有关的其他费用$$

长期以来，我国发承包计价以工程概预算定额为主要依据。因为工程概预算定额是我国几十年计价实践的总结，具有一定的科学性和实践性，所以，用这种方法计算和确定工程造价，过程简单、快速，结果也比较准确，有利于工程造价管理部门的管理。但预算定额是按照计划经济的要求制定、发布、贯彻执行的，定额中人工、材料、机械的消耗量是根据"社会平均水平"综合测定的，费用标准是根据不同地区平均测算的。因此，企业采用这种模式报价时就会表现出平均主义，不能结合项目具体情况、自身技术优势、管理水平和材料采购渠道价格进行自主报价，不能充分调动企业加强管理的积极性，也不能充分体现市场公平竞争的基本原则。

2. 工程量清单计价模式

采用定额计价模式所确定的工程造价是按照国家建设行政主管部门发布的现行的工程预算定额消耗量和有关费用及相应价格编制的，反映的是社会平均水平，以此为依据形成的工程造价基本上属于社会平均价格。这种平均价格可作为市场竞争的参考价格，但不能充分反映参与竞争企业的实际消耗和技术管理水平，在一定程度上限制了企业的公平竞争。

工程量清单计价模式是一种主要由市场定价的计价模式，是由建设产品的买方和卖方在建设市场上根据供求状况、信息状况进行自由的竞价，从而最终能够签订工程合同价格的方法。

工程量清单计价模式是在建设工程招标中按照国家统一的《建设工程工程量清单计价规范》（GB 50500—2013），招标人或其委托有资质的咨询机构，编制反映工程实体消耗和措施消耗的工程量清单，并作为招标文件的一部分提供给投标人，由投标人依据工程量清单，以及各种渠道获得的工程造价信息和经验数据，结合企业个别消耗定额自主报价的计价方式。

工程量清单计价的过程可分为两个阶段：工程量清单的编制和利用工程量清单来编制投标报价或招标控制价。其计算过程可用公式表示如下：

分部分项工程费＝∑分部分项工程量×相应分部分项工程综合单价

措施项目费＝∑各措施项目费

其他项目费＝暂列金额＋暂估价＋计日工＋总承包服务费

单位工程报价＝分部分项工程费＋措施项目费＋其他项目费＋规费＋税金

单项工程报价＝∑单位工程报价

建设项目总报价＝∑单项工程报价

由于工程量清单计价模式需要比较完善的企业定额体系以及较高的市场化环境，短期内难以全面推广。因此，目前我国建设工程造价实行"双轨制"计价管理办法，即定额计价法和工程量清单计价法同时实行。但工程量清单计价是将来我国工程造价的发展方向。

1.2.4　影响工程造价的因素

影响工程造价的主要因素有两个，即基本构造要素的单位价格和基本构造要素的实物工程数量，可用下列基本计算式表达：

工程造价＝∑（实物工程量×单位价格）

基本子项的单位价格高，工程造价就高；基本子项的实物工程量大，工程造价也大。在进行工程造价计价时，实物工程量的计量单位是由单位体格的计量单位决定的。如果单位价格计量单位的对象取得较大，得到的工程估算就较粗略，反之，工程估算则较细，较准确。单位子项的实物工程量可以通过工程量计算规则和设计图纸计算而得，它可以直接反映工程项目的规模和内容。

本 章 小 结

本章简单而准确地阐述了建设工程、建设工程计量与计价的概念，详细介绍了工程建设的构成，其中重点是我国工程建设程序、工程计价的特点，难点是掌握工程计价的类型应用于工程实际中。通过本章的学习，应使学生明确建设工程计量与计价的特点和类型。

技 能 训 练

一、选择题

1. （　　）指固定资产扩大再生产的新建、改建、扩建、恢复工程以及与之相连带的其他工作。

A. 工程建设　　　　B. 工程造价　　　　C. 市政工程　　　　D. 建筑工程

2. （　　）指当采用三阶段设计时，在技术设计阶段随着对初步设计的深化，建设规模、结构性质、设备类型等方面可能要进行必要的修改和变动，因此，初步设计阶段概算随之需要作必要的修正和调整。

A. 工程预算　　　　B. 修正概算　　　　C. 工程结算　　　　D. 工程概算

3. （　　）指在施工图设计阶段，根据施工图纸以及各种计价依据和有关规定编制施工图预算，它是施工图设计文件的重要组成部分。

A. 施工图预算　　　B. 修正概算　　　　C. 工程结算　　　　D. 工程预算

4. （　　）指工程招投标阶段，在签订总承包合同、建筑安装工程施工承包合同、设备额计价材料采购合同时，由发包方和承包方共同协商一致，作为双方结算基础的工程合同价格。

A. 工程总价　　　　B. 分包价格　　　　C. 总包价格　　　　D. 合同价

5. 单项工程组成中最基本的构成要素是（　　）。

A. 分部工程　　　　B. 子项目工程　　　C. 分项工程　　　　D. 附加工程

6. 下面属于分部工程的是（　　）。

A. 将军红花岗岩地面　B. 水磨石地面　　　C. 墙柱面工程　　　　D. 涂料墙面

7. （　　）是由施工方编制完成的。

A. 投资估算　　　　B. 设计概算　　　　C. 施工图预算　　　　D. 竣工决算

8. （　　）是由设计单位编制完成的。

A. 投资估算　　　　B. 设计概算　　　　C. 施工图预算　　　　D. 竣工决算

9. 两算对比是施工图预算和（　　）进行对比。

A. 投资估算　　　　B. 设计概算　　　　C. 施工预算　　　　D. 竣工决算

10. 建设工程（　　）是我国长期以来在工程价格形成中采用的计价模式，是国家通过颁发统一的估价指标、概算定额。

    A. 定额计价模式   B. 工程量清单计价模式

    C. 施工图预算   D. 投资估算

二、简答题

    1. 建设项目是如何划分的？其包括哪些内容？

    2. 建设准备分哪几个阶段？

    3. 什么是工程建设程序？其包括哪些内容？

    4. 建设项目竣工验收应达到哪些标准？

    5. 基本建设程序在各阶段的经济文件有哪些？

    6. 简述工程造价的含义，影响工程造价的因素。

    7. 简述建设工程计价的特点。

    8. 简述建设工程计价的类型。

项目2 建筑装饰工程费用

【内容提要】

本章的主要内容有：按费用构成要素划分的建筑装饰工程费用构成，按造价形成划分的建筑装饰工程费用构成，工料单价法计价程序，综合单价法计价程序及综合单价的确定。

【知识目标】

1. 了解传统定额中建筑装饰工程费用构成。
2. 掌握工程量清单计价方式下建筑装饰工程费用构成。
3. 了解清单计价构成与定额计价中费用的区别和联系。
4. 掌握建筑装饰工程费用的计算方法。
5. 掌握建筑装饰工程费用的取费程序。

【能力目标】

1. 能够熟练解释装饰装修工程费用的内容。
2. 能够熟练运用定额及清单规范对装饰装修工程进行两种模式下的工程费用计算。

【学习建议】

1. 结合工程实践理解建筑安装工程费用的划分方法。
2. 结合工程实践理解建筑安装工程费用组成及计算方法。

任务2.1　建设工程投资及工程造价的构成

建设工程投资包括固定资产投资和流动资产投资两部分，其中，固定资产投资即为建设工程的工程造价。工程造价基本构成中，包括用于购买工程项目所含各种设备的费用、能够用于建筑施工和安装施工所需支出的费用、用于委托工程勘察设计应支付的费用、用于购置土地所需的费用，也包括用于建设单位自身进行项目筹建和项目管理所花费的费用等，见图2.1.1。

我国现行的工程造价包括设备及工器具购置费、建筑安装工程费、工程建设其他费用、预备费、建设期贷款利息等。

2.1.1　设备购置费

设备购置费是指为建设项目购置或自制的达到固定资产标准的各种国产或进口设备、工具、器具的购置费用。它由设备原价和设备运杂费构成，其计算公式为

$$设备购置费＝设备原价＋设备运杂费$$

设备原价指国产设备或进口设备的原价，设备运杂费指除设备原价之外的关于设备采购、运输、途中包装及仓库保管等方面支出费用的总和。

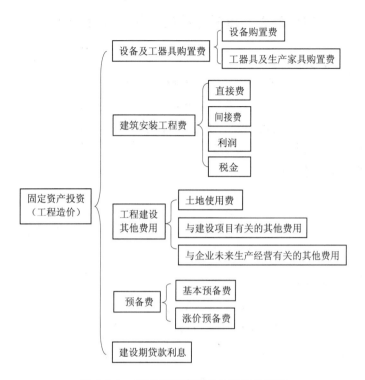

图 2.1.1 我国现行建设项目投资的构成

2.1.2 工器具及生产家具购置

工器具及生产家具购置费是指新建或扩建项目初步设计规定的，保证初步正常生产必须购置的没有达到固定资产标准的设备、仪器、工卡模具、器具、生产家具和备品备件等的购置费用。

该费用一般以设备购置费为计算基数，按照部门或行业规定的工具、器具及生产家具费率计算。计算公式为

$$工器具及生产家具购置费＝设备购置费×定额费率$$

2.1.3 工程建设其他费用

工程建设其他费用是指从工程筹建起到工程竣工验收交付使用止的整个建设期间，除建筑安装工程费用和设备及工器具购置费用以外的，为保证工程建设顺利完成和交付使用后能够正常发挥效用而发生的各项费用。

工程建设其他费用，按其内容大体可分为三类：土地使用费，与工程建设有关的其他费用，与未来企业生产经营有关的其他费用。

2.1.4 预备费

基本预备费与涨价预备费统称为预备费。所谓预备费，是指考虑建设期可能发生的风险因素而导致的建设费用增加的这部分内容。

2.1.5 建设期贷款利息

建设期贷款利息是指项目借款在建设期内发生并计入固定资产的利息。

任务 2.2　建筑装饰工程费用的组成

2.2.1　按照费用构成要素划分

根据 2013 年住房和城乡建设部、财政部颁发的《建筑安装工程费用项目组成》（建标〔2013〕44 号）规定：建筑安装工程费按照费用构成要素划分：由人工费、材料（包含工程设备，下同）费；施工机具使用费、企业管理费、利润、规费和税金组成。其中人工费、材料费、施工机具使用费、企业管理费和利润包含在分部分项工程费、措施项目费、其他项目费，如图 2.2.1 所示。

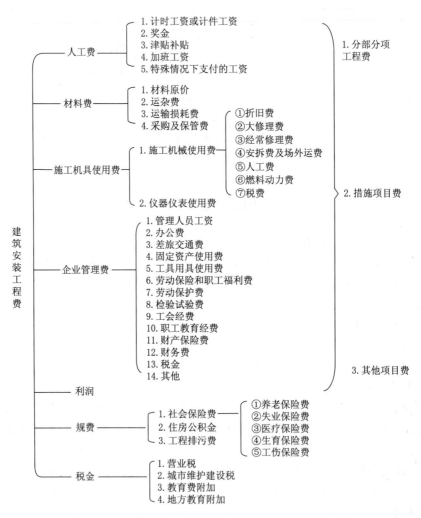

图 2.2.1　按费用构成要素划分建筑安装工程费用构成图

1. 人工费

人工费是指按工资总额构成规定，支付给从事建筑安装工程施工的生产工人和附属生产单位工人的各项费用。

（1）计时工资或计件工资：按计时工资标准和工作时间或对已做工作按计件单价支付给个人的劳动报酬。

（2）奖金：对超额劳动和增收节支支付给个人的劳动报酬。如节约奖、劳动竞赛奖等。

（3）津贴补贴：为了补偿职工特殊或额外的劳动消耗和因其他特殊原因支付给个人的津贴，以及为了保证职工工资水平不受物价影响支付给个人的物价补贴。如流动施工津贴、特殊地区施工津贴、高温（寒）作业临时津贴、高空津贴等。

（4）加班工资：按规定支付的在法定节假日工作的加班工资和在法定日工作时间外延时工作的加点工资。

（5）特殊情况下支付的工资：根据国家法律、法规和政策规定，因病、工伤、产假、计划生育假、婚丧假、事假、探亲假、定期休假、停工学习、执行国家或社会义务等原因按计时工资标准或计时工资标准的一定比例支付的工资。

2. 材料费

材料费是指施工过程中耗费的原材料、辅助材料、构配件、零件、半成品或成品、工程设备的费用。工程设备是指构成或计划构成永久工程一部分的机电设备、金属结构设备、仪器装置及其他类似的设备和装置。

（1）材料原价：材料、工程设备的出厂价格或商家供应价格。

（2）运杂费：材料、工程设备自来源地运至工地仓库或指定堆放地点所发生的全部费用。

（3）运输损耗费：材料在运输装卸过程中不可避免的损耗。

（4）采购及保管费：为组织采购、供应和保管材料、工程设备的过程中所需要的各项费用，包括采购费、仓储费、工地保管费、仓储损耗。

3. 施工机具使用费

施工机具使用费：施工作业所发生的施工机械、仪器仪表使用费或其租赁费。

（1）施工机械使用费：以施工机械台班耗用量乘以施工机械台班单价表示，施工机械台班单价应由下列七项费用组成。

1）折旧费：施工机械在规定的使用年限内，陆续收回其原值的费用。

2）大修理费：施工机械按规定的大修理间隔台班进行必要的大修理，以恢复其正常功能所需的费用。

3）经常修理费：施工机械除大修理以外的各级保养和临时故障排除所需的费用，包括为保障机械正常运转所需替换设备与随机配备工具附具的摊销和维护费用、机械运转中日常保养所需润滑与擦拭的材料费用及机械停滞期间的维护和保养费用等。

4）安拆费及场外运费：安拆费指施工机械（大型机械除外）在现场进行安装与拆卸所需的人工、材料、机械和试运转费用以及机械辅助设施的折旧、搭设、拆除等费用；场外运费指施工机械整体或分体自停放地点运至施工现场或由一施工地点运至另一施工地点的运输、装卸、辅助材料及架线等费用。

5）人工费：机上司机（司炉）和其他操作人员的人工费。

6）燃料动力费：施工机械在运转作业中所消耗的各种燃料及水、电等。

7）税费：施工机械按照国家规定应缴纳的车船使用税、保险费及年检费等。

（2）仪器仪表使用费：工程施工所需使用的仪器仪表的摊销及维修费用。

施工机械使用费的计算方法：

施工机械使用费 ＝ $\sum$ （施工机械台班耗用量×施工机械台班单价）

施工机械台班单价＝台班折旧费＋台班大修费＋台班经常修理费＋台班安拆费及场外运费＋台班工人费＋台班燃料动力费＋台班养路费及车船使用税

4. 企业管理费

企业管理费是指建筑安装企业组织施工生产和经营管理所需的费用。内容包括：

（1）管理人员工资：按规定支付给管理人员的计时工资、奖金、津贴补贴、加班加点工资及特殊情况下支付的工资等。

（2）办公费：企业管理办公用的文具、纸张、账表、印刷、邮电、书报、办公软件、现场监控、会议、水电、烧水和集体取暖降温（包括现场临时宿舍取暖降温）等费用。

（3）差旅交通费：职工因公出差、调动工作的差旅费、住勤补助费，市内交通费和误餐补助费，职工探亲路费，劳动力招募费，职工退休、退职一次性路费，工伤人员就医路费，工地转移费以及管理部门使用的交通工具的油料、燃料等费用。

（4）固定资产使用费：管理和试验部门及附属生产单位使用的属于固定资产的房屋、设备、仪器等的折旧、大修、维修或租赁费。

（5）工具用具使用费：企业施工生产和管理使用的不属于固定资产的工具、器具、家具、交通工具和检验、试验、测绘、消防用具等的购置、维修和摊销费。

（6）劳动保险和职工福利费：由企业支付的职工退职金、按规定支付给离休干部的经费，集体福利费、夏季防暑降温、冬季取暖补贴、上下班交通补贴等。

（7）劳动保护费：企业按规定发放的劳动保护用品的支出，如工作服、手套、防暑降温饮料以及在有碍身体健康的环境中施工的保健费用等。

（8）检验试验费：施工企业按照有关标准规定，对建筑以及材料、构件和建筑安装物进行一般鉴定、检查所发生的费用，包括自设试验室进行试验所耗用的材料等费用；不包括新结构、新材料的试验费，对构件做破坏性试验及其他特殊要求检验试验的费用和建设单位委托检测机构进行检测的费用。对此类检测发生的费用，由建设单位在工程建设其他费用中列支。但对施工企业提供的具有合格证明的材料进行检测不合格的，该检测费用由施工企业支付。

（9）工会经费：企业按《中华人民共和国工会法》规定的全部职工工资总额比例计提的工会经费。

（10）职工教育经费：按职工工资总额的规定比例计提，企业为职工进行专业技术和职业技能培训，专业技术人员继续教育、职工职业技能鉴定、职业资格认定以及根据需要对职工进行各类文化教育所发生的费用。

（11）财产保险费：施工管理用财产、车辆等的保险费用。

（12）财务费：企业为施工生产筹集资金或提供预付款担保、履约担保、职工工资支付担保等所发生的各种费用。

（13）税金：企业按规定缴纳的房产税、车船使用税、土地使用税、印花税等。

（14）其他：技术转让费、技术开发费、投标费、业务招待费、绿化费、广告费、公证费、法律顾问费、审计费、咨询费、保险费等。

5. 利润

施工企业完成所承包工程获得的盈利。

6. 规费

按国家法律、法规规定，由省级政府和省级有关权力部门规定必须缴纳或计取的费用。内容包括：

（1）社会保险费。

1）养老保险费：企业按照规定标准为职工缴纳的基本养老保险费。

2）失业保险费：企业按照规定标准为职工缴纳的失业保险费。

3）医疗保险费：企业按照规定标准为职工缴纳的基本医疗保险费。

4）生育保险费：企业按照规定标准为职工缴纳的生育保险费。

5）工伤保险费：企业按照规定标准为职工缴纳的工伤保险费。

（2）住房公积金：企业按规定标准为职工缴纳的住房公积金。

（3）工程排污费：按规定缴纳的施工现场工程排污费。

其他应列而未列入的规费，按实际发生计取。

7. 税金

按国家法律、法规规定，由省级政府和省级有关权力部门规定必须缴纳或计取的费用。

2.2.2　按照造价形成划分

根据 2013 年住房和城乡建设部、财政部分发的《建筑安装工程费用项目组成》（建标〔2013〕44 号）规定，建筑安装工程费按照工程造价形成由分部分项工程费、措施项目费、其他项目费、规费、税金组成，分部分项工程费、措施项目费、其他项目费包含人工费、材料费、施工机具使用费、企业管理费和利润，详见图 2.2.2。

1. 分部分项工程费

分部分项工程费是指各专业工程的分部分项工程应予列支的各项费用。各类专业工程的分部分项工程划分见现行国家或行业计量规范。

（1）专业工程：按《计价规范》划分的房屋建筑与装饰工程、仿古建筑工程、通用安装工程、市政工程、园林绿化工程、矿山工程、构筑物工程、城市轨道交通工程、爆破工程等各类工程。

（2）分部分项工程：按《计量规范》对各专业工程划分的项目。如房屋建筑与装饰工程划分的土石方工程、地基处理与桩基工程、砌筑工程、钢筋及钢筋混凝土工程等。

2. 措施项目费

为完成建设工程施工，发生于该工程施工前和施工过程中的技术、生活、安全、环境保护等方面的费用。措施项目及其包含的内容详见各类专业工程的现行国家或行业计量规范。内容包括：

（1）安全文明施工费。

1）环境保护费：施工现场为达到环保部门要求所需要的各项费用。

2）文明施工费：施工现场文明施工所需要的各项费用。

3）安全施工费：施工现场安全施工所需要的各项费用。

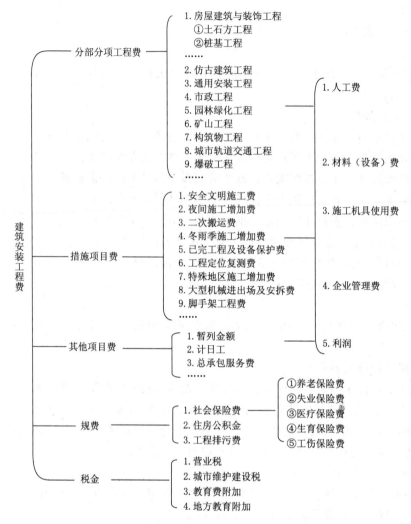

图 2.2.2 按造价形成划分建筑安装工程费用构成

4）临时设施费：施工企业为进行建设工程施工所必须搭设的生活和生产用的临时建筑物、构筑物和其他临时设施费用，包括临时设施的搭设、维修、拆除、清理费或摊销费等。

（2）夜间施工增加费：因夜间施工所发生的夜班补助费、夜间施工降效、夜间施工照明设备摊销及照明用电等费用。

（3）二次搬运费：因施工场地条件限制而发生的材料、构配件、半成品等一次运输不能到达堆放地点，必须进行二次或多次搬运所发生的费用。

（4）冬雨季施工增加费：在冬季或雨季施工需增加的临时设施、防滑、排除雨雪，人工及施工机械效率降低等费用。

（5）已完工程及设备保护费：竣工验收前，对已完工程及设备采取的必要保护措施所发生的费用。

（6）工程定位复测费：工程施工过程中进行全部施工测量放线和复测工作的费用。

（7）特殊地区施工增加费：工程在沙漠或其边缘地区、高海拔、高寒、原始森林等特殊地区施工增加的费用。

（8）大型机械进出场及安拆费：机械整体或分体自停放场地运至施工现场或由一个施工地点运至另一个施工地点，所发生的机械进出场运输及转移费用及机械在施工现场进行安装、拆卸所需的人工费、材料费、机械费、试运转费和安装所需的辅助设施的费用。

（9）脚手架工程费：施工需要的各种脚手架搭、拆、运输费用以及脚手架购置费的摊销（或租赁）费用。

3．其他项目费

（1）暂列金额：建设单位在工程量清单中暂定并包括在工程合同价款中的一笔款项。用于施工合同签订时尚未确定或者不可预见的所需材料、工程设备、服务的采购，施工中可能发生的工程变更、合同约定调整因素出现时的工程价款调整以及发生的索赔、现场签证确认等的费用。

（2）计日工：在施工过程中，施工企业完成建设单位提出的施工图纸以外的零星项目或工作所需的费用。

（3）总承包服务费：总承包人为配合、协调建设单位进行的专业工程发包，对建设单位自行采购的材料、工程设备等进行保管以及施工现场管理、竣工资料汇总整理等服务所需的费用。

4．规费

规费是指按国家法律、法规规定，由省级政府和省级有关权力部门规定必须缴纳或计取的费用，详见上节内容。

5．税金

税金是指按国家法律、法规规定，由省级政府和省级有关权力部门规定必须缴纳或计取的费用。

2.2.3 各费用构成要素的计算方法

1．人工费的计算方法

人工费的计算方法有两种。

（1）公式 1：　　　　　人工费＝∑（工日消耗量×日工资单价）

$$日工资单价＝\frac{生产工人平均月工资(计时、计件)＋平均月奖金＋津贴补贴＋特殊情况下支付的工资}{年平均每月法定工作日}$$

公式 1 主要适用于施工企业投标报价时自主确定人工费，也是工程造价管理机构编制计价定额确定定额人工单价或发布人工成本信息的参考依据。

（2）公式 2：　　　　　人工费＝∑（工程工日消耗量×日工资单价）

日工资单价是指施工企业平均技术熟练程度的生产工人在每工作日（国家法定工作时间内）按规定从事施工作业应得的日工资总额。

公式 2 适用于工程造价管理机构编制计价定额时确定定额人工费，是施工企业投标报价的参考依据。

工程造价管理机构确定日工资单价应通过市场调查，根据工程项目的技术要求，参考实物工程量人工单价综合分析确定，最低日工资单价不得低于工程所在地人力资源和社会保障部门所发布的最低工资标准的：普工 1.3 倍、一般技工 2 倍、高级技工 3 倍。

工程计价定额不可只列一个综合工日单价，应根据工程项目技术要求和工种差别适当划分多种日人工单价，确保各分部工程人工费的合理构成。

2. 材料（设备）费的计算方法

$$材料费＝\sum（材料消耗量\times材料单价）$$

$$材料单价＝（供应价格＋运杂费）\times[（1＋运输损耗率(\%)]\times[1＋采购保管费率(\%)]$$

$$工程设备费＝\sum（工程设备量\times工程设备单价）$$

$$材料单价＝（供应价格＋运杂费）\times[（1＋运输损耗率(\%)]\times[1＋采购保管费率(\%)]$$

2.2.4 建筑安装工程计价参考公式

1. 分部分项工程费

分部分项工程费的计算公式为

$$分部分项工程费＝\sum（分部分项工程量\times综合单价）$$

式中，综合单价包括人工费、材料费、施工机具使用费、企业管理费和利润以及一定范围的风险费用（下同）。

2. 措施项目费

（1）宜计量的措施项目费。

《计价规范》规定应予计量的措施项目，其费用计算公式为

$$措施项目费＝\sum（措施项目工程量\times综合单价）$$

（2）不宜计量的措施项目费。

《计价规范》规定不宜计量的措施项目费，其计算方法如下。

1）安全文明施工费的计算公式为

$$安全文明施工费＝计算基数\times安全文明施工费费率(\%)$$

其中，计算基数应为定额基价（定额分部分项工程费＋定额中可以计量的措施项目费）定额人工费或（定额人工费＋定额机械费）；安全文明施工费费率由工程造价管理机构根据各专业工程的特点综合确定。

2）夜间施工增加费的计算公式为

$$夜间施工增加费＝计算基数\times夜间施工增加费费率(9\%)$$

3）二次搬运费的计算公式为

$$二次搬运费＝计算基数\times二次搬运费费率(9\%)$$

4）冬雨季施工增加费的计算公式为

$$冬雨季施工增加费＝计算基数\times冬雨季施工增加费费率(9\%)$$

5）已完工程及设备保护费的计算公式为

$$已完工程及设备保护费＝计算基数\times已完工程及设备保护费费率(9\%)$$

上述 1）～5）项措施项目费的计费基数应为定额人工费或（定额人工费＋定额机械费），其各自费率由工程造价管理机构根据各专业工程特点和调查资料综合分析后确定。

3. 其他项目费

（1）暂列金额。暂列金额是由建设单位根据工程特点，按有关计价规定估算的金额。

施工过程中由建设单位掌握使用它、扣除合同价款调整后如有余额，归建设单位。

（2）计日工。计日工由建设单位和施工企业按施工过程中的签证计价。

（3）总承包服务费。总承包服务费由建设单位在招标控制价中根据总包服务范围和有关计价规定编制，施工企业投标时自主报价，施工过程中按签约合同价执行。

4. 规费和税金

建设单位和施工企业均应按照省、自治区、直辖市或行业建设主管部门发布标准计算规费和税金，不得作为竞争性费用。

任务2.3 建筑装饰工程计价程序

建筑装饰工程在计算工程造价时，主要采取两种计价取费程序：①工料机单价法（即传统的定额计价法）计价取费程序；②综合单价法（即工程量清单计价法）计价取费程序。

2.3.1 工料机单价法

建筑装饰工程的工料机单价法计价程序见表2.3.1。

表2.3.1　　　　　建设工程工料机单价法计价程序

工程名称：　　　　　　　　　　标段：

序号	费用项目	计算方法	金额/元
1	直接费	1.1＋1.2	
1.1	计价定额分部分项工程费	1.1.1＋1.1.2＋1.1.3	
1.1.1	直接工程费	∑（分项工程量×定额基价）	
1.1.2	技术措施项目费	∑（技术措施分项工程量×定额基价）	
1.1.3	材料差价	∑[某种材料单位工程量×（材料市场价－该材料预算价格）]	
1.2	措施项目费	1.2.1＋1.2.2	
1.2.1	安全文明施工费	（人工费＋机械费）×规定费率	
1.2.2	其他措施项目费	按规定计算	
2	企业管理费	（人工费＋机械费）×规定费率	
3	利润	（人工费＋机械费）×规定费率	
4	规费	4.1＋4.2＋4.3＋4.4	
4.1	工程排污费	按计价规定计算	
4.2	社会保障费	按计价规定计算	
4.3	住房公积金	按计价规定计算	
4.4	危险作业意外伤害保险	按计价规定计算	
5	合计(不含税工程造价)	1＋2＋3＋4	
6	税金(扣除不列入计税范围的工程设备金额)	5×规定费率	
7	含税工程造价	1＋2＋3＋4＋5＋6	

2.3.2 综合单价法

1. 工程招标控制价计价程序

建设单位工程招标控制价计价程序，详见表2.3.2。

表 2.3.2　　　　　建设单位招标控制价计价程序

工程名称：　　　　　　　　　　　　　　　　标段：

序号	项 目 费 用	计 算 方 法	金额/元
1	分部分项工程费	∑(分部分项工程量×综合单价)	
1.1	其中:人工费＋机械费	按定额	
2	措施项目费	按计价规定计算	
2.1	其中:安全文明施工费	按计价规定计算	
3	其他项目费		
3.1	其中:暂金额	按计价规定估算	
3.2	其中:专业暂估价	按计价规定估算	
3.3	其中:计日工	按计价规定估算	
3.4	其中:总承包服务费	按计价规定估算	
4	规费	按计价规定计算	
5	税金(扣除不列入计税范围的工程设备金额)	(1＋2＋3＋4)×规定税率	

招标控制价＝1＋2＋3＋4＋5

2. 工程投标控报价计价程序

施工企业工程投标报价计价程序，详见表2.3.3。

表 2.3.3　　　　　施工企业工程投标报价计价程序

工程名称：　　　　　　　　　　　　　　　　标段：

序　号	内　容	计 算 方 法	金额/元
1	分部分项工程费	自主报价	
1.1	其中:人工费＋机械费	自主报价	
2	措施项目费	自主报价	
2.1	其中:安全文明施工费	按计价规定计算	
3	其他项目费		
3.1	其中:暂金额	按招标文件提供金额计算	
3.2	其中:专业暂估价	按招标文件提供金额计算	
3.3	其中:计日工	自主报价	
3.4	其中:总承包服务费	自主报价	
4	规费	按计价规定计算	
5	税金(扣除不列入计税范围的工程设备金额)	(1＋2＋3＋4)×规定税费	

招投标报价合价＝1＋2＋3＋4＋5

【例 2.1】 已知某装饰装修工程面积为 $800m^2$，已知该工程的投标费用构成如下：

分部分项工程费为 654000 元，其中，人工费为 64000 元，机械费为 54400 元；

措施项目费用为 32000 元，其中，人工费为 3200 元，机械费为 2700 元；

其他项目工程费用为 27000 元，其中，人工费为 3200 元，机械费为 1800 元；

该工程所在地的计取规费费率为 17.8%，税金按应计取税金率为 3.45%。试计算该工程含税工程造价。

解： 根据题意，按照计价程序计算见表 2.3.4。

表 2.3.4　　　　　　　　　例 2.1 工 程 造 价

序　号	费 用 项 目	计 算 方 法	金额/元
1	分部分项工程费	Σ分部分项工程费	654000
1.1	其中:人工费与机械费之和		118400
2	措施项目费	Σ措施项目工程费	32000
2.1	其中:人工费与机械费之和		5900
3	其他项目工程费	Σ其他项目工程费	27000
3.1	其中:人工费与机械费之和		5000
4	规费	(1.1+2.1+3.1)×17.8%	23015.4
5	税金	(1+2+3+4)×3.45%	25392.53
6	工程总造价	1+2+3+4+5	761407.93

本 章 小 结

建筑装饰工程费用按照构成要素组成划分：由人工费、材料（包含工程设备）费、施工机具使用费、企业管理费、利润、税金组成。

建筑装饰工程费用按照工程造价形成划分：由分部分项工程费、措施项目工程费、其他项目工程、规费、税金组成。

工程量清单计价是投标人完成招标人提供的工程量清单所需的全部费用，包括分部分项工程费、措施项目费、其他项目费和规费、税金。

技 能 训 练

一、选择题

1. 我国现行建筑装饰工程费用构成中，属于措施项目费的项目有（　　　）。

A. 环境保护费　　　　　　　　　B. 文明施工费

C. 工程排污费　　　　　　　　　D. 已完成工程保护费

E. 研究试验费

2. 单位工程造价除了分部分项工程量清单项目费、措施项目费用、其他项目费用外，还包括（　　）。

A. 规费、税费   B. 利润

C. 规费、利润、税金   D. 措施费、管理费、利润、税金

3. 工程量清单是一份由（　　）提供的文件。

A. 招标人   B. 投标人

C. 监理工程师   D. 政府部门

项目3 建筑装饰工程建设定额

【内容提要】

本章主要内容包括工程建设定额的概念及分类、工程建设定额的性质及编制原则，预算定额的概念及作用，预算定额的应用等。

【知识目标】

1. 了解工程建设定额的概念及性质。

2. 掌握工程建设定额的分类。

3. 掌握预算定额的概念及作用。

【能力目标】

1. 能理解预算定额的概念。

2. 能区分施工定额与预算定额差别。

3. 能进行定额的应用。

【学习建议】

结合工程实践理解工程建设定额的概念、分类，理解预算定额的概念，学会应用预算定额。

任务 3.1 工 程 建 设 定 额 概 述

3.1.1 工程建设定额的概念及分类

1. 工程建设定额的概念

工程建设定额是指在正常的施工条件和合理劳动组织、合理使用材料及机械的条件下，完成单位合格产品所必需消耗资料的数量标准。工程建设定额反映了工程建设投入与产出的关系，它一般除规定的数量标准以外，还规定了施工过程中具体的工作、质量标准和安全要求。

2. 工程建设定额的分类

（1）按照生产要素分类：劳动消耗定额、材料消耗定额、机械台班消耗定额。

1）劳动消耗定额。劳动消耗定额，简称劳动定额。劳动定额是指在正常的施工技术、生产组织条件下和平均先进水平的基础上，完成单位合格产品所需的必要的劳动消耗量标准。劳动定额又称人工消耗定额，简称人工定额。所以，劳动定额的主要表现形式是人工时间定额，但同时也表现为产量定额。

时间定额包括工日/m^3、工日/m^2、工日/块、工日/套、工日/组等。

产量定额包括m^2/工日、m^3/日、块/工日、组/工日、套江工日、t/工日等。

$$时间定额＝1/产量定额$$

$$产量定额＝1/时间定额$$
$$时间定额×产量定额＝1$$

【例 3.1】 对一个 5 人小组进行抹灰施工过程的定额测定，5 人经过 3 天的工作，砌筑完成 300m² 的合格墙体抹灰，计算该组工人的时间定额。

解：
$$消耗总工日数＝5×3＝15（工日）$$
$$完成产量数＝300m²$$
$$时间定额＝15÷300＝0.05（工日/m²）$$

2）材料消耗定额。材料消耗定额，简称材料定额。材料定额是指在合理使用材料的条件下，生产单位合格产品所必需消耗的材料、半成品、构件和颜料等资源的数量标准。材料是工程建设中使用的原材料、成品、半成品、构配件、燃料以及水、电等资源的统称。材料作为劳动对象构成工程的实体，需用数量很大，种类繁多。因此，材料消耗量多少，消耗是否合理，不仅关系到资源的有效利用，影响市场供求状况，而且对建设工程的项目投资、建筑产品的成本控制都起着决定性影响。

3）机械台班消耗定额。我国机械消耗定额是以一台机械一个工作班为计量单位，所以又称为机械台班定额。机械台班消耗定额指在正常的施工、合理的劳动组织和合理使用施工机械的条件下，生产单位合格产品所必需消耗的一定规格的施工机械的台班数量标准。机械台班消耗定额的主要表现形式是机械时间定额，但同时也以产量定额表现。机械台班消耗定额以台班为单位，每一台班按 8 小时计算。

（2）按照编制程序和用途分类：施工定额、预算定额、概算定额、概算指标、投资估算指标。

1）施工定额是指在合理的劳动组织与正常施工条件下，完成单位合格产品所必需消耗的人工、材料、机械台班的数量标准。

施工定额是施工企业（建筑安装企业）组织生产和加强管理在企业内部使用的一种定额，属于企业定额的性质。施工定额是以同一性质的施工过程——工序作为研究对象，表示生产产品数量与时间消耗综合关系编制的定额。施工定额是工程建设定额中分项最细、定额子目最多的一种定额，也是建设工程定额中的基础性定额。

施工定额是建筑安装施工企业进行施工组织、成本管理、经济核算和投标报价的重要依据，属于企业定额性质。施工定额直接应用于施工项目的施工管理，用来编制施工作业计划、签发施工任务单、签发限额领料单，以及结算计件工资或计量奖励工资等。施工定额和施工生产结合紧密，施工定额的定额水平反映施工企业生产与组织的技术水平和管理水平。施工定额也是编制预算定额的基础。

2）预算定额是指在合理的施工条件下，为完成一定计量单位合格建筑产品所必需的人工、材料、机械台班的数量标准。

预算定额是以建筑物或构筑物各个分部分项工程为对象编制的定额。预算定额是以施工定额为基础综合扩大编制的，同时也是编制概算定额的基础。预算定额是编制施工图预算的主要依据，也是编制单位估价表、确定工程造价、控制建设工程投资的基础和依据。预算定额与施工定额不同，预算定额是社会性的，而施工定额则是企业性的。

3）概算定额是指完成单位合格产品（扩大的工程结构构件或分部分项工程）所消耗

的人工、材料、机械台班的数量标准，是在预算定额的基础上，根据有代表性的工程通用图纸和标准图等资料进行综合扩大而成的。

概算定额是编制扩大初步设计概算、确定建设项目投资额的依据。概算定额一般是在预算定额的基础上综合扩大而成的，每一综合分项概算定额都包含了数项预算定额。概算定额是编制概算指标的依据，是进行设计方案、进行技术经济比较和选择的依据，也是编制主要材料需要量的计算基础。

4）概算指标是以整个建筑物为对象，按照建筑面积、体积或构筑物以座为计量单位，规定所需人工、材料、机械台班的消耗量和资金数。

概算指标的设定和初步设计的深度相适应，是设计单位编制设计概算或建设单位编制年度投资计划的依据，也可作为编制估算指标的基础。

5）投资估算指标是在项目建议书、可行性研究和编制设计任务书阶段编制投资估算、计算投资需要量时使用的一种定额。

投资估算指标通常是以独立的单项工程或完整的工程项目为计算对象，编制确定的生产要素消耗的数量标准或项目费用标准，是根据已建工程或现有工程的价格数据和资料，经分析、归纳和整理编制而成的。投资估算指标是在项目建议书和可行性研究阶段编制投资估算、计算投资需要量时使用的一种指标，是合理确定建设工程项目投资的基础。

（3）按照主编单位和管理权限分类：全国统一定额、行业统一定额、地区统一定额、企业定额、补充定额。

1）全国统一定额是由国家建设行政主管部门综合全国工程建设中技术和施工组织管理的情况编制，并在全国范围内适用的定额。

2）行业统一定额是考虑到各行业部门专业工程技术特点，以及施工生产和管理水平编制的。一般只在本行业和相同专业性质的范围内使用。

3）地区统一定额包括省、自治区、直辖市定额。地区统一定额主要是考虑地区性特点和全国统一定额水平适当调整和补充编制的。

4）企业定额是施工单位根据本企业的施工技术、机械装备和管理水平编制的人工、施工机械台班和材料等的消耗标准。企业定额在企业内部使用，是企业综合素质的一个标志。企业定额水平一般应高于国家现行定额，才能满足生产技术发展、企业管理和市场竞争的需要。

5）补充定额是指随着设计、施工技术的发展，现行定额不能满足需要的情况下，为了补充缺陷所编制的定额。补充定额只能在指定的范围内使用，可以作为以后修订定额的基础。

3.1.2 工程建设定额的特性

（1）科学性。工程建设定额的科学性包括两重含义：一重含义是指工程建设定额和生产力发展水平相适应，反映出工程建设中生产消费的客观规律；另一重含义是指工程建设定额管理在理论、方法和手段上适应现代科学技术和信息社会发展的需要。

工程定额的科学性，第一表现在用科学的态度制定定额，尊重客观实际，力求定额水平合理，第二表现在制定定额的技术方法上，第三表现在定额制定和贯彻的一体化。

（2）系统性。工程建设定额是相对独立的系统。它是由多种定额结合而成的有机整体。它的结构复杂、层次鲜明、目标明确。

（3）统一性。工程建设定额的统一性按照其影响力和执行范围来看，有全国统一定额，地区统一定额和行业统一定额等；按照定额的制定、颁布和贯彻使用来看，有统一的程序、统一的原则、统一的要求和统一的用途。

（4）指导性。工程建设定额指导性的客观基础是定额的科学性。

（5）稳定性与时效性。工程定额是一定时期社会生产水平的反映，因此，在一段时间内表现出稳定的状态，一般为3～5年。随着生产力的发展和管理水平的提高，现有定额的内容便会滞后，需要重新编制或修订。

3.1.3　工程建设定额的编制原则

（1）水平合理原则。工程建设定额作为工程造价的重要依据，应该按照价格规律的客观要求，即按建设工程施工生产过程中所消耗的社会必要劳动时间来确定定额水平。工程建设定额是在正常的施工条件，合理的施工组织和工艺条件、平均劳动熟练程度和劳动强度下，完成单位分项工程基本构造要素所需的劳动时间。工程建设定额体现的是合理的定额水平，有利于合理确定工程造价，促进企业提高生产经营效益。

（2）简明适用原则。编制工程建设定额贯彻简明适用原则是对执行定额的可操作性便于掌握而言的。

（3）专家编审原则。建设定额具有很强的政策和专业性，因此，编制时需要由专门机构和专业人员负责组织、协调指挥、积累定额资料。

任务 3.2　建筑装饰工程预算定额

3.2.1　预算定额的概念及作用

1. 预算定额的概念

预算定额是规定消耗在单位工程基本构造要素上的劳动力、机械和材料的数量标准。

所谓工程的基本构造要素，是通常所说的分项工程和结构构件。如一个工程中的土方工程的挖地槽，砖石工程中的砖基础部分等。预算定额的实质是建筑工程中一项重要的技术经济法规。它的各项指标反映了国家允许施工企业和建设单位在完成施工任务中，消耗活劳动和物化劳动的限度，这种限度最终决定着国家和建设单位，能够为建设工程向企业提供多少物质资料和建设资金。可见，预算定额体现的是国家、建设单位和施工单位之间的一种经济关系。国家和建设单位按预算定额的规定，为建设工程提供必要的人力、物力和资金供应；施工企业则在预算规定的范围内，通过自己的施工活动，按质按量地完成施工任务。

2. 预算定额的作用

（1）建筑工程预算定额是在基础建设施工图阶段，作为编制施工图预算的依据。也是招标投标阶段，建设单位编制工程标底的依据。

（2）建筑工程预算定额是工程设计阶段中进行设计方案的技术经济分析的依据，或是对某种新结构、新技术做经济比较的依据，以选择最优的方案。

（3）建筑工程预算定额是在编制施工组织设计中，计算各工种劳动量、材料、成品和半成品需要量的依据，以便合理的组织供应、运输、管理各种资源。

（4）建筑工程预算定额是建设单位与施工单位计算工程造价的依据，也是测算建筑企业百元产值含量的主要依据。

（5）建筑工程预算定额是建筑企业进行经济核算和投标报价中对比的数据，以加强企业经营管理。

（6）在剖析建筑工程预算定额的基础上，进行合并与综合整理，提供编制建筑工程概算及地区建筑工程单位估价表的基础资料。

（7）建筑工程预算定额是工程设计与施工阶段中的重要工具资料，在加强施工企业经营管理和经济核算中起到重要作用。

3. 施工定额与预算定额的区别

预算定额是在施工定额的基础上编制的，而它们的主要区别见表 3.2.1。

表 3.2.1　　　　　　　　　　　施工定额与预算定额的区别

施　工　定　额	预　算　定　额
施工企业内部编制施工预算的依据	编制施工图预算、标底及工程结算的依据
定额内容是单位分部分项工程劳动力、材料及机械台班等的消耗量	除劳动力、材料、机械台班等的消耗量以外还有费用及单价
定额反映平均先进水平，比预算定额高出 10% 左右	定额反映大多数企业和地区能达到和超过的水平，是社会平均水平

预算定额还考虑在施工定额中未考虑的因素：

（1）劳动力消耗量。预算定额考虑工序搭接的停歇时间，机械临时维护、小修、移动的时间，工程检查时间，细小的难以测定的用工等。

（2）机械台班消耗量。预算定额中考虑机械调动与人工配合中不可避免的停歇时间、临时性维修和小修、停电、停水等偶然时间，施工开始于结尾时工程不饱满的时间损失，工程检查时的时间损失等。

（3）材料消耗量。预算定额中考虑非施工所造成的材料质量不符合标准和数量不足而影响材料的耗用量。

以上因素，在施工定额中均未加以考虑，在制定预算定额时测定这些因素后加以补充。

3.2.2　预算定额的内容

预算定额具体表现形式是单位估价表，既包括人工、材料和施工机械台班消耗量，又综合了人工费、材料费、机械使用费和基价，是计算工程费用的基础。预算定额由建筑面积计算规范、文字说明、定额目录、分部分项说明及其相应的工程量计算规则、分项工程定额项目表、附录等组成。

1. 文字说明

文字说明由建筑面积计算规则、总说明、目录、分部分项说明及工程量计算规则所组成。

（1）建筑面积计算规则规范是全国统一的建筑面积计算规则，阐述了该规则适用范围、相关术语及建筑面积的规定,是计算建设或单项工程建筑面积的主要依据。

(2)总说明阐述了装饰工程预算定额的用途、编制依据、适用范围、编制原则等。

(3)分部分项说明阐述该分部工程内综合的内容、定额换算及增减系数的条件及定额应用时主要的参考依据。

2.分项工程定额项目表

定额项目表是由分项定额所组成的,是预算定额的核心内容,见表 3.2.2。

表 3.2.2 块料楼地面工程定额项目表

工作内容:清理基层、试排弹线、锯板修边、铺贴饰面、清理净面　　　　　　　单位:100m²

项 目 编 号					A9-83	A9-85
项 目					陶瓷地砖楼地面	
					每块地砖周长 /mm 以内	每块地砖周长 /mm 以外
					2400	3200
基价/元					8899.36	16491.76
其中	人工费/元				2026.20	1456.14
	材料费/元				6683.61	10332.12
	机械费/元				189.55	33.87
编 码	名 称	单位	单价/元		数 量	
880200029	素水泥浆	m³	465.97		0.100	0.100
880200006	水泥砂浆 1:4	m³	204.13		2.020	0.020
061701006	陶瓷地面砖 600×600	m²	60.00		102.5	—
061701007	陶瓷地面砖 800×800	m²	70.00		—	104.00
061701008	陶瓷地面砖 1000×1000	m²	123.00		—	—
040105001	普通硅酸盐水泥 32.5MPa	t	306.00		0.122	0.122
040112001	白水泥	t	640.00		0.010	0.010
032616007	石料切割锯片	片	40.00		0.320	0.320
021406004	棉纱头	kg	5.40		1.600	1.600
051108010	锯木屑	m³	6.50		0.600	0.600
310101065	水	m³	3.40		2.60	2.60
990307001	灰浆搅拌机(拌筒容量 200L)	台班	90.67		0.35	0.35
991102001	石料切割机 5.5kW 以内	台班	105.11		1.510	1.510

3.附录

附录中主要包括栏杆、宝笼、货架、收银台、展台、吧台、壁柜衣柜等大样图。

3.2.3 预算定额的应用

1.直接套用

在选择定额项目时,当装饰项目的设计要求、材料种类、工作内容与预算定额相应子目相一致时,可以直接套用定额。在编制建筑装饰施工图预算过程中,大多数项目可以直接套用预算定额。需要注意:根据施工图、设计说明和做法说明选择定额子目;从工作内容、技术特征和施工方法上仔细核对,才能较准确的确定相对应的定额子目;分项工程名称和计算单位要与预算定额子目相一致。

【例3.2】　某工程大理石楼地面800m²，其构造为素水泥一道，1∶4水泥砂浆粘贴800mm×800mm的不拼花大理石板。试计算该项工程人工费、材料费和施工机械使用费。

解：根据题目中已知条件判断得知该工程内容与2013版《广西定额》中编号为A9-28的工程内容相一致，因此可以直接套用定额子目。

从定额中，可以查出不拼花大理石楼地面的基价15204.26元/100m²，其中人工费2000.46元/100m²，材料费12980.98元/100m²，机械费222.82元/100m²。

由此可知：

$$800mm×800mm 的花岗岩消耗 = 102×800/100 = 816（m²）$$
$$1∶3 水泥砂浆消耗量 = 3.03×800/100 = 24.24（m³）$$
$$素水泥浆消耗量 = 0.10×800/100 = 0.8（m³）$$
$$灰浆搅拌机消耗量 = 0.51×800/100 = 4.08（台班）$$
$$石料切割机消耗量 = 1.68×800/100 = 13.44（台班）$$
$$合价 = 15204.26×800/100 = 121634.08（元）$$

其中
$$人工费 = 2000.46×800/100 = 16003.68（元）$$
$$材料费 = 12980.98×800/100 = 103847.84（元）$$
$$施工机械使用费 = 222.82×800/100 = 1782.56（元）$$

2. 定额换算

当施工图中的分项工程项目不能直接套用预算定额时，就产生了定额的换算。预算定额换算类型有：砂浆换算、块料用量换算、系数换算。

（1）抹灰砂浆的换算。当设计用抹灰砂浆与定额取定不同时，按定额规定进行换算，抹灰砂浆换算包括抹灰砂浆配合比换算和抹灰砂浆厚度换算。

1）抹灰砂浆配合比换算。预算定额中规定凡注明砂浆种类、配合比的，如与设计规定不同，可按设计规定调整，但人工、机械消耗量不大。换算公式如下：

$$换入砂浆用量 = 换出的定额砂浆用量$$
$$换入砂浆原材料用量 = 换入砂浆配合比用量×换出的定额砂浆用量$$
$$换算后定额基价 = 原定额定价+定额砂浆用量×（换入砂浆基价-换出砂浆基价）$$

【例3.3】　水泥砂浆1∶4铺楼梯大理石，求各种原材料用量。

解：查2013版《广西定额》楼地面工程子目定额编号为A9-33，可知大理石消耗量为144.7m²，则1∶4水泥砂用量=4.14m³/100m²。

【例3.4】　水泥砂浆1∶3铺楼梯大理石，求基价。

解：查2013版《广西定额》A9-33，可知铺贴大理石楼梯所用为水泥砂浆1∶4，砂浆配合比不同，可换算。根据广西建筑装饰装修工程人工材料配合比机械台班基期价，可知1∶3水泥砂浆基价=235.34元/m³，1∶4水泥砂浆基价=204.13元/m³，则

$$换算后定额基价 = 原定额基价+定额砂浆用量×（换入砂浆基价-换出砂浆基价）$$
$$= 23665.34+4.14×（235.34-204.13）$$
$$= 237945.55（元/100m²）$$

2）抹灰砂浆厚度换算。预算定额中规定如设计与定额取定不同，除定额有注明厚度的项目可以换算外，其他一律不作调整。当抹灰厚度发生变化且定额允许换算时，砂浆用量发生变化，因而人工、材料、机械台班用量均需要调整。

$$K = 换入砂浆总厚度/定额砂浆总厚度$$

$$换算后人工消耗量 = K \times 原定额人工消耗量$$

$$换算后机械台班消耗量 = K \times 原定额机械消耗量$$

$$换算后砂浆用量 = (换入砂浆总厚度/定额砂浆总厚度) \times 原定额砂浆用量$$

$$换入砂浆原材料用量 = 换入砂浆配合比用量 \times 换算后砂浆用量$$

（2）材料规格的换算。当墙面、墙裙贴块料面层的设计规格和灰缝宽度与预算定额规定不同时，就要进行换算。换算公式如下：

$$装饰面块料消耗量(块/100m^2) = 100 \times (1+损耗率)/[(块料长+灰缝) \times (块料宽+灰缝)]$$

【例3.5】 某办公室地面净面积为$100m^2$，拟粘贴花岗岩地面，计算材料消耗量。

花岗岩块料尺寸：$500mm \times 500mm \times 20mm$，损耗率为$2.5\%$；

花岗岩块料灰缝尺寸：宽$1mm$，深$20mm$，损耗率为8%；

水泥砂浆结合层：厚$15mm$，损耗率为8%。

解：花岗岩块料用量$= 100/[(0.50+0.001) \times (0.50+0.001)] \times (1+2.5\%)$

$$= 100/0.2510 \times 1.025$$

$$= 398.40 \times 1.025$$

$$= 408.36（块/100m^2）$$

灰缝砂浆用量$= [100-(0.50 \times 0.50 \times 398.40)] \times 0.02 \times (1+8\%)$

$$= 0.40 \times 0.02 \times 1.08$$

$$= 0.009（m^3/100m^2）$$

结合层砂浆用量$= 100 \times 0.015 \times (1+8\%)$

$$= 1.62（m^3/100m^2）$$

（3）系数的换算。如2013版《广西定额》规定如下。

1）梯脚线按相应楼地面部分梯脚线乘以系数1.15。

2）圆弧形、锯齿形、不规则墙面抹灰、镶贴块料、饰面，按相应定额子目人工费乘以系数1.15，材料费乘以系数1.05。装饰抹灰柱面子目已按方柱、圆柱综合考虑。

3）天棚面层不在同一标且面层层高高差在200mm以上者为跌级天棚，其面层人工乘以系数1.1。

【例3.6】 某圆弧形砖墙面水泥砂浆粘贴大理石$120m^2$，试计算其人、材、机费。

解：换算后的基价$=$换算前基价$\pm$换算部分费用$\times$相应调整系数

$$= 17407.98+3887.40 \times 0.15+13058.18 \times 0.05$$

$$= 18644.00 （元/100m^2）$$

人、材、机费$= 18644.00 \times 120/100 = 22372.8 （元）$

本 章 小 结

本章简单而准确地阐述了工程建设定额及分类，详细介绍了预算定额的概念及作用，其中重点是掌握预算定额的应用、掌握施工定额与预算定额的区别，难点是定额的换算。通过本章的学习，应使学生明确定额的概念、预算定额如何应用。

技 能 训 练

一、选择题

1. （   ）是规定消耗在完整的结构构件或扩大的结构部分上的活劳动和物化劳动的数量标准。

A. 预算定额   B. 概算定额   C. 工程结算   D. 工程概算

2. （   ）是规定消耗在单位工程基本构造要素上的劳动力、机械和材料的数量标准。

A. 获算定额   B. 概算定额   C. 工程结算   D. 工程概算

3. 建筑安装工程定额编制的原则，按平均先进性编制的是（   ）。

A. 预算定额   B. 企业定额   C. 概算定额   D. 概算指标

4. 有一个 120m³ 砖基础。每天有 22 名专业工人投入施工，时间定额为 0.89 工日/m³。完成该工程的施工天数为（   ）d。

A. 106.8   B. 5   C. 10   D. 22

5. 工程概算，一般由（   ）编制。

A. 施工单位   B. 监理单位   C. 设计单位   D. 咨询公司

6. 设计要求外墙贴 200mm×200mm 无釉面砖，灰缝为 5mm，面砖损耗率为 1.5%。每 100m² 外墙贴面砖总消耗量为（   ）m²。

A. 96.61   B. 89.69   C. 108.53   D. 95.18

二、简答题

1. 简述建设定额的概念及按照生产要素分类。
2. 简述建设定额按照编制程序和用途分类。
3. 简述施工定额的概念。
4. 简述预算定额的概念。
5. 如何区分施工定额与预算定额？
6. 装饰工程预算定额如何应用？
7. 如何正确套用定额？
8. 预算定额有哪几种换算类型？各有什么特点？

项目4 建筑装饰工程定额工程量计算

【内容提要】

本章主要内容：建筑面积的计算，楼地面工程量计算，墙柱面工程量计算，天棚工程量计算，门窗装饰工程量计算，油漆、涂料、裱糊工程量计算，措施项目工程量计算等。

【知识目标】

1. 了解建筑面积的概念和作用。

2. 掌握建筑面积的计算方法。

【能力目标】

1. 能理解预算定额的概念。

2. 能区分施工定额与预算定额差别。

3. 能进行定额的应用。

【学习建议】

结合工程实践理解工程建设定额的概念、分类，理解预算定额的概念，学会应用预算定额。

任务 4.1 建筑装饰工程工程量概述

4.1.1 工程量概念与意义

1. 工程量的概念

工程量是指以物理计量单位或自然计量单位所表示各项工程或结构、构件的实物数量。

物理计量单位是指以物体（分项工程或构件）的物理法定计量单位来表示工程的数量。如建筑墙面贴壁纸以平方米为计量单位，楼梯栏杆、扶手以米为计量单位。

自然计量单位是以物体自身的计量单位来表示的工程数量。如装饰灯具安装以"套"为计量单位，卫生器具安装以"组"为计量单位。

2. 正确计算工程量的意义

（1）工程量计算的准确与否，直接影响着工程的预算造价，从而影响整个工程建设过程的造价确定与控制。

（2）工程量是施工企业编制施工作业计划，合理安排施工进度，组织劳动力、材料和机械的重要依据。

（3）工程量是基本建设财务管理和会计核算的重要指标。

4.1.2 工程量计算的一般顺序、原则和步骤

1. 工程量计算的一般顺序

（1）各分部工程之间工程量的计算顺序。

1）规范顺序法：完全按照定额中分部分项工程的编排顺序进行工程量的计算。

2）施工顺序法：根据各建筑、装饰工程项目的施工工艺特点，按其施工的先后顺序，同时考虑到计算的方便，由基层到面层或从下至上逐层计算。

3）统筹原理计算法：通过对定额的项目划分和工程量计算规则进行分析，找出各分项工程之间的内在联系，运用统筹法原理，合理安排计算顺序，从而达到以点带面、简化计算、节省时间的目的。

（2）同一分部工程中不同分项工程之间的计算顺序。

（3）同一分项工程的计算顺序。

1）按顺时针方向计算：从施工平面图左上角开始，由左而右、先外后内顺时针环绕一周，再回到起点，这一方法适用于计算外墙面、楼地面、顶棚等项目。

2）先横后竖、先上后下、先左后右的顺序计算：这种方法适用于计算内墙面、楼地面、顶棚等项目。

3）按图样上注明的轴线或构件的编号依次计算：这种方法适用于计算门窗、墙面等项目。

2．工程量计算的一般原则

（1）计算口径一致，避免重复列项或漏项。工程量计算时，根据工程施工图列出的分项工程应与定额中相应定额子目的口径一致。在列项时，一定要结合该定额子目所包括的工作内容进行考虑。

（2）计量单位一致。按施工图样计算工程量时，各分项工程的计量单位，必须与定额中相应定额子目的计量单位一致。

（3）计算规则一致，避免错算。计算工程量时，必须严格执行现行定额中所规定的工程量计算规则，以免造成工程量计算的误差，从而影响造价准确性。

（4）计算精确度一致。

1）以立方米、平方米、米、千克为单位的，保留小数点后两位数字，第三位四舍五入。

2）以吨为单位，保留小数点后三位数字，第四位四舍五入。

3）以个（件、套或组）为单位，取整数。

（5）计算尺寸的取定要准确。

（6）按照一定的顺序进行计算。

3．工程量计算的步骤

（1）列项。

（2）确定计量单位及工程量计算规则。

（3）填列计算式并计算。

按分项工程分别汇总工程量。

4.1.3　工程量计算的要求

1．工程量计算注意事项

（1）严格按照消耗量定额的规定、工程量计算规则和已审核的施工图样进行计算，不得任意加大或缩小各部位尺寸，如不可把轴线间距作为内墙面装饰的长度。

（2）为便于校核，以避免重算或漏算，计算时一定要注明所在的层次、部位、轴线编号等。

（3）工程量计算公式中的数字应按相同的次序排列，如长×宽，以利校核。

（4）为提高计算效率，减少重复劳动，应尽量利用图样中的各种明细表，如门窗表等。

2．基本要点

（1）统筹程序、合理安排。统筹程序、合理安排的思想是不按施工顺序法或者规范顺序法计算工程量，只按计算简便的原则安排工程量计算顺序。

（2）利用基数，连续计算。基数是计算工程量时重复使用的数据，如"三线一面"（三线是指外墙外边线、外墙中心线及内墙净长线，一面是指建筑面积）。

（3）一次计算，多次应用。对于那些不能用"三线一面"基数进行连续计算的项目，如定型的、常用的混凝土及钢筋混凝土构件、木构件、金属构件，应预先一次计算出它们的单件工程量，汇编成手册（简称"一册"）。

（4）联系实际，灵活机动。利用"三线一面""一册"作为基数计算工程量，是一般工程的基本计算方法。

任务 4.2　建筑面积的计算

4.2.1　建筑面积的概念与作用

1．建筑面积的概念

建筑面积亦称建筑展开面积，它是指住宅建筑外墙外围线测定的各层平面面积之和。它是表示一个建筑物建筑规模大小的经济指标，包括三项，即使用面积、辅助面积和结构面积。

（1）使用面积，指建筑物各层平面中直接为生产或生活使用的净面积的总和，如居室、客厅、书房、卫生间、厨房等。

（2）辅助面积，指建筑物各层平面为辅助生产或生活活动所占的净面积的总和，例如住宅建筑中的楼梯、走道、厕所等。

（3）结构面积，指建筑物各层平面中的墙、柱等结构所占面积的总和。

2．建筑面积的作用

（1）建筑面积是计算建筑工程相关分项工程工程量与有关工程费用项目的依据。

（2）建筑面积是编制、控制与调整施工进度计划和竣工交验的重要指标。如"已竣工面积""在建面积"都是以建筑物面积指标来表示的。

（3）建筑面积是确定建筑工程经济技术指标的重要依据。如每平方米造价指标，每平方米人工、材料消耗量指标，其确定都以建筑面积为依据。

（4）建筑面积是计算有关工程量的重要依据，如装饰用的满堂脚手架工程量等。

4.2.2　建筑面积的计算依据

由于建筑面积是计算各种技术指标的重要依据，这些指标又起着衡量和评价建设规模、投资效益、工程成本等作用。因此，2013年中华人民共和国住房和城乡建设部颁布了《建筑工程建筑面积计算规范》（GB/T 50353—2013），自2014年7月1日起实施。原《建筑工程建筑面积计算规范》（GB/T 50353—2005）同时废止。

《建筑工程建筑面积计算规范》（GB/T 50353—2013）规定了建筑面积的计算方法，主要有以下3个方面的内容。

（1）计算全部建筑面积的范围和规定。

（2）计算部分建筑面积的范围和规定。

（3）不计算建筑面积的范围和规定。

4.2.3　应计算建筑面积的项目

（1）单层建筑物的建筑面积，应按其外墙勒脚以上结构外围水平面积计算，并应符合下列规定：

1）单层建筑物高度在 2.20m 及以上者应计算全面积，高度不足 2.20m 者应计算 1/2 面积。

2）利用坡屋顶内空间时净高超过 2.10m 的部位应计算全面积，净高在 1.20～2.10m 的部位应计算 1/2 面积，净高不足 1.20m 的部位不应计算面积。

【例 4.1】　已知某单层房屋平面和剖面图（图 4.2.1），计算该房屋建筑面积。

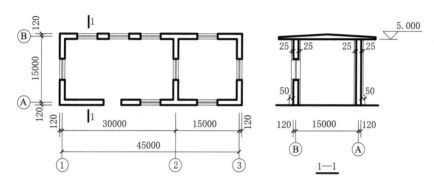

图 4.2.1　房屋平面和剖面图

解：
$$S = 45.24 \times 15.24 = 689.46(m^2)$$

（2）单层建筑物内设有局部楼层者，局部楼层的二层及以上楼层，有围护结构的应按其围护结构外围水平面积计算，无围护结构的应按其结构底板水平面积计算，层高在 2.20m 及以上者应计算全面积，层高不足 2.20m 者应计算 1/2 面积。

【例 4.2】　已知某单层房屋平面和剖面图（图 4.2.2），计算该房屋建筑面积。

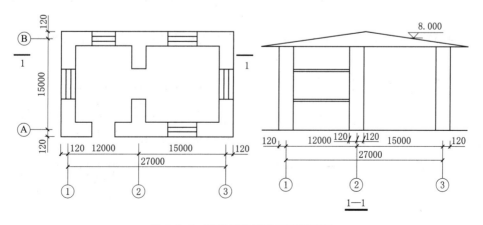

图 4.2.2　某单层房屋平面和剖面图

解： $$S=27.24\times15.24+12.24\times15.24\times1.5=694.94(m^2)$$

（3）多层建筑物首层应按其外墙勒脚以上结构外围水平面积计算，二层及以上楼层应按其外墙结构外围水平面积计算。层高在2.20m及以上者应计算全面积，层高不足2.20m者应计算1/2面积。

$$S_总=S_1+S_2+S_3+\cdots+S_n$$

（4）多层建筑坡屋顶内和场馆看台下，当设计加以利用时净高超过2.10m的部位应计算全面积，净高在1.20～2.10m的部位应计算1/2面积，当设计不利用或室内净高不足1.20m时不应计算面积，如图4.2.3和图4.2.4所示。

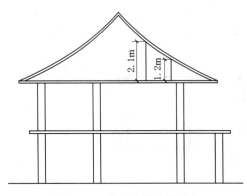

图4.2.3　多层建筑坡屋顶内

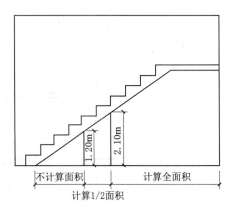

图4.2.4　场馆看台

（5）地下室、半地下室（车间、商店、车站、车库、仓库等），包括相应的有永久性顶盖的出入口，应按其外墙上口（不包括采光井、外墙防潮层及其保护墙）外边线所围水平面积计算。层高在2.20m及以上者应计算全面积，层高不足2.20m者应计算1/2面积。

（6）坡地的建筑物吊脚架空层、深基础架空层，设计加以利用并有围护结构的，层高在2.20m及以上的部位应计算全面积，层高不足2.20m的部位应计算1/2面积。设计加以利用、无围护结构的建筑吊脚架空层，应按其利用部位水平面积的1/2计算，设计不利用的深基础架空层、坡地吊脚架空层、多层建筑坡屋顶内、场馆看台下的空间不应计算面积。

【例4.3】 如图4.2.5所示，计算坡地建筑架空层及二层建筑物的建筑面积。

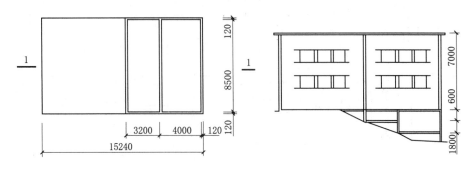

图4.2.5　建筑架空层及二层建筑物

解: $S = 15.24 \times 8.74 \times 2 + 4.12 \times 8.74 = 302.41 (\text{m}^2)$

（7）建筑物的门厅、大厅按一层计算建筑面积。门厅、大厅内设有回廊时，应按其结构底板水平面积计算。层高在2.20m及以上者应计算全面积，层高不足2.20m者应计算1/2面积。

（8）建筑物间有围护结构的架空走廊，应按其围护结构外围水平面积计算。层高在2.20m及以上者应计算全面积，层高不足2.20m者应计算1/2面积。有永久性顶盖无围护结构的应按其结构底板水平面积的1/2计算。

（9）立体书库、立体仓库、立体车库，无结构层的应按一层计算，有结构层的应按其结构层面积分别计算，层高在2.20m及以上者应计算全面积，层高不足2.20m者应计算1/2面积。

（10）有围护结构的舞台灯光控制室，应按其围护结构外围水平面积计算。层高在2.20m及以上者应计算全面积，层高不足2.20m者应计算1/2面积。

（11）建筑物外有围护结构的落地橱窗、门斗、挑廊、走廊、檐廊，应按其围护结构外围水平面积计算，层高在2.20m及以上者应计算全面积，层高不足2.20m者应计算1/2面积。有永久性顶盖无围护结构的应按其结构底板水平面积的1/2计算。

（12）有永久性顶盖无围护结构的场馆看台应按其顶盖水平投影面积的1/2计算。

（13）建筑物顶部有围护结构的楼梯间、水箱间、电梯机房等，层高在2.20m及以上者应计算全面积，层高不足2.20m者应计算1/2面积，见图4.2.6。

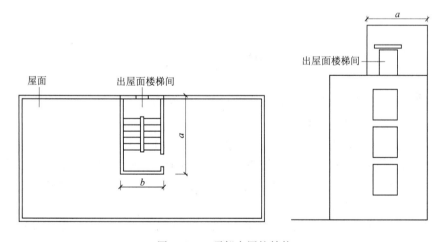

图4.2.6 顶部有围护结构

（14）设有围护结构不垂直于水平面而超出底板外沿的建筑物，应按其底板面的外围水平面积计算。层高在2.20m及以上者应计算全面积；层高不足2.20m者应计算1/2面积。

（15）建筑物内的室内楼梯间、电梯井、观光电梯井、提物井、管道井、通风排气竖井、垃圾道、附墙烟囱应按建筑物的自然层计算。

（16）雨篷结构的外边线至外墙结构外边线的宽度超过2.10m者，应按雨篷结构板的水平投影面积的 1/2 计算。

（17）有永久性顶盖的室外楼梯，应按建筑物自然层的水平投影面积的 1/2 计算。

（18）建筑物的阳台均应按其水平投影面积的 1/2 计算。

（19）有永久性顶盖无围护结构的车棚、货棚、站台、加油站、收费站等，应按其顶盖水平投影面积的 1/2 计算。

（20）高低联跨的建筑物，应以高跨结构外边线为界分别计算建筑面积；其高低跨内部连通时，其变形缝应计算在低跨面积内，见图 4.2.7。

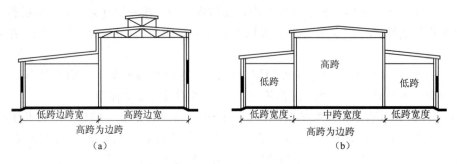

图 4.2.7　高低联跨建筑物

（21）以幕墙作为围护结构的建筑物，应按幕墙外边线计算建筑面积。

（22）建筑物外墙外侧有保温隔热层的，应按保温隔热层外边线计算建筑面积。

（23）建筑物内的变形缝，应按其自然层合并在建筑物面积内计算。

4.2.4　不应计算建筑面积的项目

下列项目不应计算面积：

（1）建筑物通道（骑楼、过街楼的底层）。

（2）建筑物内的设备管道夹层。

（3）建筑物内分隔的单层房间，舞台及后台悬挂幕布、布景的天桥、挑台等。

（4）屋顶水箱、花架、凉棚、露台、露天游泳池。

（5）建筑物内的操作平台、上料平台、安装箱和罐体的平台。

（6）勒脚、附墙柱、垛、台阶、墙面抹灰、装饰面、镶贴块料面层、装饰性幕墙、空调室外机搁板（箱）、飘窗、构件、配件、宽度在 2.10m 及以内的雨篷以及与建筑物内不相连通的装饰性阳台、挑廊。

（7）无永久性顶盖的架空走廊、室外楼梯和用于检修、消防等的室外钢楼梯、爬梯。

（8）自动扶梯、自动人行道。

（9）独立烟囱、烟道、地沟、油（水）罐、气柜、水塔、储油（水）池、贮仓、栈桥、地下人防通道、地铁隧道。

任务 4.3　楼地面工程量计算

4.3.1　楼地面工程概述

楼地面装饰工程包括垫层、找平层、整体面层、块料面层、楼梯面层、台阶面层、踢脚线、栏杆、栏板、扶手、弯头及其他（分格嵌条、防滑条）等分项工程项目。楼地面的构成，自下而上一般有垫层、地面防滑层、保温层、找平层、面层，其构造示意图见图4.3.1。根据设计的不同，楼地面可能只有上述的部分项目。

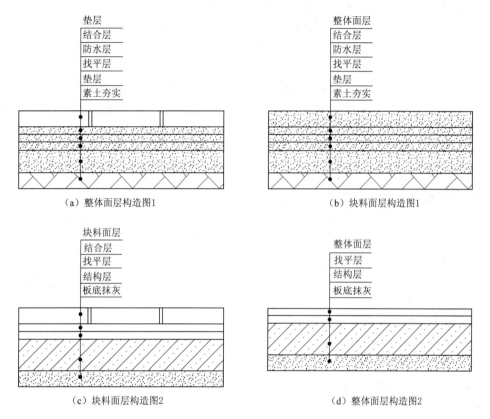

（a）整体面层构造图1　　　　　　　（b）块料面层构造图1

（c）块料面层构造图2　　　　　　　（d）整体面层构造图2

图4.3.1　楼地面工程构造示意图

定额说明如下：

（1）砂浆和水泥石米浆的配合比及厚度、混凝土的强度等级、饰面材料的型号规格如设计与定额规定不同时，可以换算，其他不变。

（2）同一铺贴面上有不同花色且镶拼面积小于0.015m²的大理石板和花岗岩板执行点缀定额子目。

（3）整体面层、块料面层中的楼地面子目，均不包括踢脚线工料。

（4）楼梯面层。

1）楼梯面层不包括防滑条、踢脚线及板底抹灰，防滑条、踢脚线、板底抹灰另按相应定额子目计算。

2）弧形、螺旋形楼梯面层，按普通楼梯子目人工、块料及石料切割剧片、石料切割机械乘以系数1.2计算。

（5）台阶面层子目不包括牵边、侧面装饰及防滑条。

（6）零星子目适用于台阶侧面装饰、小便池、蹲位、池槽以及单个面积在0.5m²以内且定额未列的少量分散的楼地面工程。

（7）踢脚线。

1）楼梯踢脚线按踢脚线子目乘以系数 1.15。

2）弧形踢脚线子目仅适用于使用弧形块料的踢脚线。

（8）石材底面刷养护液、正面刷保护液亦适用于其他章节石材装饰子目。

（9）现浇水磨石子目内已包括酸洗打蜡工料，其余子目均不包括酸洗打蜡，如发生时，按 2013 版《广西定额》相应子目计算。

（10）刷素水泥浆按 2013 版《广西定额》A.10 墙、柱面工程相应定额子目计算。

（11）楼地面伸缩缝及防水层按 2013 版《广西定额》A.7 屋面及防水工程相应定额子目计算。

（12）石材磨边按 2013 版《广西定额》A.14 其他装饰工程相应定额子目计算。

（13）普通水泥自流平子目适用于基层的找平，不适用于面层型自流平。

4.3.2　楼地面工程计算规则

（1）找平层、整体面层均按设计图示尺寸以平方米计算，扣除凸出地面的构筑物、设备基础、室内管道、地沟等所占面积，不扣除间壁墙、单个 $0.3m^2$ 以内的柱、垛、附墙烟囱及孔洞所占面积，门洞、暖气包槽、壁龛的开口部分不增加面积。

（2）块料面层按设计图示尺寸以平方米计算。门洞、空圈、暖气包槽、壁龛的开口部分并入相应的工程量内。

（3）块料面层拼花按拼花部分实贴面积以平方米计算。

（4）块料面层波打线（嵌边）按设计图示尺寸以平方米计算。

（5）块料面层点缀按个计算，计算主体铺贴地面面积时，不扣除点缀所占面积。

（6）石材、块料面层弧形边缘增加费按其边缘长度以延长米计算，石材、块料损耗可按实调整。

（7）楼梯面层。

1）楼梯面层按楼梯（包括踏步、休息平台以及小于 500mm 宽的楼梯井）水平投影面积以平方米计算。楼梯与楼地面相连时，算至梯口梁外侧边沿；无梯口梁者，算至最上一层踏步边沿加 300mm。

2）楼梯不满铺地毯子目按实铺面积以平方米计算。

（8）台阶面层（包括踏步及最上一层踏步边沿加 300mm）按水平投影面积以平方米计算。

（9）大理石、花岗岩梯级挡水线按设计图示水平投影面积以平方米计算。

（10）零星子目按设计图示结构尺寸以平方米计算。

（11）踢脚线按设计图示尺寸以平方米计算。

（12）石材底面及侧面刷养护液工程量按 2013 版《广西定额》表 A.9-1 计算。

（13）石材正面刷保护液工程量按相应面层工程量计算。

（14）橡胶、塑料、地毯、竹木地板、防静电活动地板、金属复合地板面层、地面（地台）龙骨按设计图示尺寸以平方米计算。门洞、暖气包槽、壁龛的开口部分并入相应的工程量内。

（15）木地板煤渣防潮层按需填煤渣防潮层部分木地板面层工程量以平方米计算。

（16）地面金属嵌条按设计图示尺寸以延长米计算。

（17）楼梯踏步防滑条按设计图示尺寸（无设计图示尺寸者按楼梯踏步两端距离减300mm）以延长米计算。

1. 地面垫层

地面垫层包括三合土、砂、砂石、毛石、碎砖、砾（碎）石、炉（矿）渣混凝土等垫层。

（1）基本概念。地面垫层是指将荷重传至地基上的构造层，有承重、隔声、防潮等作用。

（2）计算规则。地面垫层按室内主墙间净空面积（设计图示面积）乘以设计厚度以立方米计算，应扣除凸出地面的构筑物、设备基础、室内管道、地沟等所占体积；不扣除间壁墙和单个 $0.3m^2$ 以内的柱、垛、附墙烟囱及孔洞所占体积；不增加门洞、空圈、暖气包槽、壁龛的开口部分体积。

地面垫层工程量＝（$S_房$－单个面积＞$0.3m^2$ 以上孔洞独立柱及构筑物等面积）×垫层厚

（3）有关说明。

1）2013 版《广西定额》垫层均不包括基层下原土打夯。如需打夯者，按 2013 版《广西定额》A.1 土（石）方工程相应子目计算。

2）混凝土垫层按 2013 版《广西定额》A.4 混凝土及钢筋混凝土工程相应定额子目计算。

【例 4.4】 如图 4.3.2 所示，某建筑墙厚 240mm，轴线居中，地面做法为：素土夯

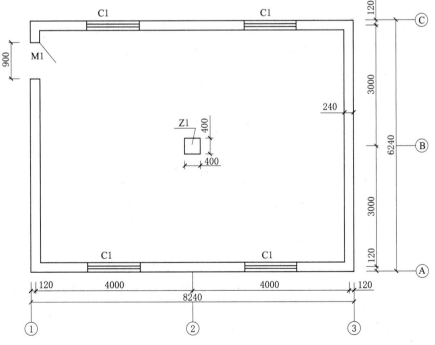

图 4.3.2 某建筑平面图

实；60 厚 1∶1∶6∶12 的混凝土（水泥∶石灰膏∶砂∶碎砖）垫层；素水泥浆结合层一遍；20 厚 1∶2 水泥砂浆抹面磨光。试计算该工程的地面垫层的工程量。

解：　　　　　室内构筑物 $0.4 \times 0.4 = 0.016 (m^2) < 0.3 m^2$（不扣除）

　　　　　混凝土垫层的工程量 $= (8.24 - 0.24) \times (6.24 - 0.24) \times 0.06 = 2.88 (m^2)$

答：该工程的地面垫层的工程量为 $2.88 m^2$。

2. 找平层、整体面层

找平层包括水泥砂浆找平层、细石混凝土找平层、沥青砂浆找平层等。整体面层包括水泥砂浆整体面层、水磨石整体面层、菱苦土整体面层、铺砌卵石整体面层等。

（1）基本概念。

找平层：由于面层要求平整，需要将不平整的基底用砂浆找平，这一层称为找平层。

整体面层：以建筑砂浆为主要材料，用现场浇筑法作成整片直接接受各种荷载、摩擦、冲击的表面层。

结合层：底层与上层之间的一层称为结合层，有素水泥浆、砂浆等结合层。

（2）计算规则。找平层、整体面层均按室内主墙间净空面积（设计图示尺寸）以平方米计算，应扣除凸出地面的构筑物、设备基础、室内管道、地沟等所占面积；不扣除间壁墙、单个 $0.3 m^2$ 以内的柱、垛、附墙烟囱及孔洞所占面积；门洞、空圈、暖气包槽、壁龛的开口部分不增加面积。

楼地面找平层和整体面层工程量 = 主墙间净长度 × 主墙间净宽度 - 单个面积 > $0.3 m^2$ 以上孔洞独立柱及构物等面积

（3）有关说明。整体面层中的楼地面子目均不包括塌脚线工料。

3. 块料面层

块料面层包括大理石、花岗岩、方整石、预制水磨石块、水泥花砖及广场砖、陶瓷地砖、陶瓷锦砖（马赛克）、缸砖、红阶砖、玻璃地面、塑料板及橡胶板、地毯及附件、竹地板及木地板、防静电地板等块料面层。

（1）基本概念。

块料面层：以陶质材料制品及天然石材等为主要材料，用建筑砂浆或粘剂作结台层嵌砌的直接接受各种荷载、摩擦、冲击的表面层。

（2）计算规则。

1）块料面层接设计图示尺寸以平方米计算，应扣除凸出地面的构筑物、设备基础、室内管道、地沟等所占面积；不扣除柱、垛、间壁墙、附墙烟囱及单个 $0.3 m^2$ 以内的孔洞所占面积；门洞、空圈、暖气包槽、壁龛的开口部分不增加面积。

楼地面块料面层工程量 = 主墙间净长度 × 主墙间净宽度 - 不做面层面积 + 增加其他面积

2）橡胶、塑料、地毯、竹木地板、防静电活动地板、金属复合地板面层按图示尺寸实铺面积，以平方米计算。门洞、空圈、暖气包槽、壁龛的开口部分并入相应的工程量内。

3）块料面层拼花按拼花部分实贴面积以平方米计算。

4）块料面层渡打线（嵌边）按设计图示尺寸以平方米计算。

5）块料面层点缀按个计算，计算主体铺贴地面面积时，不扣除点缀所占面积。

6）大理石、花岗岩面层弧形边缘按其边缘长度每100m另增加人工6个工日，石料切割锯片1.4片，石材损耗可按实调整。

（3）有关说明。

1）同一铺贴面上有不同花色且镶拼面积小于0.015m²的大理石板和花岗岩板按不同颜色、不同规格的块料点缀子目。

2）块料面层中的楼地面子目均不包括踢脚板、楼梯侧面、牵边；台阶不包括侧面、牵边；设计有要求的，按相应定额项目计算。

3）石材磨边按2013版《广西定额》B.6其他工程相应子目计算。

4.楼梯装饰

楼梯面层与楼地面面层做法相同，也包括整体面层和块料面层。

（1）计算规则。

1）楼梯面层按楼梯（包括踏步及最后一级踏步宽、休息平台以及小于500mm宽的楼梯井）水平投影面积以平方米计算。楼梯与楼地面相连时，算至梯口梁外侧边沿（图4.3.3）；无梯口梁者，算至最后一层踏步边沿加300mm。

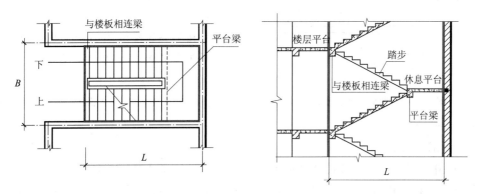

图4.3.3 楼梯面层计算范围

2）楼梯不满铺地毯子目按实铺面积以平方米计算。

3）楼梯踏步防滑条按设计图示尺寸（无设计图示尺寸者按楼梯踏步两端距离减300mm）以延长米计算。

（2）计算方法。

楼梯面层工程量计算方法与钢筋混凝土整体楼梯相同。

当梯井宽度<500mm时：

楼梯工程量＝楼梯间净宽×（休息平台宽＋踏步宽×步数）×（楼层数－1）

当梯井宽度≥500mm时：

楼梯工程量＝［楼梯间净宽×（休息平台宽＋踏步宽×步数）

－（楼梯井宽－0.5）×楼梯井长］×（楼层数－1）

注意：楼梯最后一跑只能增加最后一级踏步宽乘楼梯间宽度一半的面积，如扣减楼梯井宽度时，宽度按扣减后的一半计算。

（3）有关说明。

1）楼梯面层不包括防滑条、踢脚线及板底抹灰，防滑条、踢脚线、板底抹灰另按相应定额子目计算。

2）弧形、螺旋形楼梯的装饰，其踏步按水平投影面积计算，执行楼梯的相应子目，人工、块料及石料切割剧片、石料切割机械按普通楼梯子目乘以系数1.2计算；其侧面按展开面积计算，执行零星项目的相应子目。

3）楼梯侧面装饰及0.5m² 以内少量分散的楼地面装修应按楼地面工程中"零星装饰项目"编码列项。

4）楼梯底面抹灰按天棚工程相应项目执行。

5）伸入墙内部分的休息平台和踏步，不计算在内。

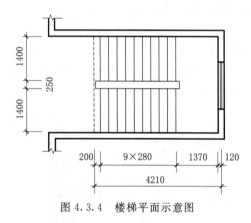

图4.3.4 楼梯平面示意图

【例4.5】 该层楼梯面贴花岗岩面层，见图4.3.4，工程做法为：30厚1：4干硬性水泥砂浆结合层；刷素水泥浆一道20厚芝麻白磨光花岗岩（600×600）铺面；撒素水泥面填缝（洒适量水）；梯下梁宽200，试计算该项目楼梯面层工程量。

解： 楼梯井宽度为250mm＜500mm，则：
楼梯花岗岩面层的工程量为＝$(1.4×2+0.25)×(0.2+9×0.28+1.37)=12.47(m^2)$

答：该项目楼梯花岗岩面层工程量12.47m²。

5. 栏杆、栏板、扶手

（1）计算规则。

1）栏杆、栏板、扶手按设计图示中心线长度以延长米计算（不扣除弯头所占长度）；斜长部分的栏杆、栏板、扶手，按平台梁与连接梁外沿之间的水平投影长度，乘以1.15计算。

2）弯头按个计算（栏杆、栏板、扶手弯头第一个弯头和最后一个弯头按一个弯头计算工程量）。

3）防滑条按楼梯踏步两端距离减300mm，以延长米计算。

4）扶手按延长米计算，弯头按个制作安装，分别立项。

弯头数量＝栏杆实际转弯的数量

（2）有关说明。

1）适用于楼梯、走廊、回廊及其他装饰性栏杆、栏板。栏杆、栏板、扶手造型图见2013版《广西定额》附录。

2）栏杆、栏板、扶手、弯头子目按不同材料规格、用量分项。如设计规定与定额不同时，可以换算，但其他材料及人工、机械不变。

3）未列弧形、螺旋形子目的栏杆、扶手子目，如用于弧形、螺旋形栏杆、扶手，按直形栏杆、扶手子目人工乘以系数1.3计算，其余不变。

4）铸铁围墙栏杆不包括铸铁栏杆的面漆及压脚混凝土梁捣制，栏杆面漆及压脚混凝土梁按设计要求另立项目计算。

6.台阶、散水、坡道、坡道、明沟面层

（1）基本概念。

台阶，在室外踏步（台阶）两端或入口处，有时设计为花池，有时设计为砖砌的矮挡墙（即梯带或牵边）。

散水又叫排水坡、护坡，指的是在建筑物四周所做的护坡，其作用是排泄屋面积水、保护建筑物四周地基土的稳定。

坡道指防滑坡道，因为室内地面均高出室外地面，为便于车辆出入，需做成斜坡，坡度一般为1：5~1：10，面层上做成锯齿形以防滑。

明沟，既露天下水道，是靠近勒脚下部设置的排水沟。防止因积水渗入地基而造成建筑物的下沉。

（2）计算规则。

1）台阶面层（包括踏步及最上一层踏步边沿加300mm）按水平投影面积以平方米计算。

注意：如图4.3.5所示，以虚线区分楼地面和台阶工程量，分别进行清单报价。

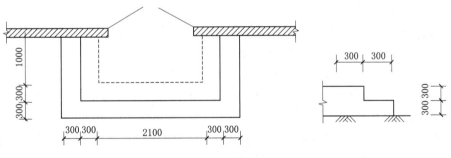

图4.3.5　台阶面层计算范围

2）明沟工程量按图示尺寸，以延长米计算，净空断面面积在0.2m²以上的沟道，应分别按相应项目计算，如图4.3.6明沟示意图。

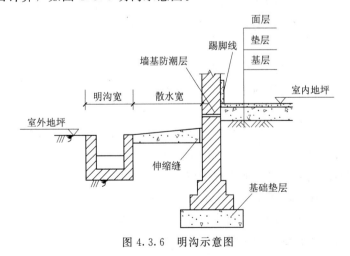

图4.3.6　明沟示意图

3）散水工程量按设计图示尺寸的水平投影面积计算，应扣除穿过散水的踏步、花台面积。

$$散水工程量＝（建筑物外墙边长线＋散水设计宽度×4$$
$$－台阶、花池、阳台等所占宽度）×散水设计宽度$$

4）防滑坡道工程量按设计图示尺寸以斜面积计算。

5）剁假石台阶工程量以展开面积计算。

（3）有关说明。

1）台阶面层分整体面层及块料面层，查找定额时按具体做法进行查找。

2）台阶面层子目不包括牵边、侧面装饰及防滑条，应按"零星装饰项目"编码列项。

7.踢脚线

（1）基本概念。

踢脚线：用以遮盖楼地面与墙面的接缝和保护墙面，以防撞坏或拖洗地面时把墙面弄脏的板。异形踢脚板指非矩形的形式。

（2）计算规则。踢脚板按设计图示尺寸区分不同用料及做法，按长度乘以高度以平方米计算。

（3）有关说明。

1）楼梯踢脚线按踢脚线子目乘以系数1.15，以延长米计算，洞口、空圈长度不予扣除，洞口、空圈、垛、附墙烟囱等侧壁长度不增加。

2）弧形踢脚线子目仅适用于使用弧形块料的踢脚线。

3）预制水磨石踢脚板设计为异形时，执行大理石异形踢脚板子目，调整其中的大理石踢脚板，其他消耗量不变。

4）实木踢脚板子目，定额按踢脚板直接铺钉在墙面编制，若设计要求做基层板，另按定额"墙、柱饰面"中护基层板子目计算。

8.零星装饰项目

零星装饰适用于小面积（0.5m² 以内）少量分散的楼地面装饰，其工程部位或名称应在清单项目中进行描述，如找平层厚度、砂浆配合比；结合层厚度、材料种类；面层材料品种、规格、品牌、颜色；勾缝材料种类；刷防护材料种类；清理基层；酸洗、打蜡要求；材料运输。

此外，适用于楼梯、台阶侧面装饰、牵边，池槽，蹲台等项目也可按零星装饰项目编码列项，并在清单项目中进行描述，套用楼地面定额。

计算规则如下：

（1）大理石、花岗岩梯级挡水线按设计图示水平投影面积以平方米计算。

（2）零星子目按设计图示结构尺寸以平方米计算。

（3）石材底面及侧面刷养护液工程量按表 4.3.1 计算。

（4）石材正面刷保护液工程量按定额石材用量以平方米计算。

（5）术地板煤渣防潮层按需填煤渣防潮层部分的木地板面层工程量以平方米计算。

（6）地面金属嵌条按设计图示尺寸以延长米计算。

表4.3.1 　　　　　　　　　　石材底面及侧面刷养护液工程量计算系数表

项　目　名　称	系数	工程量计算方法
楼地面	1.13	
波打线	1.33	
楼梯	1.79	楼地面工程相应子目工程量×系数
台阶	1.95	
零星项目	1.30	
踢脚线	1.33	
墙面 梁、柱面 零星项目	1.12	墙柱面工程相应子目工程量×定额石材用量×系数

任务4.4 墙柱面工程量计算

4.4.1 墙柱面装饰工程概述

墙、柱面装饰是指建筑物空间垂直面的装饰，适用于一般抹灰、装饰抹灰工程，包括墙面抹灰、柱面抹灰、零星抹灰、墙面镶贴块料、柱面镶贴块料、零星镶贴块料，墙饰面、柱（梁）饰面、隔断、幕墙等工程。

定额说明：

（1）2013版《广西定额》凡注明的砂浆种类、强度等级，如设计与定额不同时，可按设计规定调整，但人工、其他材料、机械消耗量不变。

（2）抹灰厚度，同类砂浆列总厚度，不同砂浆分别列出厚度，如定额子目中15＋5mm即表示两种不同砂浆的各自厚度。抹灰砂浆厚度如设计与定额不同时，定额注明有厚度的子目可按抹灰厚度每增减1mm进行调整，定额未注明抹灰厚度的子目不得调整。

（3）砌块砌体墙面、柱面的一般抹灰、装饰抹灰、镶贴块料，按2013版《广西定额》砖墙、砖柱相应子目执行。

（4）墙、柱面一般抹灰、装饰抹灰子目已包括门窗洞口侧壁抹灰及水泥砂浆护角线在内。

（5）有吊顶天棚的内墙面抹灰，套内墙抹灰相应子目乘以系数1.036。

（6）混凝土表面的一般抹灰子目已包括基层毛化处理，如与设计要求不同时，按2013版《广西定额》相应子目进行调整。

（7）一般抹灰的"零星项目"适用于各种壁柜、碗柜、暖气壁龛、空调搁板、池槽、小型花台以及0.5m² 以内少量分散的其他抹灰。一般抹灰的"装饰线条"适用于窗台线、门窗套、挑檐、腰线、扶手、压顶、遮阳板、宣传栏边框等凸出墙面或抹灰面展开宽度小于300mm以内的竖、横线条抹灰。超过300mm的线条抹灰按"零星项目"执行。

（8）抹灰子目中，如设计墙面需钉网者，钉网部分抹灰子目人工费乘以系数1.3。

（9）饰面材料型号规格如设计与定额取定不同时，可按设计规定调整，但人工、机械消耗量不变。

（10）圆弧形、锯齿形、不规则墙面抹灰、镶贴块料、饰面，按相应定额子目人工费乘以系数 1.15，材料乘以系数 1.05。装饰抹灰柱面子目已按方柱、圆柱综合考虑。

（11）镶贴面砖子目，面砖消耗量分别按缝宽 5mm 以内、10mm 以内和 20mm 以内考虑，如不离缝、横竖缝宽步距不同或灰缝宽度超过 20mm 以上者，其块料及灰缝材料（1：1 水泥砂浆）用量允许调整，其他不变。

（12）镶贴瓷板执行镶贴面砖相应定额子目。玻璃马赛克执行陶瓷马赛克相应定额子目。

（13）装饰抹灰和块料镶贴的"零星项目"适用于壁柜、碗柜、暖气壁龛、空调搁板、池槽、小型花台、挑檐、天沟、腰线、窗台线、窗台板、门窗套、压顶、扶手、栏杆、遮阳板、雨篷周边及 0.5m² 以内少量分散的装饰抹灰及块料面层。

（14）花岗岩、大理石、丰包石、面砖块料面层均不包括阳角处的现场磨边，如设计要求磨边者按 2013 版《广西定额》A.14 其他装饰工程相应定额执行。若石材的成品价已包括磨边，则不得再另立磨边子目计算。

（15）混凝土表面的装饰抹灰、镶贴块料子目不包括界面处理和基层毛化处理，如设计要求混凝土表面涂刷界面剂或基层毛化处理时，执行 2013 版《广西定额》相应子目。

（16）木材种类除周转木材及注明者外，均以一、二类木种为准，如采用三、四类木种，其人工及木工机械乘以系数 1.3。

（17）钢骨架、龙骨

1）2013 版《广西定额》所用的型钢龙骨、轻钢龙骨、铝合金龙骨等，是按常用材料及规格组合编制的，如设计要求与定额不同时允许按设计调整，人工、机械不变。

2）木龙骨是按双向计算的，设计为单向时，材料、人工用量乘以系数 0.55；木龙骨用于隔断、隔墙时，取消相应定额内木砖，每 100m² 增加 0.07m³ 一等杉方材。

3）钢骨架干挂石板、面砖子目不包括钢骨架制作安装，钢骨架制作安装按 2013 版《广西定额》相应子目计算。

（18）面层、隔墙（间壁）、隔断子目内，除注明者外均未包括压条、收边、装饰线（板），如设计要求时，应按 2013 版《广西定额》A.14 其他装饰工程相应子目计算。

（19）埃特板基层执行石膏板基层定额子目。

（20）浴厕夹板隔断包括门扇制作、安装及五金配件。

（21）面层、木基层均未包括刷防火涂料，如设计要求时，另按 2013 版《广西定额》A.13 油漆、涂料、裱糊工程相应子目计算。

（22）幕墙。

1）幕墙龙骨如设计要求与定额规定不同时应按设计调整，调整量按 2013 版《广西定额》幕墙骨架调整子目计算。

2）幕墙定额已综合考虑避雷装置、防火隔离层、砂浆嵌缝费用，幕墙的封顶、封边按 2013 版《广西定额》相应子目计算。

3）玻璃幕墙中的玻璃均按成品玻璃考虑，玻璃幕墙中有同材质的平开窗、推拉窗、悬（上、中、下）窗，按玻璃幕墙计算，不另立子目。

4）全玻璃幕墙子目考虑以玻璃作为加强肋，用其他材料作为加强肋的，加强肋部分应另行计算。

5）幕墙子目均不包括预埋铁件，如发生时，按2013版《广西定额》A.4混凝土及钢筋混凝土工程相应子目计算。

6）幕墙子目中不包括幕墙性能试验费、螺栓拉拔试验费、相溶性试验费及防雷检测费等，其费用另行计算。

4.4.2 墙柱面工程计算规则

1. 一般抹灰、装饰抹灰、勾缝

墙面抹灰、勾缝按设计图示尺寸以平方米计算。扣除墙裙、门窗洞口、单个0.3m²以外的孔洞及装饰线条、零星抹灰所占面积，不扣除踢脚线、挂镜线和墙与构件交接的面积，门窗洞口和孔洞的侧壁及顶面不增加面积。附墙柱、梁、垛、烟囱侧壁并入相应的墙面面积内。

（1）外墙抹灰、勾缝面积按外墙垂直投影面积计算。

外墙抹灰工程量＝外墙面长度×墙面高度－门窗等面积

＋垛、梁、柱的侧面抹灰面积

（2）外墙裙抹灰面积按其长度乘以高度计算（不扣除或扣除内容同外墙抹灰）。

外墙裙抹灰工程量＝外墙面长度×墙裙高度－门窗所占面积

＋垛、梁、柱的侧面抹灰面积

（3）内墙裙抹灰面积按内墙净长乘以高度计算（不扣除或扣除内容同外墙抹灰）。

内墙裙抹灰工程量＝主墙间净长度×墙裙高度－门窗所占面积

＋垛的侧面抹灰面积

（4）内墙抹灰、勾缝面积按主墙间的净长乘以高度计算，其高度确定如下：（不扣除或扣除内容同外墙抹灰）

1）无墙裙的，其高度按室内地面或楼面至天棚底面之间距离计算。

2）有墙裙的，其高度按墙裙顶至天棚底面之间距离计算。

3）有吊顶天棚的，其高度按室内地面、楼面或墙裙顶面至天棚底面另加100mm计算。

内墙抹灰工程量＝主墙间净长度×墙面高度－门窗等面积

＋垛的侧面抹灰面积

栏板、栏杆工程量＝栏板、栏杆长度×栏板、栏杆抹灰高度

有关说明：

1）墙面一般抹灰、装饰抹灰子目已包括门窗洞口侧壁抹灰及水泥砂浆护角线在内。

2）抹灰子目中，如设计墙面需钉网者，钉网部分抹灰子目人工乘以系数1.3。

3）0.5m²以内小面积抹灰，应按零星抹灰中的相应分项工程工程量清单项目编码列项。

4）窗台线、门窗套、挑檐、遮阳板等展开宽度在300mm以内者，按装饰线以延长米计算。如展开宽度超过300mm以上时，按图示尺寸以展开面积计算，套用零星抹灰企业定额子目。

5）栏板、栏杆（包括立杆、扶手或压顶等）抹灰，按立面垂直投影面积乘以系数2.2，以平方米计算。

6）阳台底面抹灰按水平投影，以平方米计算，并入相应天棚抹灰面积内，阳台带悬梁

者，其工程量乘以系数 1.30 计算。

7）雨篷底面抹灰按水平投影面积，以平方米计算，并入相应天棚抹灰面积内，雨篷顶面带反沿或反梁者，其工程量乘以系数 1.20 计算；底面带悬臂梁者，其工程量乘以系数 1.20 计算。雨篷外边线按相应装饰线条或零星项目执行。

8）墙面勾缝按垂直投影面积计算，应扣除墙裙和墙面抹灰的面积，不扣除墙面门窗洞口、门窗套，腰线等零星抹灰所占面积，附墙柱和门窗洞口侧面的勾缝面积亦不增加。独立柱、房上烟囱勾缝，按图示尺寸以平方米计算。

9）外墙各种装饰抹灰均按图示尺寸，以实抹灰面积计算。应扣除门窗洞口、空圈的面积，其侧壁面积不另增加。

10）挑檐、天沟、腰线、栏杆、栏板、门窗套、窗台线、压顶等均按图示尺寸展开面积，以 m^2 计算，并计入相应的外墙面积工程量内。

【例 4.6】　如图 4.4.1 所示为某单层建筑物平面图，内墙面具体做法为：底 15mm 厚 1∶1∶6 水泥石灰砂浆，面 5mm 厚 1∶0.5∶3 水泥石灰砂浆，已知 M 为 900mm×2100mm，C 为 1500mm×1800mm，层高 3m，板厚 100mm。试计算该工程的内墙面抹灰工程量。

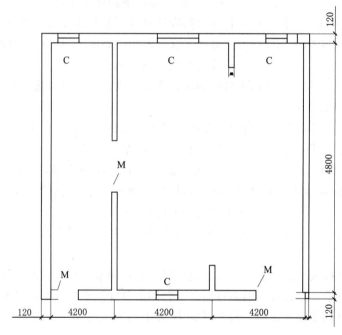

图 4.4.1　某单层建筑物平面图

解：内墙面抹灰的工程量为

内墙抹灰工程量＝主墙间净长度×墙面高度－门窗等面积＋垛的侧面抹灰面积

$[(4.2×3-0.48)×2+(4.8-0.24)×4+0.12×4]×(3-0.1)-(0.9×2.1×4)$
$-(1.5×1.8×4)=106.22(m^2)$

答：该工程的内墙面抹灰工程量是 $106.22m^2$。

2. 柱面抹灰

柱面抹灰包括柱面一般抹灰、柱面装饰抹灰、柱面勾缝等分项工程。

(1) 计算规则。柱（梁）面抹灰、勾缝按设计图示柱（梁）的结构，以断面周长乘以高度（长度）以平方米计算。其高度确定同内墙抹灰规定，断面周长即是结构断面周长。

$$柱装饰抹灰工程量＝柱结构断面周长×设计柱抹灰高度$$

(2) 有关说明。

1) 柱面一般抹灰、装饰抹灰子目已包括门窗洞口侧壁抹灰及水泥砂浆护角线在内。

2) 抹灰子目中，如设计墙面需钉网者，钉网部分抹灰子目人工乘以系数1.3。

3) 单梁的抹灰执行混凝土柱面抹灰子目。

4) 装饰抹灰柱面子目已按方柱、圆柱、半圆柱等异性柱综合考虑。

【例4.7】 某工程有现浇钢筋混凝土矩形柱10根，柱结构断面尺寸为500mm×500mm，柱高为2.8m，柱面采用水泥砂浆抹灰（无墙裙），具体工程做法为：喷乳胶漆两遍；5厚1:0.3:2.5水泥石膏砂浆抹面压实抹光；13厚1:1:6水泥石膏砂浆打底扫毛；刷素水泥浆一道（内掺水重3%～5%的107胶）；混凝土基层。试编制柱面抹灰工程工程量清单。

解： 柱面抹灰工程量为

$$S＝0.5×4×2.8×10＝56.00(m^2)$$

答： 柱面抹灰工程量56.00m²。

3. 零星项目抹灰

零星是项目抹灰包括零星项目一般抹灰、零星项目装饰抹灰等分项工程。

(1) 计算规则。

1) 零星项目按设计图示结构尺寸以平方米计算。

2) 装饰线条按设计图示尺寸以延长米计算。

(2) 有关说明。

1) 一般抹灰的"零星项目"适用于各种壁柜、碗柜、过人洞、暖气壁龛、池槽、花台以及0.5m²以内少量分散的其他抹灰。

2) 一般抹灰的"装饰线条"适用于窗台线、门窗套、挑檐、腰线、扶手、压顶、遮阳板、宣传栏边框等凸出墙面或抹灰面展开宽度小于300mm以内的竖、横线条抹灰。超过300mm的线条抹灰按"零星项目"执行（如图4.4.2腰线、压顶示意图）。

3) 装饰抹灰的"零星项目"适用于碗柜、挑檐、天沟、腰线、窗台线、窗台板、门窗套、压顶、扶手、栏杆、遮阳板、雨篷周边及0.5m²以内少量分散的装饰抹灰。

4) 外墙一般抹灰中的栏板、栏杆（包括立柱、扶手或压顶等）设计抹灰做法相同时，抹灰按垂直投影面积，以平方米计算；设计抹灰做法不同时，按其他抹灰规定计算。

$$栏板、栏杆工程量＝栏板、栏杆长度×栏板、栏杆抹灰高度$$

5) 装饰抹灰中挑檐、天沟、腰沟、栏板、门窗套、压顶等均按图示尺寸的展开面积，以平方米计算。

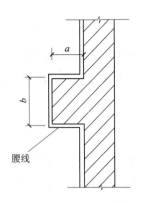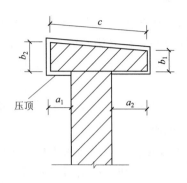

图 4.4.2 腰线、压顶示意图

4. 墙、柱面镶贴块料

墙、柱面镶贴块料包括大理石、花岗岩、钢骨架干挂石板、挂贴大理石板、花岗岩其他零星项目、预制水磨石、陶瓷锦砖（马赛克）、玻璃马赛克、瓷板、陶瓷面砖、文化石等块料面层项目。

（1）计算规则。

1）墙面按设计图示尺寸以平方米计算。

a. 镶贴块料面层高度在 1500mm 以下为墙裙。

b. 镶贴块料面层高度在 300mm 以下为踢脚线。

2）柱、梁面粘贴、干挂、挂贴子目，按设计图示结构尺寸以平方米计算。

3）柱、梁面钢骨架干挂子目，按设计图示外围饰面尺寸以平方米计算。

4）花岗岩、大理石柱幅、柱墩按最大外径周长以延长米计算。

5）干挂石材钢骨架按设计图示尺寸以吨计算。

（2）有关说明。

1）镶贴面砖子目，面砖消耗量分别按缝宽 5mm 以内、10mm 以内和 20mm 以内考虑. 如不离缝、横竖缝宽步距不同或灰缝宽度超过 20mm 以上者，其块料及灰缝材料（1∶1 水泥砂浆）用量允许调整，其他不变。

2）花岗岩、大理石块料面层均不包括阳角处的现场磨边，如设计要求磨边者按《广西装饰装修工程消耗量定额》"B.6 其他工程"相应定额执行。若石材的成品价已包括磨边，则不得再另立磨边子目计算。

3）钢骨架干挂石板、面砖子目不包括钢骨架制作安装，钢骨架制作安装按《广西装饰装修工程消耗量定额》相应子目计算。

4）定额中墙面砖不接釉面砖、劈离砖等具体品种列项，而是按砖的厚度和用途统分为瓷板和面砖两大类。瓷板和面砖区别：瓷板为厚度较薄，小于等于 5mm 的饰面砖，基本用于室内墙柱面；面砖为厚度大于 5mm 的釉面砖、无釉砖、彩条砖等，用于室内室外均可。

5）墙面干挂大理石、花岗岩子目，定额按块料挂在膨胀螺栓上编制。若设计挂在龙骨上，龙骨单独计算，执行相应龙骨子目；扣除子目中膨胀螺栓的消耗量，其他不变。

墙面镶贴块料工程＝图示长度×装饰高度

6）圆弧形、锯齿形墙面镶贴块料，按相应项目人工乘以系数1.15。

5. 零星镶贴块料

（1）计算规则。

零星项目按设计图示结构尺寸以平方米计算。

（2）有关说明。

1）块料镶贴的"零星项目"适用于碗柜、挑檐、天沟、腰线、窗台线、窗台板、门窗套、压顶、扶手、栏杆、遮阳板、雨篷周边及0.5m²以内少量分散的块料面层。

2）石材门窗套应按门窗套中的石材门窗套工程量清单项目编码列项。

3）各种壁柜、碗柜、过人洞、暖气壁龛、池槽、花台和挑檐、天沟、窗台线、压顶、栏板、扶手、遮阳板、雨篷周边等抹灰或镶贴块料面层，应按零星抹灰或零星镶贴块料中的相应分项工程工程量清单项目编码列项。

6. 墙柱饰面

墙柱饰面装饰包括龙骨、板基层、卷材隔离层、面层、隔墙、柱龙骨基层及饰面、罗马柱等分项工程。

（1）计算规则。

1）墙面装饰（包括龙骨、基层、面层）按设计图示饰面外围尺寸以平方米计算，扣除门窗洞口及单个0.3m²以外的孔洞所占面积；其材料均未包括刷防火涂料，设计有要求时，按相应定额计算。

2）柱、梁面装饰按设计图示饰面外围尺寸以平方米计算。柱帽、柱墩并入相应柱饰面工程量内。

a. 设计木龙骨包圆柱，其相应定额项目乘以系数1.18。

b. 设计金属龙骨包圆柱，其相应定额项目乘以系数1.20。

柱饰面龙骨工程量＝图示长度×高度×系数

（2）有关说明。

1）面层子目内，除注明者外均未包括压条、收边、装饰线（板），如设计要求时，应按2013版《广西定额》B.6其他工程相应子目计算。

2）面层、木基层均未包括刷防火涂料，如设计要求时，另按2013版《广西定额》B.5油漆、涂料、裱糊工程相应子目计算。

3）圆弧形、锯齿形墙面饰面，按相应项目人工乘以系数1.5。

4）木龙骨基层项目中的龙骨是按双向计算。设计为单向时，人工、材料、机械消耗量乘以系数0.55。

5）基层板上钉铺造型层，定额按不铺满考虑。若在基层板上满铺板，可套用造型层相应项目，人工消耗量乘以系数0.85。

6）墙饰面龙骨按图示尺寸长度乘以高度，以平方米计算。定额龙骨按附墙考虑，设计龙骨外挑时，其相应定额项目乘以系数1.15。

墙、柱饰面龙骨工程量＝图示长度×高度×系数

7）墙饰面基层板、造型层按图示尺寸（实铺）面积，以平方米计算。面层按展开面

积，以平方米计算。单块面积 0.03m² 以内的墙柱饰面面层，其材料与周边饰面面层不一致时，应单独计算，且不扣除周边饰面面层的工程量。

$$墙饰面基层、面层工程量＝图示长度×高度$$

7. 隔断

（1）计算规则。隔断按设计图示尺寸以平方米计算，扣除单个 0.3m² 以外的孔洞所占面积。

1）塑钢隔断、浴厕木隔断上门的材质与隔断相同时，门的面积并入隔断面积内。

2）玻璃间壁、隔断按上横档顶面到下横档底面之间的图示尺寸，以平方米计算，扣除门窗面积。如有玻璃加强肋者，肋玻璃另行计算面积并入隔断工程量内。

3）全玻璃隔断的不锈钢边框工程量按边框饰面表面积以平方米计算。

4）木间壁、隔断按图示尺寸长度乘以高度，以平方米计算。有门窗者，扣除门窗面积，门窗扇执行其他章节有关规定。

5）铝合金（轻钢）间壁、隔断、各种幕墙，按设计四周外边线的框外围面积计算，有门窗者，扣除门窗面积。

（2）有关说明。

1）隔墙（间壁）、隔断子目内，除注明者外均未包括压条、收边、装饰线（板），如设计要求时，应按 2013 版《广西定额》"B.6 其他工程"相应子目计算。

2）浴厕夹板隔断包括门扇制作、安装及五金配件。

3）面层、木基层均未包括刷防火涂料，如设计要求时，另按 2013 版《广西定额》"B.5 油漆、涂料、裱糊工程"相应子目计算。

4）木龙骨基层是按双向计算的，如设计为单向时，材料、人工用量乘以系数 0.55计算。

5）设置在隔断上的门窗，可包括在隔墙项目报价内，也可单独编码列项，并在清单项目中进行描述。

6）墙面保温项目按设计图示尺寸，按平方米计算。

8. 幕墙

幕墙包括铝合金玻璃幕墙、铝板（铝塑）复合板幕墙、全玻璃幕墙、幕墙封顶（封边）、幕墙骨架调整等分项工程。

（1）计算规则。

1）带骨架幕墙按设计图示框外围尺寸以平方米计算。

2）全玻璃幕墙按设计图示尺寸以平方米计算（不扣除胶缝，但要扣除吊夹以上钢结构部分的面积）。带肋全玻幕墙，肋玻璃另行计算面积并入幕墙工程量内。如肋玻璃的厚度与幕墙面层玻璃不同时，允许换算。

3）幕墙封顶、封边按设计图示尺寸以平方米计算。

4）幕墙骨架调整按质量以吨计算。

（2）有关说明。

1）幕墙龙骨如设计要求与定额规定不同时应按设计调整，按 2013 版《广西定额》幕墙骨架调整子目计算。

2）幕墙中的避雷装置、防火隔离层、砂浆嵌缝费用定额中已综合考虑，幕墙的封顶、封边按 2013 版《广西定额》相应子目计算。

3）玻璃幕墙中的玻璃均按成品玻璃考虑，玻璃幕墙设计有平开窗、推拉窗、悬（上、中、下）窗者，其工程量与玻璃幕墙、隔墙合并计算，不得另立子目。

4）全玻璃幕墙子目考虑以玻璃作为加强肋，用其他材料作为加强肋的，加强肋部分应另行计算。

5）幕墙子目均不包括预埋铁件，如发生时，应按 2013 版《广西定额》"A.4 混凝土及钢筋混凝土工程"相应子目计算。

6）幕墙子目中不包括幕墙性能试验费、螺栓拉拔试验费、相溶性试验费及防雷检测费等，其费用按实际发生另行计算。

7）幕墙、隔墙（间壁）、隔断所用的轻钢、铝合金龙骨，设计与定额不同时允许换算，人工用量不变（轻钢龙骨损耗率为 6%，铝合金龙骨损耗率为 7%）。

9．其他分项工程工程量计算规则

（1）水泥黑板按设计框外围尺寸以平方米计算。黑板边框抹灰粉笔灰槽已考虑在定额内，不得另行计算。

（2）抹灰面分格、嵌缝按设计图示尺寸以延长米计算。

任务 4.5 天 棚 工 程 计 算

4.5.1 天棚装饰工程概述

天棚工程包括天棚抹灰、天棚吊顶、天棚其他装饰等分项工程项目。

定额说明：

（1）2013 版《广西定额》所注明的砂浆种类、配合比，如设计规定与定额不同时，可按设计换算，但人工、其他材料和机械用量不变。

（2）抹灰厚度，同类砂浆列总厚度，不同砂浆分别列出厚度，如定额子目中 5+5mm 即表示两种不同砂浆的各自厚度。如设计抹灰砂浆厚度与定额不同时，除定额有注明厚度的子目可以换算砂浆消耗量外，其他不作调整。

（3）装饰天棚项目已包括 3.6m 以下简易脚手架的搭设及拆除。当高度超过 3.6m 需搭设脚手架时，可按 2013 版《广西定额》A.15 脚手架工程相应子目计算，但 100m² 天棚应扣除周转板枋材 0.016m³。

（4）木材种类除周转木材及注明者外，均以一、二类木种为准，如采用三、四类木种，其人工及木工机械乘以系数 1.3。

（5）2013 版《广西定额》龙骨的种类、间距、规格和基层、面层材料的型号是按常用材料和做法考虑的，如设计规定与定额不同时，材料可以换算，人工、机械不变。其中，轻钢龙骨、铝合金龙骨定额中为双层结构（即中、小龙骨紧贴大龙骨底面吊挂），如为单层结构时（大、中龙骨底面在同一水平上），人工乘以系数 0.85。

（6）天棚面层在同一标高或面层标高高差在 200mm 以内者为平面天棚，天棚面层不在同一标高且面层标高高差在 200mm 以上者为跌级天棚；跌级天棚其面层人工乘以系数 1.1。

（7）2013 版《广西定额》中平面和跌级天棚指一般直线型天棚，不包括灯光槽的制作安装。灯光槽的制作安装应按 2013 版《广西定额》相应子目执行。

（8）龙骨、基层、面层的防火处理，另按 2013 版《广西定额》"A.13 油漆、涂料、裱糊工程"相应定额子目执行。

（9）天棚检查孔的工料已包括在定额子目内，不另计算。

4.5.2　天棚工程计算规则

1. 天棚抹灰

（1）各种天棚抹灰面积，按设计图示尺寸以水平投影面积计算。不扣除间壁墙、垛、柱、附墙烟囱、检查口和管道所占的面积，带梁天棚（图 4.5.1）的梁两侧抹灰面积并入天棚面积内。圆弧形、拱形等天棚的抹灰面积按展开面积计算。板式楼梯底面抹灰按斜面积计算，锯齿形楼梯底板抹灰按展开面积计算。

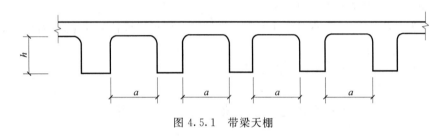

图 4.5.1　带梁天棚

（2）天棚抹灰如带有装饰线时，区别按三道线以内或五道线以内按延长米计算（图 4.5.2），线角的道数以一个突出的棱角为一道线。

（a）二道线　　　　　　（b）三道线　　　　　　（c）五道线

图 4.5.2　顶棚装饰线示意图

（3）天棚中的折线、灯槽线、圆弧形线等艺术形式的抹灰，按展开面积计算。

（4）檐口、天沟天棚的抹灰面积，并入相同的天棚抹灰工程量内计算。

2. 天棚吊顶

（1）基本概念。

天棚吊顶包括平面天棚、跌级天棚和其他天棚。

吊顶天棚是利用楼板或屋架等结构为支撑点，吊挂各种龙骨，在龙骨上镶铺装饰面板或装饰面层，而形成的装饰天棚。

龙骨又分木龙骨、铝合金龙骨、轻钢龙骨、型钢龙骨等。

基层材料是指底板或面层背后的加强材料。

面层材料的品种是指：石膏板、埃特板、装饰吸声罩面板、塑料装饰罩面板、纤维水泥加压板、金属装饰板、木质饰板，玻璃饰面。

柱垛是指与墙体相连的柱而突出墙体部分。

（2）计算规则。

1）各种天棚吊顶龙骨，按设计图示尺寸以水平投影面积计算。不扣除间壁墙、检查口、附墙烟囱、柱、垛和管道所占面积。

2）天棚基层及装饰面层按实钉（胶）面积以平方米计算，不扣除间壁墙、检查口、附墙烟囱、垛和管道所占面积；应扣除单个 $0.3m^2$ 以上的孔洞、独立柱、灯槽及与天棚相连的窗帘盒所占的面积；但天棚中的折线迭落等圆弧形线、高低吊灯槽线等面积也不展开计算。

顶棚饰面工程量＝主墙间的净长度×主墙间的净宽度－独立柱等所占面积

3）2013 版《广西定额》中，龙骨、基层、面层合并列项的子目，工程量计算规则同1）条。

4）网架按水平投影面积计算。

5）采光天棚按设计图示尺寸以平方米计算。

（3）有关说明。

1）天棚面层在同一标高或面层标高高差在 200mm 以内者为平面天棚，天棚面层不在同一标高且面层标高高差在 200mm 以上者为跌级天棚；跌级天棚其面层人工乘以系数 1.1。

2）2013 版《广西定额》中平面天棚和跌级天棚指一般直线型天棚，不包括灯光槽的制作安装。灯光槽的制作安装应按 2013 版《广西定额》相应子目执行。

3）龙骨、基层、面层的防火处理，另按 2013 版《广西定额》B.5 油漆、涂料、裱糊工程相应定额子目执行。

4）天棚检查孔的工料已包括在定额子目内，不另计算。

5）在同一个工程中如果龙骨材料种类、规格、中距有所不同，或虽龙骨材料种类、规格、中距相同，但基层或面层材料的品种、规格、品牌不同，都应分别编码列项。

大龙骨的计算方法：

每间房子用量＝大龙骨每根长度×（分布宽度÷龙骨间距＋1）×断面×（1＋损耗量）

小龙骨的计算方法：

每间房子内小龙骨用量＝［房间长×（房间宽÷龙雇间距＋1）＋房间宽×（房间长÷龙雇间距＋1）］×龙骨断面×（1＋损耗率）

轻钢龙骨的计算方法：

龙骨用量＝龙骨长×（宽度÷龙雇间距＋1）×（1＋损耗率）×每米质量

铝合金龙骨的计算方法：

主、次龙骨用量＝龙骨纵长×（宽度÷龙雇间距－1）×（1＋损耗率）

6）顶棚中的折线、跌落、拱形、高低灯槽及其他艺术形式顶棚面层，均按展开面积计算。由于线条较多，故增加 10％的用工量。

跌落等艺术形式顶棚饰面工程量＝Σ展开长度－独立柱等所占面积

3. 天棚其他装饰

（1）计算规则。

灯带按设计图示尺寸，以框外围面积计算。

送风口、回风口按设计图示数量计算。

（2）其他分项工程程量计算规则。

1）灯光槽按延长米计算。跌级、锯齿形、吊挂式、藻井式天棚面积不展开计算。

2）送（回）风口，按设计图示数量以个计算。

3）天棚面层嵌缝按延长米计算。

【例 4.8】　如图 4.5.3 所示，某天棚带有主次梁的有梁板的结构平面图、剖面图。现浇板底水泥砂浆抹灰，做法为：喷乳胶漆；6 厚 1：2.5 水泥砂浆抹面；8 厚 1：3 水泥砂浆打底；刷素水泥浆一道（内掺 107 胶）；现浇混凝土板。试计算顶棚抹灰工程量。

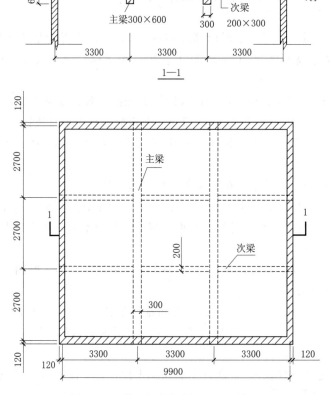

图 4.5.3　某天棚梁板剖面图、平面图

解：　顶棚抹灰工程量＝主墙间的净长度×主墙间的净宽度＋梁侧面面积

主墙间的抹灰工程量＝（9.9－0.24）×（2.7×3－0.24）＝75.9276（m²）

主梁侧面抹灰工程量$=(2.7\times3-0.24)\times(0.6-0.13)\times2\times2-(0.3-0.13)\times0.2\times8$
$$=14.7768-0.272=14.5048(m^2)$$

次梁侧面抹灰工程量$=(9.9-0.24-0.3\times2)\times(0.3-0.13)\times2\times2=6.1608(m^2)$

顶棚抹灰工程量$=75.9276+14.5048+6.1608=96.5932(m^2)\approx96.60m^2$

答：该顶棚抹灰工程量为$96.60m^2$。

任务4.6 门窗装饰工程量计算

4.6.1 门窗工程概述

门窗工程包括木门、金属门、金属卷帘门、其他门、术窗、金属窗、门窗套、窗帘盒（窗帘轨）、窗台板、门窗运输、木门窗普通五金配件表等分项工程项目。

定额说明：

（1）2013版《广西定额》是按机械和手工操作综合编制的，不论实际采用何种操作方法，均按定额执行。

（2）本节木材木种均以一、二类木种为准，如采用三、四类木种时，相应子目的人工机械分别乘以下列系数：木门窗制作乘以系数1.3，木门窗安装乘以系数1.16，其他项目乘以系数1.35。

（3）定额中所注明的木材断面或厚度均以毛料为准，如设计图纸注明的断面或厚度为净料时，应增加刨光损耗：板、枋材一面刨光增加3mm，两面刨光增加5mm，圆木每立方米材积增加$0.05m^3$。

（4）定额中木门窗框、扇断面是综合取定的，如与实际不符时，不得换算。

（5）木门窗不论现场或加工厂制作，均按2013版《广西定额》执行；铝合金门窗、卷闸门（包括卷筒、导轨）、钢门窗、塑钢门窗、纱扇等安装以成品门窗编制。供应地至现场的运输费按门窗运输子目计算。

（6）普通木门窗定额中已包括框、扇、亮子的制作、安装和玻璃安装以及安装普通五金配件的人工，但不包括普通五金配件材料、贴脸、压缝条、门锁，如发生时可按相应子目计算。普通五金配件规格、数量设计与定额不同时，可以换算。门窗贴脸按2013版《广西定额》A.14其他装饰工程线条相应子目计算。

（7）2013版《广西定额》木门窗子目均不含纱扇，若为带纱门窗应另套纱扇子目。

（8）普通胶合板门均按三合板计算，设计板材规格与定额不同时，可以换算，其他不变。

（9）玻璃的种类、设计规格与定额不同时，可以换算，其他不变。

（10）成品门窗的安装，如每$100m^2$洞口中门窗实际用量超过定额含量$\pm1\%$以上时，可以调整，但人工、机械用量不变。门窗成品包括安装铁件、普通五金配件在内，但不包括特殊五金，如发生时，可按相应子目计算。

（11）钢木大门、全板钢大门子目中的钢骨架是按标准图用量计算的，与设计要求不同时，可以换算。

（12）厂库房大门定额中已含扇制作、安装，定额中的五金零件均是按标准图用量计算的，设计与定额消耗量不同时，可以换算。

（13）特种门定额按成品门安装编制，设计铁件及预埋件与定额消耗量不同时不得调整。

（14）保温门的填充料种类设计与定额不同时，可以换算，其他工料不变。

（15）金属防盗网制作安装钢材用量与定额不同时可以换算，其他不变。

（16）成品门窗安装定额不包括门窗周边塞缝，门窗周边塞缝按相应定额子目计算。

4.6.2 门窗工程计算规则

1．门

（1）基本概念。

木门制作安装工程包括普通镶板门、普通胶合板门、夹板装饰门、半截玻璃门、门连窗、其他木门等分项工程。

金属门制作安装工程包括铝合金平开门、地弹簧门、铝合金推拉门、塑钢门、彩板门、普通钢门、防盗门、格栅门等分项工程。

金属卷帘门制作安装工程包括铝合金卷闸门、防火卷帘门等分项工程。

其他门制作安装工程包括防火门、电子感应门、电动伸缩门、全玻门、不锈钢包门框（门扇）等分项工程。

（2）计算规则。

1）各类门制作安装工程量，除注明者外，均按门、窗洞口面积以平方米计算。

门窗工程量＝洞口宽×洞口高

2）各类木门框、门扇、纱扇制作安装工程量，均按门洞口面积以平方米计算。

3）成品门扇安装按扇计算。

4）小型柜门（橱柜、鞋柜）按框外围面积以平方米计算。

5）木门扇皮制隔音面层及装饰隔音板面层，按扇外围单面面积计算。

6）木门窗设计有纱窗者，纱扇按扇外围面积计算，套用相应定额。定额中门框按带纱、无纱列项，而门扇均按无纱扇列项，设计有纱扇时另套纱扇项目。纱扇工程量按扇外围面积计算。凡按标准图集设计时，按图集所示的纱扇尺寸计算纱扇的工程量。

纱门扇工程量＝纱扇宽×纱扇高

7）门连窗按门门窗洞口面积之和计算。

门连扇工程量＝门洞宽×门洞高＋窗洞宽×窗洞高

8）彩板组角钢门窗附框安装按延长米计算。

9）卷闸门安装按洞口高度增加 600mm 乘以门实际宽度以平方米计算，卷闸门安装在梁底时高度不增加 600mm；如卷闸门上有小门，应扣除小门面积，小门安装另以个计算；卷闸门电动装置安装以套计算。

10）不锈钢包门框接框外围饰面表面积以平方米计算。

11）铝合金纱扇、塑钢纱扇按扇外围面积以平方米计算。

12）门窗框包镀锌铁皮、钉橡皮条、钉毛毡按图示门窗洞口尺寸，以延长米计算；门窗扇包镀锌铁皮，按图示门窗洞口面积计算；包铝合金、铜踢脚板，按图示设计面积计算。门窗镀水条、道口条按图示尺寸，以延长米计算。

13）金属卷帘门安装按洞口高度增加 60mm 乘以门的实际宽度，以平方米计算（卷闸门宽按设计宽度计算）。电动装置以套计算，小门安装以个计算。

$$卷闸门安装工程量＝卷闸门宽×（洞口高度＋0.6m）$$

14）凡门安装玻璃，其项目玻璃的种类、厚度、规格设计与定额不同时，可以换算，其他不变。玻璃、百叶面积占其门扇面积一半以内者应为半玻门或半百叶门，超过一半时应为全玻门或全百叶门。

（3）有关说明。

1）普通胶合板门均按三合板计算，设计板材规格与定额不同时，可以换算，其他不变。

2）《广西定额》中的彩钢板门窗适用于平开式、推拉式、中转式以及上、中、下悬式。

3）定额中木门扇制作，安装项目中均不包括纱扇、纱亮内容，纱扇、纱亮按相应定额项目另行计算。

2. 窗

（1）基本概念。

木窗制作安装工程包括木质平开窗、木质推拉窗、矩形木百叶窗、木纱窗扇、木组合窗、木天窗、异形木固定窗等分项工程。

金属窗制作安装工程包括铝合金推拉窗、铝合金平开窗、铝合金纱扇、铝合金固定窗、型钢固定玻璃窗、彩板窗、钢窗、塑钢窗等分项工程。

（2）计算规则。

1）各类窗制作安装工程量，除注明者外，均按窗洞口面积以平方米计算。

2）各类木窗扇、纱扇制作安装工程量，均按窗洞口面积以平方米计算。

3）普通木窗上部带有半圆的应分别按半圆窗和普通窗计算，其分界线以普通窗和半圆窗之间的横框上裁口线为分界线。

4）屋顶小气窗按不同形式，分别以个为单位计算，定额包括骨架、窗框、窗扇、封檐板、檐壁钉板条及泛水工料在内，但不包括屋面板及泛水用镀锌铁皮工料。

5）铝合金纱扇、塑钢纱扇按扇外围面积以平方米计算。

6）普通窗上部带有半圆窗者，工程量按半圆窗和普通窗分别计算（半圆窗的工程量以普通窗和半圆窗之间的横框上面的截口线为分界线）。

$$半圆窗工程量＝0.3927×窗洞宽×窗洞宽$$

或
$$半圆窗工程量＝\pi/8×窗洞宽×窗洞宽$$

$$矩形窗工程量＝窗洞宽×矩形宽$$

7）目前木窗的设计仍沿用设计标准图集，为保持与木门项目一致，均按窗框、窗扇、无亮、带亮、单扇、双扇等列项。套用定额时应分清框扇形式分别套用。

8）特殊五金项目指贵重五金及业主认为应单独列项的五金配件，如拉手、门锁、窗锁等，用途是指具体使用的门或窗应在工程量清单中进行描述。其计算单位：个/套，按设计图示数量计算。

3. 门窗运输

门窗运输工程以门、窗制作安装工程量合并后按运距分子目。

门窗运输按洞口面积以平方米计算。

4.6.3　其他分项工程工程量计算规则

（1）电子感应自动门按成品安装以樘计算，电动装置安装以套计算。

（2）不锈钢电动伸缩门及轨道以延长米计算，电动装置安装以套计算。

（3）金属防盗网制作安装工程按围护尺寸展开面积以平方米计算，刷油漆按 2013 版《广西定额》B.5 油漆、涂料、裱糊工程相应子目计算。

（4）窗台板、门窗套按展开面积以平方米计算，门窗贴脸分规格按实际长度以延长米计算。

（5）窗帘盒、窗帘轨按设计图示尺寸以延长米计算，如设计图样没有注明尺寸，按洞口宽度尺寸加 300mm；钢筋窗帘杆加 600mm。

（6）特殊五金的计量单位见 2013 版《广西定额》项目表。

（7）无框全玻门五金配件按扇计算，木门窗普通五金配件按樘计算。

任务 4.7　油漆、涂料、裱糊工程量计算

4.7.1　油漆、涂料、裱糊工程概述

油漆、涂料、裱糊工程包括门油漆，窗油漆，扶手、板条面、线条面油漆，金属面油漆，抹灰面油漆，喷涂面油漆，花饰、线条刷涂涂料，裱糊等 9 个分项工程项目。

定额说明：

（1）2013 版《广西定额》油漆、涂料子目采用常用的操作方法编制，实际操作方法不同时，不得调整。

（2）2013 版《广西定额》油漆子目的浅、中、深各种颜色已综合在定额内，颜色不同，不得调整。

（3）2013 版《广西定额》在同一平面上的分色及门窗内外分色已综合考虑，如需做美术图案者另行计算。

（4）油漆、涂料的喷、涂、刷遍数，设计与定额规定不同时，按相应每增加一遍定额子目进行调整。

（5）金属镀锌定额按热镀锌考虑。

（6）喷塑（一塑三油）：底油、装饰漆、面油，其规格划分如下。

1）大压花：喷点压平，点面积在 1.2cm^2 以上。

2）中压花：喷点压平，点面积在 1～1.2cm^2。

3）喷中点、幼点：喷点面积在 1cm^2 以下。

（7）定额中的单层门刷油是按双面刷油考虑的，如采用单面刷油，其定额乘以系数 0.49。

（8）混凝土栏杆花格已有定额子目的按相应子目套用，没有子目的按墙面子目乘 2013 版《广西定额》表 A.13－8 相应系数计算。

（9）2013 版《广西定额》中的氟碳漆子目仅适用于现场施工。

（10）金属面油漆实际展开表露面积超出 2013 版《广西定额》表 A.13-7 折算面积的±3％时，超出部分工程量按实调整。

（11）2013 版《广西定额》中钢结构防火涂料子目分不同厚度编制考虑，如设计与定额不同时，按相应子目进行调整。如设计仅标明耐火等级，无防火涂料厚度时，应参照表 4.7.1 规定计算。

表 4.7.1　　　　　　　　　钢结构防火涂料耐火极限与厚度对应表

耐火等级不低于/h	3	2.5	2	1.5	1	0.5
厚型(厚度)/mm	50	40	30	20	15	
薄型(厚度)/mm	—	—	—	7	5.5	3
超薄型(厚度)/mm	—	—	2	1.5	1	0.5

4.7.2　油漆、涂料、裱糊工程计算规则

1. 木材面油漆

（1）基本概念。木材面油漆工程包括各类木门油漆、木窗油漆、木扶手油漆、其他木材面油漆、木龙骨及基层板面防火涂料、木地板油漆等分项工程。

（2）计算规则。

1）木材面油漆的工程量分别按表 4.7.2～表 4.7.7 相应的工程量计算方法计算。基层处理的工程量按其面层的工程量套用基层处理的相应子目。

基层处理的工程量＝面层工程量

表 4.7.2　　　　　　　　　执行单层木门油漆定额工程量系数表

项　目　名　称	系数	工程量计算方法
单层木门	1.00	
双层(一玻一纱)木门	1.36	
双层(单截口)木门	2.00	单面洞口面积×系数
单层全玻门	0.83	
木百叶门	1.25	
厂库大门	1.10	

表 4.7.3　　　　　　　　　执行单层木窗油漆定额工程量系数表

项　目　名　称	系数	工程量计算方法
单层玻璃窗	1.00	
双层(一玻一纱)窗	1.36	
双层框扇(单截口)窗	2.00	
双层框三层(二玻一纱)窗	2.6	单面洞口面积×系数
单层组合窗	0.83	
双层组合窗	1.13	
木百叶窗	1.5	

表 4.7.4 　　　　　　　　 **执行木扶手油漆定额工程量系数表**

项 目 名 称	系数	工程量计算方法
木扶手(不带托板)	1.00	
木扶手(带托板)	2.60	
窗帘盒	2.04	延长米×系数
封檐板、顺水板	1.74	
挂衣板、黑板框、单独木线条 100mm 以外	0.52	
挂衣板、黑板框、单独木线条 100mm 以内	0.35	

表 4.7.5 　　　　　　　　 **执行其他木材面油漆定额工程量系数表**

项 目 名 称	系数	工程量计算方法
木板、纤维板、胶合板天棚	1.00	
木护墙、木墙裙	1.00	
清水板条天棚、檐口	1.07	
木方格吊顶天棚面	1.20	单面洞口面积×系数
吸音板墙面、天棚面	0.87	
窗台板、筒子板、盖板、门窗套、踢脚线	1.00	
屋面板(带檩条)	1.11	斜长×宽×系数
木间隔、木隔断	1.90	
玻璃间壁露明墙筋	1.65	单面外围面积×系数
木栅栏、木栏杆(带扶手)	1.82	
木屋架	1.79	[跨度(长)×中高×1/2]×系数
衣柜、壁柜	1.00	实刷展开面积
零星木装修	1.10	实刷展开面积×系数
梁、柱饰面	1.00	

表 4.7.6 　　　　　 **执行木龙骨、基层板面防火涂料定额工程量系数表**

项 目 名 称	系数	工程量计算方法
隔墙、隔断、护壁木龙骨	1.00	单面外围面积
柱龙骨	1.00	面层外围面积
木地板中木龙骨及木龙骨带毛地板	1.00	地板面积
天棚木龙骨	1.00	水平投影面积
基层地板	1.00	单面外围面积

表 4.7.7 　　　　　　　　 **执行木地板油漆定额工程量系数表**

项 目 名 称	系数	工程量计算方法
木地板、木踢脚线	1.00	长×宽
木楼板(不包括底面)	2.00	水平投影面积×系数

2）门、窗计量单位：樘。木扶手按设计图示尺寸以长度 M 计算。

3）木扶手区别带托板与不带托板分别编码（第 5 级编码）列项。

4）楼梯木扶手工程量以面积计算按中心线斜长计算，弯头长度应计算在扶手长度内。

5）木扶手工程量以面积计算的油漆项目，线角、线条、压条等不展开。

6）有线条、压条的油漆面的工料消耗应包括在报价内。

7）抹灰线条油漆是指宽度 300mm 以内者，当宽度超过 300mm 时，应按图示尺寸的展开面积并放相应抹灰面油漆中。

8）木护墙、木墙裙油漆按垂直投影面积计算。按无造型和有造型分别编码列项。

9）博风板工程量按中心线斜长计算，有大刀头的每个大刀头增加长度 50cm。

10）木板、纤维板、胶合板油漆，单面油漆按单面面积计算，双面油漆按双面面积计算。

11）台板、筒子板、盖板、门窗套、踢脚线油漆按水平或垂直投影面积（门窗套的贴脸板和筒子板垂直投影面积合并）计算。

12）清水板条天棚、檐口油漆、木方格吊顶天棚油漆以水平投影面积计算，不扣除空洞面积。

13）暖气罩油漆，垂直面按垂直投影面积计算，突出墙面的水平面按水平投影面积计算，不扣除空洞面积。

14）木楼梯（不包括底面）油漆，按水平投影积乘以系数 2.3 计算。

15）木地板中木龙骨及木龙骨带毛地板按地面面积计算。

16）柱木龙骨按其面层外围面积计算。

（3）有关说明。

1）定额中的双层术门窗（单裁口）是指双层框扇。三层（二玻一纱）木窗是指双层框三层扇。

2）定额中的单层门刷油是按双面刷油考虑的，如采用单面刷油，其定额消耗量乘以系数 0.49。

3）墙面、墙裙、顶棚及其他饰面上的装饰线油漆与附着面的油漆种灯相同时，装饰线油漆不单独计算；单独的装饰线油漆不带托板的木扶手油漆，套用定额时，宽度 50mm 以内的线条乘以系数 0.2，宽度 100mm 以内的线条乘以系数 0.35，宽度 200mm 内的线条乘以系数 0.45。木扶手（不带托板）工程量系数见表 4.7.4。

4）窗帘盒按明式和暗式分别编码列项。明式窗帘盒按延长米计算工程量，套用木扶手（不带托板）项目。暗式窗帘盒按展开面积计算工程量，套用其他木材的油漆项目。

【例 4.9】　如图 4.7.1 所示，单扇单层全百叶木门尺寸即为洞口尺寸，设计要求刷底油一遍，调和漆二遍，计算出此木门的油漆工程量。

解：门扇油漆工程量为单面洞口面积×系数，即

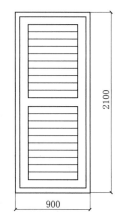

图 4.7.1　单扇单层全百叶木门示意图

$$0.9 \times 2.1 \times 1.25 \times 3 = 7.0875 = 7.09(m^2)$$

答：单扇单层全百叶木门的工程量是 7.09m²。

2. 金属面油漆

金属面油漆工程包括各类钢门窗油漆、其他金属面油漆等分项工程。

(1) 计算规则。金属面油漆的工程量分别按表 4.7.8～表 4.7.11 相应的工程量计算方法计算。

表 4.7.8　　　　　执行单层钢门窗定额工程量系数表

项 目 名 称	系数	工程量计算方法
单层钢门窗	1.00	单面洞口面积×系数
双层(一玻一纱)钢门窗	1.48	
钢百叶钢门	2.74	
半截百叶钢门	2.22	
满钢门或包铁皮门	1.63	
钢折叠门	2.30	
射线防护门	2.96	框(扇)外围面积×系数
厂库房平开、推拉门	1.70	
铁丝网大门	0.81	
门壁	1.85	长×宽×系数
平板屋面	0.74	斜长×宽×系数
瓦垄板屋面	0.89	
排水、伸缩缝盖板	0.78	展开面积×系数
吸气罩	1.63	水平投影面积×系数

表 4.7.9　　　　　执行其他金属定额工程量系数表

项 目 名 称	系数	工程量计算方法
钢屋架、天窗架、挡风架、屋架梁、檩条	1.00	重量×系数
墙架(空腹式)	0.50	
墙架(格板式)	0.82	
钢柱、吊车梁、花式梁、柱、空花构件	0.63	
操作台、走台、制动梁、钢梁车挡	0.71	
钢栅栏门、栏杆、窗栅	1.71	
钢爬梯	1.18	
轻型屋架	1.42	
踏步式钢扶梯	1.05	
零星铁件	1.32	

表 4.7.10　　　　　执行金属面定额工程量系数表

项 目 名 称	系数	工程量计算方法
H 型钢的钢屋架、钢梁、钢柱	1.00	展开面积
ϕ159mm 以上的钢圆柱	1.00	

表 4.7.11　　　　　　　　　执行平板屋面磷化、锌黄底漆定额工程量系数表

项　目　名　称	系数	工程量计算方法
平板屋面	1.00	斜长×宽×系数
瓦垄板屋面	1.20	
排水、伸缩缝盖板	1.05	展开面积×系数
吸气罩	2.20	水平投影面积×系数
包镀锌皮门	2.20	洞口面积×系数

（2）有关说明。

1）ϕ159mm 以上的钢圆柱、H 型钢的屋架、梁、柱油漆执行金属面油漆定额。

2）金属镀锌定额是按热镀锌考虑的。

3．抹灰面油漆、涂料、裱糊

（1）计算规则。楼地面、天棚面、墙、柱、梁面的喷刷涂料、抹灰面油漆及裱糊工程，均按楼地面、天棚面、墙、柱、梁面装饰工程相应曲工程量计算规则计算，见表 4.7.12。

表 4.7.12　　　　　　　　　抹灰面油漆、涂料、裱糊工程量系数表

项　目　名　称	系数	工程量计算方法
楼地面、天棚面、墙、柱、梁面	1.00	展开面积
混凝土楼梯底	1.00	
混凝土栏杆、花饰、花格	1.82	单面外围面积×系数
线条	1.00	延长米
其他零星项目、小面积	1.00	展开面积

（2）有关说明。

1）喷塑（一塑三油）：底油、装饰漆、面油，其规格划分如下，大压花：喷点压平，点面积为 $1\sim2cm^2$ 以上；中压花：喷点压平，点面积为 $1\sim1.2cm^2$；喷中点、幼点：喷点面积在 $1cm^2$ 以下。

2）混凝土栏杆花格已有定额子目的按相应子目套用，没有子目的按墙面子目乘表 4.7.12 相应系数计算。

3）抹灰油漆、涂料项目中均未包括刮腻子内容，刮腻子按基层处理有关项目单独计算。木夹板、石膏板面刮腻子，套用相应定额，其人工乘系数 1.10，材料乘系数 1.20。抹灰面油漆工程量系数见表 4.7.12。

4）抹灰面的涂料应注意基层的灯型，如一般抹灰墙柱面与拉条灰、拉毛灰、甩毛灰等涂料的耗工量与材料消耗量的不同。

5）裱糊项目的工程量按设计裱糊面积以平方米计算，有线条、线角、压条的不展开，涂料面的工料消耗应包括在报价内。

涂刷工程量＝抹灰面工程量

裱糊工程量＝设计裱糊（实贴）面积

木材面刷防火涂料＝板方框外围投影面积

6）空花格、栏杆刷涂料工程量按外框单面垂直投影面积计算，应注意其展开面积工料消耗包括在报价内。

4. 刮腻子

（1）计算规则。刮腻子按设计图示尺寸以平方米计算。

（2）相关说明。梁、柱、天棚面刮腻子按相应墙面子目人工乘以系数 1.18。

任务 4.8   其他工程量计算

4.8.1   其他装饰工程概述

其他工程包括柜类、货架、浴厕配件、圆钢晒衣架、压条、装饰线条、旗杆、招牌、灯箱、美术字、拆除等分项工程项目。油漆、涂料、裱糊工程包括木材面油漆、金属面油漆、抹灰面油漆、涂料、裱糊等分项工程项目。

定额说明：

（1）2013 版《广西定额》中的材料品种、规格，设计与定额不同时，可以换算，人工、机械不变。

（2）2013 版《广西定额》中铁件已包括刷防锈漆一遍，如设计需涂刷其他油漆、防火涂料按 2013 版《广西定额》A.13 油漆、涂料、裱糊工程相应定额执行。

（3）柜类、货架定额中未考虑面板拼花及饰面板上贴其他材料的花饰、造型艺术品。货架、柜类图见 2013 版《广西定额》附录。

（4）石板洗漱台定额中已包括挡板、吊沿板的石材用量，不另计算。

（5）装饰线。

1）木装饰线、石材装饰线、石膏装饰线均以成品安装为准。石材装饰线条磨边、磨圆角均包括在成品的单价中，不另计算。

2）装饰线条以墙面上直线安装为准，如天棚安装直线形、圆弧形或其他图案者，按以下规定计算：

a. 天棚面安装直线装饰线条人工费乘以系数 1.34。

b. 天棚面安装圆弧形装饰线条人工费乘以系数 1.6，材料乘以系数 1.1。

c. 墙面安装圆弧形装饰线条人工费乘以系数 1.2，材料乘以系数 1.1。

d. 装饰线条做艺术图案者，人工费乘以系数 1.8，材料乘以系数 1.1。

（6）石材磨边、磨斜边、磨半圆边及台面开孔子目均为现场磨制。

（7）栏杆、栏板、扶手、弯头。

1）适用于楼梯、走廊、回廊及其他装饰性栏杆、栏板。栏杆、栏板、扶手造型图见 2013 版《广西定额》附录。

2）栏杆、栏板子目不包括扶手及弯头制作安装，扶手及弯头分别立项计算。

3）未列弧形、螺旋形子目的栏杆、扶手子目，如用于弧形、螺旋形栏杆、扶手，按直形栏杆、扶手子目人工乘以系数 1.3，其余不变。

4）栏杆、栏板、扶手、弯头子目的材料规格、用量，如设计规定与定额不同时，可以换算，其他材料及人工、机械不变。

（8）另立项目计算。

（9）招牌、灯箱。

1）平面招牌是指安装在门前的墙面上；箱体招牌、竖式标箱是指六面体固定在墙上；沿雨篷、檐口、阳台走向立式招牌，执行平面招牌复杂子目。

2）一般招牌和矩形招牌是指正立面平整无凹凸面，复杂招牌和异形招牌是指正立面有凹凸造型。

3）招牌、广告牌的灯饰、灯光及配套机械均不包括在定额内。

（10）美术字。美术字均以成品安装固定为准，美术字不分字体均执行 2013 版《广西定额》。

（11）车库配件。橡胶减速带、橡胶车轮挡、橡胶防撞护角和车位锁均按成品编制。成品价中包含安装材料费。

4.8.2　其他工程计算规则

1. 柜类、货架

柜类、货架工程包括不锈钢柜台、柜台、货架、收银台、酒吧台、酒吧吊柜、服务台、吧台大理石面板、展台、试衣间、嵌入式木壁柜、附墙矮柜、附墙书柜、附墙衣柜、附墙酒柜、隔断木衣柜、厨房矮柜、吊柜、壁柜等分项工程。

（1）计算规则。

1）货架均按设计图示正立面面积（包括脚的高度在内）以平方米计算。

2）收银台、试衣间按设计图示数量以个计算。应按设计图纸台面材料（石材、皮草、金属、实木等）、内隔板材料、连接件等均包括在报价内。

3）厨房壁柜和厨房吊柜以嵌入墙内为壁柜，以支架固定在墙上的为吊柜。台柜的规格以能分离的单体长、宽、高来表示。基层板、造型层板及饰面板按实铺面积计算。抽屉按抽屉正面面板面积计算。橱柜骨架中如有木龙骨用量，按橱柜正立面投影面积计算。

4）暖气罩各层按设计面积计算，与壁柜相连时，暖气罩算至壁柜隔板外侧，散热口按其框外围面积单独计算。

5）其他按设计图示尺寸以延长米计算。

（2）有关说明

柜类、货架定额中未考虑面板拼花及饰面板上贴其他材料的花饰、造型艺术品。货架、柜类图见 2013 版《广西定额》附录。

2. 浴厕配件

浴厕配件工程包括石板材洗漱台、帘子杆、浴缸拉手、毛巾杆、毛巾环、卫生纸盒、肥皂盒、浴厕镜面玻璃等分项工程。

（1）计算规则。

1）石板材洗漱台按设计图示台面水平投影面积以平方米计算（不扣除孔洞、挖弯、削角所占面积）。

2）毛巾环、肥皂盒、金属帘子杆、浴缸拉手、毛巾杆安装按设计图示数量以只或副计算。

3）镜面玻璃安装按设计图示正立面面积以平方米计算。

（2）有关说明。

1）石板洗漱台定额中已包括挡板、吊沿板的石材用量，不另计算。

2）石材磨边、磨斜边、磨半圆边及台面开孔子目均为现场磨制。

3．压条、装饰线条

压条、装饰线条工程包括金属装饰线条、术质装饰线条、石材装饰线条、其他装饰线条等分项工程。

（1）计算规则。压条、装饰线条、挂镜线均按设计图示尺寸以延长米计算。

（2）有关说明。

1）木装饰线条、石材装饰线、石膏装饰线均以成品安装为准。石材装饰线条磨边、磨圆角均包括在成品的单价中，不另计算。

2）装饰线条以墙面上直线安装为准，如天棚安装直线形、圆弧形或其他图案者，按以下规定计算：

a．天棚面安装直线装饰线条人工乘以系数1.34。

b．天棚面安装圆弧形装饰线条人工乘以系数1.6.材料乘以系数1.1。

c．墙面安装圆弧形装饰线条人工乘以系数1.2，材料乘以系数1.1。

d．装饰线条做艺术图案者，人工乘以系数1.8，材料乘以系数1.1。

4．雨篷、旗杆

雨篷、旗杆包括龙骨材料种类、规格、中距，面层材料品种、规格、品牌，吊顶（天棚）材料、品种、规格、品牌，嵌缝材料种灯，防护材料种类，油漆品种、刷漆遍数等分别列项。

计算规则：

（1）雨篷工程量按设计图示尺寸，以水平投影面积计算。

（2）雨篷吊挂饰面龙骨按设计图示尺寸，以水平投影面积计算。

（3）不锈钢旗杆按设计图示尺寸以延长米计算。旗杆的砌砖或混凝土台座、台座的饰面可按相关规定另行编码列项，也可纳入旗杆报价内。

5．招牌、灯箱

招牌、灯箱工程包括平面招牌基层、箱式招牌基层、竖式标箱基层、招牌及灯箱面层等分项工程。

（1）计算规则。

1）平面招牌基层按设计图示正立面面积以平方米计算，复杂形的凹凸造型部分也不增减。

2）枯雨篷、檐口或阳台走向的立式招牌基层，执行平面招牌复杂型项目，按展开面积以平方米计算。

3）箱式招牌和竖式标箱的基层，按设计图示外围体积以立方米计算。突出箱外的灯饰、店徽及其他艺术装潢等均另行计算。

4）灯箱的面层按设计图示展开面积以平方米计算。

（2）有关说明。

1）平面招牌是指安装在门前的墙面上；箱式招牌、竖式标箱是指六面体固定在墙上；沿雨篷、檐口、阳台走向立式招牌，执行平面招牌复杂子目。

2）一般招牌和矩形招牌是指正立面平整无凹凸面，复杂招牌和异形招牌是指正立面有凹凸造型。

3）招牌、广告牌的灯饰、灯光及配套机械均不包括在定额内。

6. 美术字

美术字安装工程包括泡沫塑料、有机玻璃字、木质字、金属字等分项工程。

（1）计算规则。美术字安装按字的最大外围矩形面积以个计算。

（2）有关说明。

1）美术字均以成品安装固定为准。

2）美术字不分字体均执行 2013 版《广西定额》。

（3）其他分项工程工程量计算规则。

拆除工程：

1）楼地面、天棚面、墙面各类装饰面层的拆除工程量，按实际拆除面积以平方米计算。

2）间壁墙拆除工程量按实际拆除墙体的面积以平方米计算。

3）门窗拆除工程量按门窗洞口面积计算。旧门窗清除油皮工程量按门窗洞口单面面积计算。

4）木楼梯拆除工程量按拆除部分水平投影面积计算。

5）扶手、栏杆、窗台板、门窗套、窗帘盒、窗帘轨的拆除工程量，按实际拆除长度以延长米计算。

本 章 小 结

本章主要讲解建筑面积部分的计算规则，以及 2013 版《广西定额》的下册，即装饰装修工程部分消耗量定额的计算规则以及计算方法。通过的讲解以及案例的演示，使学生能够更深入地理解工程消耗量的计算过程，从而为以后熟练应用消耗量定额打下基础。

技 能 训 练

一、简答题

1. 建筑面积计算规则中，折算面积范围包括哪些？

2. 建筑面积计算规则中，不计算面积的范围包括哪些？

二、案例题

某居室平面图如图 Q4.1 所示，客厅铺 800×800 灰色大理石，墙面刷浅灰色乳胶漆，天花做石膏板吊顶；房间与书房铺实木地板，墙面贴米色纹理墙纸，天花刷米色乳胶

漆。其中房屋内净高为 3m，墙体厚度为 200mm，M1：1000×2200，M2：900×2000，
C1：2000×1800，C2：1500×1800。计算该居室的各分项工程量。

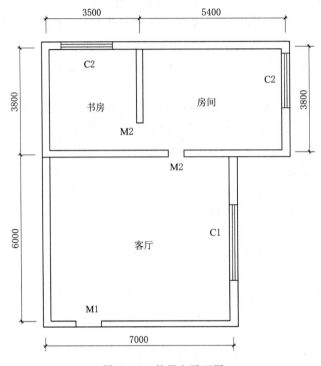

图 Q4.1 某居室平面图

项目5 建筑装饰工程工程量清单计价

【内容提要】

本章的主要内容有：《计价规范》内容简介、招标工量清单编制、工程量清单计价编制程序。

【知识目标】

1. 了解《建设工程工程量清单计价规范》内容。

2. 了解招标工量清单的构成和编制依据。

3. 掌握建筑装饰工程工程量清单计价的编制方法。

4. 熟悉工程量清单计价的一般规定和格式。

【能力目标】

1. 能够熟练解释《计价规范》所提的工程价款全过程管理概念。

2. 能力熟练地结合工程实例编制装饰装修工程费用清单。

【学习建议】

1. 结合工程实践理解工程量清单计价规范。

2. 结合工程实践掌握工程量清单计价的编制程序。

任务5.1 《建设工程工程量清单计价规范》内容简介

5.1.1 概述

随着我国改革开放的进一步深化以及我国加入世界贸易组织（WTO）后建筑市场的进一步对外开放，我国建筑市场得到了快速发展，逐步推行招标投标制、合同制。在国外的企业以及投资的项目越来越多地进入国内市场的同时，我国建筑企业也逐渐走出国门闯入国际市场，而国际与国内在工程招投标报价的计价方式上是不一致的，前者通常采用工程量清单计价，而我国现行的招投标报价方式是定额计价。

为了与国际惯例接轨，经原建设部批准，于2003年7月1日起实行《建设工程工程量清单计价规范》（GB 50500—2003）。而后经过十年的实施，通过总结经验，针对执行中存在的问题，对原规范进行了修编，于2013年实施《建设工程工程量清单计价规范》（GB 50500—2013）以及《房屋建筑与装饰工程工程量计算规范》（GB 50854—2013）。

《计价规范》是统一工程量清单编制，规范工程量清单计价的国家标准，是调整建设工程工程量清单计价活动中发包人与承包人各种关系的规范文件。

1. 《计价规范》的特点

（1）项目名称和工程量计算规则具有实用性。

（2）企业自主报价具有通用性，同时体现一定的竞争性。

（3）统一计量标准，统一编制格式，有利于与国际接轨。

2.《计价规范》的构架体系

（1）《计价规范》的组成内容。

2013 版《计价规范》的编制是对 2008 版《计价规范》的修改、补充和完善，不仅较好地解决了 2008 版《计价规范》执行以来存在的主要问题，而且对清单编制和计价的指导思想进行了深化。

2013 版《计价规范》的内容主要包括：总则、术语、一般规定、工程量清单编制、招标控制价、投标报价、合同价款约定、工程计量、合同价款调整、合同价款中期支付、竣工结算与支付、合同解除的价款结算与支付、合同价款争议的解决、工程造价鉴定、工程计价资料与档案、工程计价表格、附录、条文说明等内容。它的章、节、条的情况见表 5.1.1。

表 5.1.1　　　　　　　　　　　　2013 版《计价规范》的章、节、条

2013 版《计价规范》			
章	名　　称	节数	条数
第 1 章	总则	1	7
第 2 章	术语	1	52
第 3 章	一般规定	4	19
第 4 章	工程量清单编制	6	19
第 5 章	招标控制价	3	21
第 6 章	招标报价	2	13
第 7 章	合同价款约定	2	5
第 8 章	工程计量	3	15
第 9 章	合同价款调整	15	58
第 10 章	合同价款中期支付	3	24
第 11 章	竣工结算支付	6	35
第 12 章	合同解除的价款结算与支付	1	4
第 13 章	合同价款争议的解决	5	19
第 14 章	工程造价鉴定	3	19
第 15 章	工程计价资料与档案	2	13
第 16 章	工程计价表格	1	6
合计	16 章	58 节	329 条
附录 A	物价变化合同价调整方法	2	9
附录 B	工程计价文件封面	5	5
附录 C	工程计价文件	5	5
附录 D	工程计价总说明	1	1
附录 E	工程计价汇总表	6	6
附录 F	分部分项工程和措施项目计价表	4	4
附录 G	其他项目计价表	9	9
附录 H	规费、税金项目计价表	1	1
附录 J	工程量申请（核准）表	1	1
附录 K	合同价款支付申请（核准）表	5	5
附录 L	主要材料、工程设备一览表	3	3

（2）2013 版《计价规范》的专业划分。

2013《计价规范》将 2008 版《计价规范》中的 6 个专业（建筑、装饰、安装、市政、园林、矿山），重新进行了精细化调整，具体调整如下。

（1）将建筑与装饰专业合并为 1 个专业。

（2）将仿古从园林专业中分开，拆解为 2 个专业。

（3）新增了构筑物、城市轨道交通、爆破工程 3 个专业。

专业调整后变成 9 个专业，即房屋建筑与装饰工程、仿古建筑工程、通用安装工程、市政工程、园林绿化工程、矿山工程、构筑物工程、城市轨道交通工程、爆破工程。

3. 适用范围

《计价规范》适用于建设工程施工发承包计价活动。

建设工程，包括建筑与装饰工程、仿古建筑工程、安装工程、市政工程、园林绿化工程和矿山工程、构筑物工程、城市轨道交通工程、爆破工程。

施工发承包计价活动，包括招标工程量清单编制、招标控制价编审、投标价编制、工程合同价款约定、工程计量与价款支付、索赔与现场签证、工程价款调整、竣工结算、合同解除以及工程计价争议处理等内容。

5.1.2　2013 版《计价规范》重要名词、条文、表格解读

1. 综合单价

综合单价是指完成一个规定计量单位的分部分项工程和措施清单项目所需的人工费、材料和工程设备费、施工机具使用费和企业管理费、利润以及一定范围内的风险费用。

释义：本条改变的是工程设备费。

本条所指"综合单价"并不是真正意义上的全费用综合单价，而是一种狭义上的综合单价，规费和税金等不可竞争的费用没包括在其中。国际上所谓的综合单价，一般是指全费用综合单价，但在我国目前建筑市场存在过度竞争的情况下，《计价规范》规定税金和规费等为不可竞争费用的做法是很有必要的。这一定义，与国家发展和改革委员会、财政部、建设部等九部委第 56 号令中定义综合单价的做法是一致的。

2. 工程量偏差

工程量偏差是指承包人按照合同签订时图纸（含经发包人批准由承包人提供的图纸）实施，完成合同工程应予计量的实际工程量与招标工程量清单列出的工程量之间的偏差。

释义：本条为新增名词。

工程量偏差超过 15%，调整的原则为，当工程量增加 15% 以上时，其增加部分的工程量的综合单价应予调低；当工程量减少 15% 以上时，减少后剩余部分的工程量的综合单价应予调高，此时，按下列公式调整结算分部分项工程费。

当 $Q_1 > 1.15Q_0$ 时，$S = 1.15 \times P_0 + (Q_1 - 1.15Q_0) \times P_1$

当 $Q_1 < 0.85Q_0$ 时，$S = Q_1 \times P_1$

式中　S——调整后的某一分部分项工程费结算价；

　　　Q_1——最终完成的工程量；

Q_0——招标工程量清单中列出的工程量；

P_0——承包人在工程量清单中填报的综合单价；

P_1——按照最终完成工程量重新调整后的综合单价。

3. 提前竣工（赶工）费

提前竣工（赶工）费是指承位人应发在人的要求，采取加快工程进度的措施，使合词工程工期缩短产生的，应由发包人支付的费用。

释义：本条为新增名词。

发承包双方应在合同中约定提前竣工每日历天应补偿额度。除合同另有约定外，提前竣工补偿的最高限额为合同价款的 5%。此项费用列入竣工结算文件中，与算款一并支付。

4. 误期赔偿费

误期赔偿费是指承包人未按照合同工程的计划进度施工，导致实际工期大于合同工期与发包人批准的延长工期之和，承包人应向发包人赔偿损失的费用。

释义：本条为新增名词。

发承包双方应在合同中约定误期赔偿费，明确每日历天应赔额度。除合同另有约定外，误期赔偿费的最高限额为合同价款的 5%。误期赔偿费列入竣工结算文件中，在结算款中扣除。

如果在工程竣工之前，合同工程内的某单位工程已通过了竣工验收，且该单位工程接收证书中表明的竣工日期并未延误，而是合同工程的其他部分产生了工期延误，则误期赔偿费应按照已颁发工程接收证书的单位工程造价占合同价款的比例幅度予以扣减。

5. 清单表格

清单表格包括：4 张封面，1 张总说明，6 张汇总表，2 张分部分项工程量清单表，2 张措施项目清单表，9 张其他项目清单表，1 张规费、税金项目清单与计价表，1 张工程款支付申请（核准）表，共计 26 张。

工程量清单与工程量清单计价采用统一格式，工程量清单的表格格式，为投标人进行投标报价提供了一个合适的计价平台，投标人可根据表格之间的逻辑联系和从属关系，在其指导下完成分部组合计价的全过程。

任务 5.2　工程量清单编制

5.2.1　工程量清单编制概述

为规范房屋建筑与装饰工程造价计量行为，统一房屋建筑与装饰工程工程量计算规则、工程量清单的编制方法，制定《房屋建筑与装饰工程工程量计算规范》（GB 50854—2013），该规范适用范围是工业与民用的房屋建筑与装饰、装修工程施工发承包计价活动中的"工程量清单编制和工程计量"，即房屋建筑与装饰工程计价，必须按《房屋建筑与装饰工程工程量计算规范》（GB 50854—2013）规定的工程量计算规则进行工程计量。

　　招标工程量清单是载明建设工程的分部分项工程项目、措施项目、其他项目、规费项目和税金项目的名称和相应数量等内容的明细清单。

　　1. 招标工程量清单的编制人

　　《计价规范》4.1.1 条规定，招标工程量清单应由具有编制能力的招标人或受其委托、具有相应资质的工程造价咨询人编制。在工程量清单招标投标活动中，工程量清单是对招标人和投标人都具有约束力的重要文件，是招标投标活动的依据。能否编制出完整、严谨的工程量清单，直接影响招标的质量。

　　另外，《计价规范》4.12 条规定，招标工程量清单必须作为招标文件的组成部分，其正确性和完整性应由招标人负责。

　　2. 招标工程量清单的主要作用

　　(1) 工程量清单是招标人编制并确定招标控制价的依据。

　　(2) 工程量清单是投标人编制投标报价，策划投标方案的依据。

　　(3) 工程量清单是招标人、投标人签订工程施工合同的依据。

　　(4) 工程量清单是施工过程中计算工程量、支付工程价款、调整合同价款的依据。

　　(5) 工程量清单也是办理工程竣工结算和工程索赔的依据。

　　3. 招标工程量清单的编制依据

　　(1)《计价规范》和相关工程的国家计量规范。

　　(2) 国家或省级、行业建设主管部门颁发的计价定额和办法。

　　(3) 建设工程设计文件及相关资料。

　　(4) 与建设工程有关的标准、规范、技术资料。

　　(5) 拟定的招标文件。

　　(6) 施工现场情况、地勘水文资料、工程特点及常规施工方案。

　　(7) 其他相关资料。

　　4. 招标工程量清单构成

　　《计价规范》规定，工程量清单由分部分项工程量清单、措施项目清单、其他项清单、规费项目清单和税金项目清单组成。

5.2.2　建筑装饰工程工程量清单的编制方法

5.2.2.1　分部分项工程工程量清单编制

　　1. 分部分项工程量清单的含义

　　分部分项工程工程量清单又称为实体性分项工程量清单，它是根据设计图纸和应成建筑产品进行划分确定的。

　　分部分项工程量清单包括项目编码、项目名称、项目特征、计量单位和工程量。这五项是构成分部分项工程量清单的五个要件，缺一不可，称为"五统一"。

　　分部分项工程工程量清单是以表格形式体现的，见表 5.2.1。

　　2. 分部分项工程工程量清单的编制原则与要点

　　按《计价规范》规定，分部分项工程工程量清单必须根据相关工程现行国家计量规范规定的项目编码、项目名称、项目特征、计量单位和工程量计算规则进行编制。根据"五统一"的规定进行细制时，不得因情况不同而变动。缺项时，编制人可做补充。

表 5.2.1   **分部分项工程和单价措施项目清单与计价表**

工程名称：××装饰工程

序号	项目编码	项目名称	项目特征描述	计量单位	工程量	综合单价	合计	其中：暂估价
		楼地面工程						
1	011102001001	石材楼地面	(1)20mm 厚 1：2 水泥砂浆结合 (2)400×400×20 金花米黄大理石 (3)白水泥嵌缝	m²	105.50			
		油漆、涂料、裱糊工程						
2	011406001001	抹灰面油漆天棚面	(1)天棚石膏基层 (2)成品腻子粉 (3)刮腻子两遍 (4)刷白色乳胶漆8205两遍	m²	125.58			
		措施项目						
3	011701003001	里脚手架	搭设高度:天棚活动脚手架4.8m以内	m²	145.37			
			本页小计					
			合计					

（1）项目编码。

编码是为工程造价信息全国共享而设的，要求全国统一，是住房和城乡建设部提出的要求"五统一"的第一个统一，项目编码共设12位数字，规范统一到前9位，后3位由编制人确定。

分部分项工程量清单项目编码，应采用12位阿拉伯数字表示。对于建筑与装饰工程，1~9位应按《计量规范》附录 A~S 中的规定设置，10~12位应根据拟建工程的工程量清单项目名称设置，同一招标工程的项目编码不得有重复。

项目编码因专业不同而不同，下面以011101001水泥砂浆楼地面为例，说明各级编码含义，如图5.2.1所示。

当同一标段（或合同段）的一份工程量清单中含有多个单位工程且工程量清单是以单位工程为编制对象时，在编制工程量清单时应特别注意项目编码第5级10~12位的设置不得有重码的规定。

例如一个标段（或合同段）的一份工程量清单中含有三个单位工程，每一单位工程中都有项目特征相同的块料踢脚线，在工程量清单中又需反映三个不同单位工程的实心砖墙砌体工程量时，则第一个单位工程的块料踢脚线为011105003001，第二个单位工程的块料踢脚线为011105003002，第三个单位工程的块料踢脚线为011105003003，并分别列出各单位工程块料踢脚线的工程量。

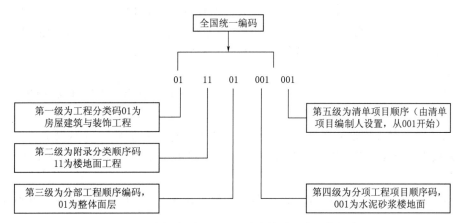

图 5.2.1 分部分项工程工程量消单项目编码各级含义

（2）项目名称。

项目的设置或划分是以形成工程实体为原则，它也是计量的前提，因此，项目名称均以工程实体命名。所谓实体是指形成生产或工艺作用的主要实体部分，对附属或次要部分均不设置项目。项目必须包括完成或形成实体部分的全部内容。清单分项名称常以其中主要实体子项命名，如清单项目中"块料楼地面"，该分项中包含了"找平层""面层"两个单一的子项。

建筑装饰工程分部分项工程量清单项目名称的确定有两个依据：一是建筑装饰工程施工图；二是《计量规范》的附录。工程项目名称应根据附录中的"项目名称"，并结合拟建工程的实际来确定。

项目设置的另一个原则是不能重复，完全相同的项目，只能相加后列一项，用同一编码，即一个项目只有一个编码，只有一个对应的综合单价。项目名称全国统一是《计价规范》要求五个统一的第二个统一。

（3）项目特征。

项目特征是用来表述项目名称的，它明显（直接）影响实体自身价值（或价格）。例如材质、规格等，还有体现工艺不同（或称施工方法不同）或安装的位置不同也影响该项目的价格，都必须表述在项目名称的前面或后面。项目特征构成分部分项工程量清单项目和措施项目自身价值的本质特征。

建筑装饰工程分部分项工程量清单的"项目特征"应按《计量规范》附录规定的"项目特征"结合拟建工程项目的实际予以描述。

1）项目特征描述的意义。

a. 项目特征是区分清单项目的依据。工程量清单项目特征是用来表述分部分项清单项目的实质内容的，用于区分计价规范中同一清单条目下各个具体的消单项目。没有项目特征的准确指述，对于相同或相似的清单项目名称，就无从区分。

b. 项目特征是综合单价的前提。由于工程量清单项目的特征决定了工程实体的实质内容，进而直接决定工程实体的自身价值。因此，工程量清单项目特征描述得准确与否，直接关系到工程量清单项目综合单价的准确确定。

　　c. 项目特征是履行合同义务的基础。实行工程量清单计价，工程量清单及其综合单价是施工合同的组成部分，因此，如果工程量清单项目特征的描述不清楚甚至出现漏项、错误，在施工过程中发生更改，都会引起分歧，导致纠纷。

　　2）项目特征描述的要点。

　　a. 对于涉及正确计量、结构要求、材质要求和安装方式的内容，均必须进行描述。例如，材料的品种、型号、规格等。

　　b. 对于对计量计价没有实质影响的内容，应由投标人根据施工方案确定的内容，应由投标人根据当地材料和施工要求确定的内容和应由施工措施解决的内容，可不进行描述。

　　c. 对于无法准确描述的内容，施工图纸和标准图集标注明确的内容等，可不详细进行描述。

　　（4）计量单位。

　　分部分项工程量的计量单位应采按《计量规范》附录中规定的基本单位计量确定，它与定额的计量单位不一样，编制清单或报价时一定要以《计量规范》附录规定的计量单位计，且要严格遵守。

　　装饰装修工程分部分项工程量清单的"计量单位"应按《计量规范》中装饰计量规定的"计量单位"确定。当计量单位有两个或两个以上时，应根据所编工程量清单项目的特征要求，选择最适宜表现该项目特征关方便计量的单位。例如《计量规范》中门窗工程量的计量单位为"樘/m^2"，在编制门窗工程量清单时，应结合工程实际选择最适宜的计量单位。

　　工程数量的计量单位应按规定采用法定单位或自然单位，除各专业另有特殊规定外，均按以下单位计量，并应遵守有效位数的规定。

　　1）以"t"为单位，应保留小数点后三位数字，第四位小数四舍五入。

　　2）以"m，m^2，m^3，kg"为单位，应保留小数点后两位数字，第三位小数四舍五入。

　　3）以"个、件、根、组、系统"为单位，应取整数。

　　（5）工程量。

　　1）工程量计算规则。

　　工程量计算规则在《计量规范》附录的每一个清单项目都有一个相应的工程量计算规则，这个规则全国统一，即全国各省市的工程量清单，均要按本附录的计算规则计算工程量。清单中各分项工程数量主要是通过工程量计算规则与施工图纸内容相结合计算确定的。

　　2）工程内容。

　　由于清单项目是按实体设置的，而且应包括完成该实体的全部内容，装饰装修工程的实体往往是由多个工程综合而成的，因此，对各清单可能发生的工程项目均做了提示，并列在"工程内容"一栏内，供清单编制人对项目描述进行参考。工程内容来源于原预算定额，定额中均有具体规定。

　　工程内容的作用是可供招标人确定清单项目和投标人投标报价参考。工程内容对清单项目的描述很重要，它是报价人计算综合单价的主要依据。

5.2.2.2　措施项目清单编制

1. 措施项目清单的含义

措施项目清单是指为完成项目施工，发生于该工程施工准备和施工过程中的技术、生活、安全、环境保护等方面的项目的明细清单。

2. 措施项目清单的编制

（1）编制依据。

措施项目清单必须按照《计量规范》的规定编制，并根据拟建工程的具体情况列项。常见的措施项目见表5.2.2。

表 5.2.2　　　　　　　　措施项目表（节选于《计量规范》）

序号	费 用 项 目	序号	费 用 项 目
1	安全文明施工	8	脚手架工程
2	夜间施工	9	混凝土模板及支架（撑）
3	非夜间施工照明	10	垂直运输
4	二次搬运	11	超高施工增加费
5	冬雨季施工	12	大型机械设备进出场及安拆
6	地上、地下设施，建筑物的临时保护设施	13	施工排水、降水
7	已完工程设备保护		

在编制措施项目清单时，若因工程情况不同，出现《计量规范》附录中未列的措施项目，可根据工程的具体情况对措施项目清单作补充。

（2）分类编制。《计量规范》将措施项目划分为总价项目和单价项目两类。

1）总价项目。

总价项目是指不能计算工程量的项目，如文明施工和安全施工防护、临时设施等，以"项"计价。这些项目应按《计量规范》附录S措施项目规定的项目编码、项目名称确定，总价清单项目与计价表填写案例见表5.2.3。

表 5.2.3　　　　　　　　总价措施项目清单与计价表

工程名称：××装饰工程　　　　　　　　　　　　　　　　　　　　　　　第1页　共1页

序号	项目编码	项 目 名 称	计算基础	费率/%	金额/元	调整费率/%	调整后金额/元	备注
1	011707001001	文明施工与环境保护、临时设备、安全施工						
2	011707002001	夜间施工费						
3	011707003001	二次搬运费						
4	011707004001	冬雨季施工增加费						
5	011707005001	已完成工程及设备保护						
		合计						

2）单价项目。

单价项目是可以计算工程量的项目，如脚手架、混凝土模板等，以"量"计价，更有利于措施费的确定与调整。这些项目的编制步骤和原则与分部分项工程一样，也必须列出项目编码、项目名称、项目特征、计量单位，并按《计量规范》附录 S 中相应的工程量计算规则进行工程量计算，单价措施项目清单与计价表格形式见表 5.2.1。

5.2.2.3 其他项目清单编制

1. 其他项目清单的含义

其他项目清单主要是考虑工程建设标准的高低、工程的复杂程度、工程的工期长短、工程的组成内容、发包人对工程管理要求等直接影响工程造价的部分而设置的，它是分部分项工程项目和措施项目之外的工程措施费用，见表 5.2.4。《计价规范》规定暂列金额、暂估价、计日工、总包服务费等 4 项内容作为列项参考，不足部分，可根据工程具体情况进行补偿。

表 5.2.4 其他项目清单与计价汇总表

工程名称：××装饰工程　　　　　　　　　　　　　　　　　　　　　第　页　共　页

序号	项 目 名 称	金额/元	结算金额/元	备 注
1	暂列金额	60000		明细详见表 5.2.5
2	暂估价	50000		
2.1	材料暂估价/结算价	—		明细详见表 5.2.6
2.2	专业工程暂估价/结算价	50000		明细详见表 5.2.7
3	计日工			明细详见表 5.2.8
4	总承包服务费			明细详见表 5.2.9
5	索赔与现场签证	—		
	合计			—

注　1. 材料（工程设备）暂估价进入清单项目综合单价，此处不汇总。

2. 索赔与现场签证项目用于竣工结算。

2. 其他项目清单的确定

（1）暂列金额。

暂列金额应根据工程特点按有关计价规范进行大致估算，一般可为工程总造价的 3%～5%，有些地区为分部分项工程费的 10%～15%，具体由发包人根据工程特点确定。暂列金额明细表填写案例见表 5.2.5。

表 5.2.5 暂列金额明细表

工程名称：××装饰工程　　　　　　　　　　　　　　　　　　　　　第　页　共　页

序号	项 目 名 称	计量单位	暂列金额/元	备注
1	工程量清单中工程量偏差和设计变更	项	40000	
2	政策性调整和材料价格风险	项	10000	
3	其他	项	10000	
	合计		60000	—

注　此表由招标人填写，也可只列暂列金额总额，投标人应将上述暂列金额计入投标总价中。

（2）暂估价。

暂估价包括材料暂估价、工程设备暂估价、专业工程暂估价，其中材料暂估价、工程设备暂估价单价应根据工程造价信息或参考市场价格估算，列出明细表，填写案例见表5.2.6。

表 5.2.6　　　　　　　　　材料（工程设备）暂估单价及调整表

工程名称：××装饰工程　　　　　　　　　　　　　　　　　　　第　页　　　　共　页

序号	材料(工程设备)名称、规格、型号	计量单位	数　量		暂估/元		确认/元		差额±		备注
			暂估	确认	单价	合价	单价	单价	单价	合价	
1	进口新雅米黄大理石	m²	10		400	4000					
	合计					4000					

注　此表由招标人填写"暂估单价"，并在备注栏说明暂估价的材料、工程设备拟用在哪些清单项目上，投标人应将上述材料暂估单价计入工程量清单综合单价报价中。

专业工程暂估价应该是综合暂估价，包括除规费和税金以外的管理费、利润等，应根据不同专业，按有关计价规定估算，列出明细表，填写案例见表5.2.7。

表 5.2.7　　　　　　　　　专业工程暂估价及结算价表

工程名称：××装饰工程　　　　　　　　　　　　　　　　　　　第　页　　　　共　页

序号	工程名称	工程内容	暂估金额/元	结算金额/元	差额±	备注
1	钢结构雨棚	制作安装	50000			
			50000			

注　此表"暂估金额"由招标人填写，投标人应将"暂估金额"计入投标总价中。结算时按合同约定结算金额填写。

（3）计日工。

计日工是为了解决现场发生的零星工作的计价而设立的。所谓的零星工作一般是指合同约定之外或者因工程变更而产生的、工程量清单中没有相应项目的额外工作，尤其是那些时间不允许事先商定价格的额外工作。计日工应列出项目名称、计量单位和暂估数量。填写案例见表5.2.8。

表 5.2.8　　　　　　　　　计　日　工　表

工程名称：××装饰工程　　　　　　　　　　　　　　　　　　　第　页　　　　共　页

编号	项目名称	单位	暂定数量	实际单价/元	综合单价/元	合价/元	
						暂定	实际
一	人工						
1	高级装修工	工日	80				
	人工小计						
二	材料						
1	水泥 32.5R	t	8				

续表

编号	项目名称	单位	暂定数量	实际单价/元	综合单价/元	合价/元	
						暂定	实际
材料小计							
三	施工机械						
1	灰浆搅拌机(200L)	台班	2				
施工机械小计							
四	企业管理费和利润						
合计							

注　此表项目名称、暂定数量由招标人填写，编制招标控制价时，单价由招标人按有关计价规定确定；投标时，单价由投标人自主报价，按暂定数量计算合价计入投标总价中。结算时，按发承包双方确认的实际数量计算合价。

（4）总承包服务费。

总承包服务费应列出服务项目及其内容，填写案例见表5.2.9。

表 5.2.9　　　　　　　　　　　　　　总承包服务费计价表

工程名称：××装饰工程　　　　　　　　　　　　　　　　　　　　　第　页　　　共　页

序号	工程名称	项目价值/元	服　务　内　容	计算基础	费率/%	金额/元
1	发包人发包专业工程	50000	①按专业工程承包人的要求提供施工工作面并对施工现场进行统一管理，对竣工资料进行统一整理汇总 ②为专业工程承包人提供垂直运输机械和焊接电源接入点，并承担垂直运输费和电费			
2	发包人提供材料	50000	对发包人供应的材料进行验收及保管和使用发放			
合计		—	—		—	

注　此表项目名称、服务内容由招标人填写，编制招标控制价时，费率及金额由投标人按有关计价规定确定；投标时，费率以及金额由投标人自主报价，计入投标总价中。

5.2.2.4　规费和税金项目清单编制

1. 规费项目清单的编制

《计价规范》第4.5.1条规定规费项目清单应按照下列内容列项。

（1）社会保险费：包括养老保险费、失业保险费、医疗保险费、工伤保险费、生育保险费。

（2）住房公积金。

（3）工程排污费。

《计价规范》第4.5.2条规定，出现本规范第4.5.1条未列的项目，应根据省级政府或省级有关部门的规定列项。

2. 税金项目清单的编制

（1）税金项目清单列项。

《计价规范》第 4.6.1 条规定税金项目清单应按照下列内容列项：营业税（营改增后，为增值税）、城市维护建设税、教育费附加、地方教育附加费。

提示：如果国家税法发生变化，税务部门依据职权增加了税种，应对税金项目清单进行调整和补充。

（2）关于建筑企业"营改增"。

自 2016 年 5 月 1 日起，全国范围内全面推行营改增试点，建筑装饰企业应缴纳增值税，不缴纳营业税。规费和税金项目清单格式见表 5.2.10。

表 5.2.10　　　　　　　　　规费、税金项目计价表

工程名称：××装饰工程　　　　　　　　　　　　　　　　第　页　　　共　页

序号	项目名称	计算基数	计算基数值/元	费率/%	金额/元
1	规费	定额人工费			
1.1	社会保障费	定额人工费			
（1）	养老保险费	定额人工费			
（2）	失业保险费	定额人工费			
（3）	医疗保险费	定额人工费			
（4）	工伤保险费	定额人工费			
（5）	生育保险费	定额人工费			
1.2	住房公积金	定额人工费			
1.3	工程排污费	定额人工费			
2	税金	按增值税计算办法规定的计税基数			
	合计	—		—	

5.2.3　工程量清单格式

《计价规范》第 16.0.1 条规定："工程计价宜采用统一格式。各省、自治区、直辖市建设行政主管部门和行业建设行政主管部门可根据本地区、本行业的实际情况，在本规范附录 B 至附录 L 计价表格的基础上补充完善。"

1. 工程量清单格式组成内容

《计价规范》第 16.0.3 条规定，工程量清单编制使用的表格包括：封面，扉页，总说明，分部分项工程和单价措施项目清单与计价表，总价措施项目清单与计价表，其他项目清单与计价汇总表，暂列金额明细表，计日工表，总承包服务费计价表，规费、税金项目计价表，发包人提供材料和工程设备一览表，承包人提供主要材料和工程设备一览表。

2. 工程量清单表格的填写要求

（1）封面和扉页。

封面和扉页应按规定的内容填写、签字、盖章，如图 5.2.2 和图 5.2.3 所示。

签字盖章应按下列规定办理，方能生效。

_____ 工程

招标工程量清单

招 标 人：_____

（单位盖章）

造价咨询人：

_____
（单位盖章）

年 月 日

图 5.2.2 招标工程量清单封面

_____ 工程

招标工程量清单

招 标 人：_____   造价咨询人：_____

（单位盖章）   （单位资质专用章）

法定代表人   法定代表人

或其授权人：_____   或其授权人：_____

（签字或盖章）   （签字或盖章）

编 制 人：_____   复 核 人：_____

（造价人员签字盖专用章）   （造价人员签字盖专用章）

编制时间： 年 月 日   复核时间： 年 月 日

图 5.2.3 招标工程量清单扉页

1）招标人自行编制工程量清单时，编制人员必须是招标单位注册的造价人员。由招标单位盖单位公章，法定代表人或其授权人签字或盖章；当编制人是注册造价工程师时，由其签字盖执业专用章；当编制人是造价员时，由其在编制人栏签字盖专用章，并由注册造价工程师复核，在复核人栏盖执业专用章。

2）招标人委托工程造价咨询人编制工程量清单时，编制人员必须是在工程造价咨询人单位注册的造价人员。由工程造价咨询人盖单位资质专用章，法定代表人或其授权人签字或盖章；当编制人是注册造价工程师时，由其签字盖执业专用章；当编制人是造价员时，由其在编制人栏签字盖专用章，并由注册造价工程师复核，在复核人栏盖执业专用章。

（2）工程量清单编制总说明。

总说明应按下列内容填写。

1）工程概况：建设规模、工程特征、计划工期、施工现场实际情况、自然地理条件、环境保护要求等。

2）工程招标和专业工程分包范围。

3）工程量清单编制依据。

4）工程质量、材料、施工等的特殊要求。

5）其他需要说明的问题。

工程量清单编制总说明填写案例见表 5.2.11。

表 5.2.11　　　　　　　　　　　　　　总　说　明

工程名称：××装饰工程　　　　标段：　　　　　　　　　第　页　　共　页

1. 工程概况：

2. 工程招标和专业工程分包范围：××建筑室内装饰装修工程。钢结构雨缝工程进行专业分包。总承包人应对分包工程进行总承包管理和协调，并按该专业工程的要求配合专业厂家进行安装。

3. 工程量清单编制依据：

3.1《××省建设工程计价办法》

3.2《建设工程工程量清单计价规范》(GB 50500—2013)

3.3《房屋建筑与装饰工程工程量计算规范》(GB 50854—2013)

3.4《××建筑室内装饰装修工程施工图》

4. 工程质量、材料特殊要求：工程质量应达到合格标准，材料应选用合格产品。

5. 其他需要说明的问题：

大厅灯具按本清单提供的暂估价进行报价。

（3）主要材料、工程设备一览表。

《计价规范》中，主要材料、工程设备一览表分别由承包人和发包人提供，格式见表 5.2.12~表 5.2.14。

表 5.2.12　　　　　　　　**发包人提供主要材料和工程设备一览表**

工程名称：××装饰装修工程　　　　　标段：　　　　　　　　　第　页　　共　页

序号	材料（工程设备）名称、规格、型号	单位	数量	单价/元	交货方式	送达地点	备注

注　此表由招标人填写，供投标人在投标报价、确定总承包服务费时参考。

表 5.2.13　　　　　　　　**承包人提供主要材料和工程设备一览表**

（适用于造价信息差额调整法）

工程名称：××装饰装修工程　　　　　标段：　　　　　　　　　第　页　　共　页

序号	名称、规格、型号	单位	数量	风险系数/%	基准单价/元	投标单价/元	发承包人确认单价/元	备注

注　1. 此表由招标人写除"按标单价"栏的内容，供投标人在投标时自主确定投标报价。

　　2. 招标人应优先采用工程造价咨询人机构发布的单价作为基准单价，未发布的，通过市场调查确定其基准单价。

表 5.2.14　　　　　　承包人提供主要材料和工程设备一览表
（适用于价格指数差额调整法）

工程名称：××装饰装修工程　　　　标段：

序号	名称、规格、型号	变值权重 B	基本价格指数 F_0	现场价格指数 F_t	备注

注　1. "名称、规格、型号""基本价格指数"栏由招标人填写。基本价格指数应先采用工程造价管理机构发布的
　　　价格指数，没有时，可采用发布的价格代替，例如，人工、机械费也采用本法调整，由招标人在"名称"
　　　栏填写。

　　2. "变值权重"栏由投标人根据该项人工、机械费和材料、工程设备价值在投标总价中所占的比例填写，1减
　　　去其比例为定值权重。

　　3. "现行价格指数"按约定的付款证书相关周期最后一天的前 42 天的各项价格指数填写，该指数应首先采用
　　　工程造价管理机构发布的价格指数，没有时，可采用发布的价格代替。

任务 5.3　工程量清单计价

5.3.1　工程量清单计价概述

工程量清单确定后，其后的工程计价过程是根据工程量清单内容，确定每个项目的工程单价，并据此确定工程造价。

在具体的计价过程中，它也许是招标投标阶段招标人编制招标控制价，或是投标人根据招标人提供的工程量清单编制的投标报价，或是承发包双方根据工程变更确定的工程价款，最后双方根据最终确定的工程量确定竣工结算价等的活动。

5.3.1.1　工程量清单计价的一般规定

（1）采用工程量清单计价，工程造价由分部分项工程费、措施项目费、其他项目费和税金、规费组成。

（2）分部分项工程量清单和单价措施项目清单应采用综合单价计价。

（3）招标文件中的工程量清单标明的工程量是投标人投标报价的共同基础，竣工结算的工程量按发、承包双方在合同中约定应予计量且实际完成的工程量确定。

5.3.1.2　工程量清单计价格式

工程量清单计价宜采用统一格式。下面介绍招标控制价和投标报价的格式组成和填写要求。

1. 工程量清单计价格式组成

招标控制价和投标报价使用的表格除封面（图 5.3.1 和图 5.3.2）、扉页（图 5.3.3 和图 5.3.4）、建设项目招标控制价/投标报价汇总表（表 5.3.1）、单项工程招标控制价/投标报价汇总表（表 5.3.2）、综合单价分析表（表 5.3.3）外，其余表格与招标工程量清单相同。

2. 工程量清单计价表格的填写要求

（1）封面和扉页。

招标控制价封面和扉页应按规定内容填写、签字、盖章。签字盖章的要求与编制招标

＿＿＿＿＿＿＿＿＿＿＿＿＿ 工程

招 标 工 程 量 清 单

招 标 人：＿＿＿＿＿＿＿＿＿＿＿＿＿

（单位盖章）

造价咨询人：＿＿＿＿＿＿＿＿＿＿＿＿＿

（单位盖章）

年　　月　　日

年　　月　　日

图 5.3.1　招标控制价封面

＿＿＿＿＿＿＿＿＿＿＿＿＿ 工程

投 标 总 价

招 标 人：＿＿＿＿＿＿＿＿＿＿＿

（单位盖章）

年　　月　　日

图 5.3.2　投标报价封面

＿＿＿＿＿＿＿＿＿＿＿＿＿工程

招 标 控 制 价

招标控制价：（小写）＿＿＿＿＿＿＿＿＿
　　　　　　（大写）＿＿＿＿＿＿＿＿＿

招 标 人：＿＿＿＿＿＿＿＿＿　　　　造价咨询人：＿＿＿＿＿＿＿＿

（单位盖章）　　　　　　　　　　　　　（单位资质专用章）

法定代表人　　　　　　　　　　　　　法定代表人
或其授权人：＿＿＿＿＿＿＿＿＿＿　　或其授权人：＿＿＿＿＿＿＿＿

（签字或盖章）　　　　　　　　　　　（签字或盖章）

编 制 人：＿＿＿＿＿＿＿＿＿＿＿　　复 核 人：＿＿＿＿＿＿＿

（造价人员签字盖专用章）　　　　　　（造价人员签字盖专用章）

编制时间：　　年　　月　　日　　　　复核时间：　　年　　月　　日

图 5.3.3　招标控制价扉页

投 标 总 价

招 标 人：_____

工 程 名 称：_____

招标控制价（小写）：_____

（大写）：_____

招 标 人：_____

（单位盖章）

法定代表人
或者授权人：_____

（单位盖章）

编 制 人：_____

（造价人员签字盖专用章）

编制时间： 年 月 日

图 5.3.4 招标控制价扉页

表 5.3.1　　　　　　　建设项目招标控制价/投标报价汇总表

工程名称：　　　　　　　　　　　　　　　　　　　　　　第 页 共 页

序号	单项工程名称	金额/元	其中：/元		
			暂估价	安全文明施工费	规费
	合计				

表 5.3.2　　　　　　　单项工程招标控制价/投标报价汇总表

工程名称：

序号	单项工程名称	金额/元	其中：/元		
			暂估价	安全文明施工费	规费
	合计				

表 5.3.3　　　　　　　综 合 单 价 分 析 表

工程名称：　　　　　　标段：　　　　　　第 页 共 页

项目编码		项目名称		计量单位		工程量	

清单综合单价组成明细

定额编号	定额项目名称	定额单位	数量	单 价				合 价			
				人工费	材料费	机械费	管理费和利润	人工费	材料费	机械费	管理费和利润
人工单价		小计									
元/工日		未计价材料费									
清单项目综合单价											

续表

	主要材料名称、规格、型号	单位	数量	单价/元	合价/元	暂估单价/元	暂估合价/元
材料费明细							
	其他材料费			—		—	
	材料费小计			—		—	

注 1. 如不使用省级或行业建设主管部门发布的计价依据，可不填定制项目、编号等。

2. 指标文件提供了暂估单价的材料，按暂估的单价填入"暂估单价"栏及"暂估合价"栏。

工程量清单相同。投标人在编制投标报价时，编制人员必须是在投标人单位注册的造价人员，由投标人盖单位公章，法定代表人或其授权人签字或盖章；编制的造价人员（造价工程师或造价员）签字盖执业专用章。

（2）总说明。

招标控制价的总说明内容包括：采用的计价依据，采用的施工组织设计及材料价格来源，综合单价中风险因素、风险范围（幅度）、措施项目的依据、其他有关内容的说明等。投标报价的总说明一般以工程量清单和招标控制价中的总说明为基础，明确报价的依据，尤其是关于价格、费用、文件等的列明，且具有针对性、时效性，不能依据过时的市场价格或费用文件及造价规定。

5.3.2 综合单价的确定

《计价规范》中规定，工程量清单应采用综合单价。综合单价不仅适用于分部分项工程量清单计价，也适用于措施项目清单和其他项目清单计价。

在工程量清单计价方式下，分部分项工程项目的设置，一般以一个"综合实体"考虑，通常包括多项工程内容。所以，要计算清单项目的综合单价就必须先计算出清单项目所组合的工程内容的人工费、材料费、机械使用费、管理费、利润，然后累加得到分部分项工程费用，再除以确定工程量，最终得到该清单项目的综合单价。

投标报价中综合单价具体计算步骤及公式如下。

5.3.2.1 收集整理和熟悉相关资料

计算综合单价应收集以下相关资料。

（1）工程量清单、《计价规范》。

（2）施工图及施工组织设计（施工方案）。

（3）现场地质及水文资料。

（4）投标人的安全、环保、文明施工方案。

（5）现行市场人工单价、材料单价和机械台班单价。

（6）全国及省、市统一消耗量定额、费用定额、单位估价表及企业定额。

（7）规范规定、法律条文及其他。

5.3.2.2 确定清单项目所组合的工程内容及其工程量

依据《计价规范》、施工图纸、施工组织设计及清单工程量、项目特征、工程内容等核实工程量。

5.3.2.3　计算分部分项工程费用

1. 计算清单组合的工程内容的费用

根据所选定额查出每个工程内容定额人工、材料、机械的消耗量和市场确定工料机的单价，计算清单组合的工程内容的费用。人工费、材料费和机械贤的计算公式分别如下：

$$人工费 = \Sigma(定额工日数 \times 人工单价)$$
$$= \Sigma(子项目工程量 \times 定额人工消耗量 \times 人工单价)$$
$$材料费 = \Sigma(定额材料用量 \times 材料单价)$$
$$= \Sigma(子项目工程量 \times 定额材料消耗量 \times 材料单价)$$
$$机械费 = \Sigma(定额台班用量 \times 台班单价)$$
$$= \Sigma(子项目工程量 \times 定额机械台班消耗量 \times 台班单价)$$

2. 计算管理费

管理费的计算公式如下：

$$管理费 = 分部分项工程(人工费 + 材料费 + 机械费) \times 管理费率$$
$$= 分部分项工程人工费 \times 管理费率(装饰工程一般按此计算)$$

3. 计算利润

利润的计算公式如下：

$$利润 = 分部分项工程(人工费 + 材料费 + 机械费 + 管理费) \times 利润率$$
$$= 分部分项工程人工费 \times 利润率(装饰工程一般按此计算)$$

4. 考虑风险费用

在确定人工、材料、机械台班单价时，要按招标文件中的要求考虑风险系数，投标人一旦确定管理费率和利润率就不能修改，其风险由投标人全部承担。

提示：风险费用隐含于已标价工程量清单综合单价中，用于化解发承包双方在工程合同约定内容和范围的市场价格波动的费用。

5. 汇总计算综合单价

分部分项工程总价计算公式为

$$分部分项工程总价 = 分部分项工程(人工费 + 材料费 + 机械费 + 管理费 + 利润)$$

综合单价计算公式为

$$综合单价 = 分部分项工程总价 / 清单工程量$$

【例 5.1】 某分项工程，根据某地区消耗量定额得到如下数据：

（1）每平方米消耗人工 0.3 工日，水泥 38kg，标准砖 0.53 千块，细砂 $0.26m^3$，8 浆搅拌机 0.04 台班。

（2）企业测算：人工单价 50 元/（工日），水泥单价 0.28 元/kg，标准砖单价 0.2 元/块、细砂单价 60 元/m^3，搅拌机单价 50 元/台班。

（3）该企业管理费率为 10%，利润率为 8%。

试计算该分项工程每平方米工程量的综合单价。

解： 该分项工程每平方米综合单价的计算如下：

$$人工费 = 0.3 \times 50 = 15(元)$$

$$材料费＝38×0.28＋530×0.2＋0.26×60＝132.24(元)$$

$$机械费＝0.04×50＝2(元)$$

管理费＝分部分项工程人工费×管理费率　　（按 10％计取）
$$＝15×10\%$$
$$＝1.5(元)$$

利润＝分部分项工程人工费×利润率　　（按 7％计取）
$$＝15×7\%$$
$$＝1.05(元)$$

综合单价＝(15＋132.24＋2)＋1.5＋1.05＝151.55(元/m²)

本 章 小 结

本章主要讲解了《计价规范》，它是从 2013 年 7 月 1 日起实施的，是我国建筑市场中建设工程工程量清单计价的主要依据，由正文和附录两部分组成。

招标人应在发布招标文件时公布招标控制价，同时，应将招标控制价及有关资料报送工程所在地或有该工程管辖权的行业管理部门工程造价管理机构备案。

投标人必须按招标工程量清单填报表格，项目编码、项目名称、项目特征、计量单位、工程量必须与招标工程量清单一致，且投标报价不得低于工程成本。

工程量清单由分部分项工程量清单、措施项目清单、其他项目清单、规费和税金清单组成。工程量清单编制依据为《计量规范》和《计价规范》。

技 能 训 练

1. 《计价规范》的主要内容和特点是什么？

2. 什么是工程量偏差？工程量偏差的调整原则是什么？

3. 招标工程量清单应由工程建设哪个参与单位编制？工程建设哪个参与方需对其完整性和准确性负责？

4. 分部分项工程量清单必须载明的内容有哪些？

5. 按《计价规范》及《计量规范》规定，解释项目编码 011102001001 的含义。

6. 在对项目特征进行描述时，应把握哪些要点？

7. 什么是措施项目？按照《计量规范》的规定，措施项目可以分为哪几类？它们分别如何进行清单计价？

8. 什么是综合单价？其计算步骤是什么？其计算公式是什么？

项目6 清单计价模式下建筑装饰工程计量与计价

【内容提要】

本项目主要内容包括清单计价模式下工程计量与计价，包括楼地面工程、墙柱面工程、天棚工程、门窗工程、油漆、涂料、裱糊工程及其他装饰工程。

【知识目标】

1. 了解装饰工程清单项目的划分及组成内容。

2. 理解装饰工程常用清单项目的工程量计算规则。

3. 掌握装饰工程清单项目综合单价的计算方法和步骤。

【能力目标】

1. 能够计算装饰工程常用清单项目的清单工程量。

2. 能够应用定额和《计价规范》对清单项目进行综合单价的组价。

【学习建议】

结合工程实践理解清单计价模式下装饰工程计量与计价。

《计量规范》列出了装饰装修工程的工程量清单项目及计算规则，是装饰装修工程工程量清单项目设置和计算清单工程量的依据。清单项目按《计量规范》规定的计量单位和工程量计算规则进行计算，计算结果为清单工程量；清单项目的综合单价按《计量规范》规定的项目特征采用定额组价来确定。

装饰装修工程工程量清单项目分为两部分：第一部分为实体项目，即分部分项工程项目；第二部分为措施项目。其中实体项目分为6个分部工程，即楼地面装饰工程，墙、柱面装饰工程，天棚工程，门窗装饰工程，油漆、涂料、裱糊工程及其他装饰工程。

任务6.1 楼地面装饰工程

6.1.1 楼地面装饰工程清单工程量计算规则

楼地面工程工程量清单项目分整体面层及找平层、块料面层、橡塑面层、其他材料面层、踢脚线、楼梯面层、台阶装饰、零星装饰项目8节，共43个项目。

1. 整体面层及找平层

整体面层及找平房工程量计算规则见表6.1.1。

2. 块料面层

块料面层工程量计算规则（表6.1.2）：按设计图示尺寸以面积计算，门洞、空圈、暖气包槽、壁龛的开口部分并入相应的工程量内。

表 6.1.1　　　　　　　　整体面层及找平层（编码：011101）

项目编码	项目名称	项 目 特 征	计量单位	工程量计算规则	工 作 内 容
011101001	水泥砂浆楼地面	1. 找平层厚度、砂浆配合比 2. 素水泥浆遍数 3. 面层厚度、砂浆配合比 4. 面层做法要求	m²	按设计图示尺寸以面积计算。扣除凸出地面构筑物、设备基础、室内管道、地沟等所占面积，不扣除间壁墙及＜0.3m²柱、垛、附墙烟囱及孔洞所占面积。门洞、空圈、暖气包槽、壁龛的开口部分不增加面积	1. 基层清理 2. 抹找平层 3. 抹面层 4. 材料运输
011101002	现浇水磨石楼地面	1. 找平层厚度、砂浆配合比 2. 面层厚度、水泥石子浆合比 3. 嵌条材料种类、规格 4. 石子种类、规格、颜色 5. 颜料种类、颜色 6. 图案要求 7. 磨光、酸洗、打蜡要求			1. 基层清理 2. 抹找平层 3. 面层铺设 4. 嵌缝条安装 5. 磨光、酸洗打蜡 6. 材料运输
011101003	细石混凝土楼地面	1. 找平层厚度、砂浆配合比 2. 面层厚度、混凝土强度等级			1. 基层清理 2. 抹找平层 3. 面层铺设 4. 材料运输
011101004	菱苦土楼地面	1. 找平层厚度、砂浆配合比 2. 面层厚度 3. 打蜡要求			1. 基层清理 2. 抹找平层 3. 面层铺设 4. 打蜡 5. 材料运输
011101005	自流坪楼地面	1. 找平层砂浆配合比、厚度 2. 界面剂材料种类 3. 中层漆材料种类、厚度 4. 面漆材料种类、厚度 5. 面层材料种类			1. 基层清理 2. 抹找平层 3. 涂界面剂 4. 涂刷中层漆 5. 打磨、吸尘 6. 镘自流坪面漆（浆） 7. 拌和自流坪浆料 8. 铺面层
011101006	平面砂浆找平层	找平层厚度、砂浆配合比		按设计图示尺寸以面积计算	1. 基层清理 2. 抹找平层 3. 材料运输

注　1. 水泥砂浆面层处理是拉毛还是提紫压光应在面层做法要求中描述。
　　 2. 平面砂浆找平层只适用于仅做找平层的平面抹灰。
　　 3. 间壁墙指墙厚≤120mm的墙。

表 6.1.2　　　　　　　　块料面层（编码：011102）

项目编码	项目名称	项 目 特 征	计量单位	工程量计算规则	工 作 内 容
011102001	石材楼地面	1. 找平层厚度、砂浆配合比 2. 结合层厚度、砂浆配合比 3. 面层材料品种、规格、颜色 4. 嵌缝材料种类 5. 防护层材料种类 6. 酸洗、打蜡要求	m²	按设计图示尺寸以面积计算。门洞、空圈、暖气包槽、壁龛的近口部分并入相应的工程量内	1. 基层清理 2. 抹找平层 3. 面层铺设、磨边 4. 嵌缝 5. 刷防护材料 6. 酸洗、打蜡 7. 材料运输
011102002	碎石材楼地面				
11102003	块料楼地面				

注　1. 在描述碎石材项目的面层材料特征时可不用描述规格、颜色。
　　 2. 石材、块料与粘结材料的结合面刷防渗材料的种类在防护材料种类中描述。
　　 3. 本表工作内容中的磨边指施工现场磨边，后面章节工作内容中涉及的磨含义同。

3. 橡塑面层

橡塑面层工程量计算规则（表 6.1.3）：按设计图示尺寸以面积计算，门洞、空圈、暖气包槽、壁龛的开口部分并入相应的工程量内。

表 6.1.3　　　　　　　　　　橡塑面层（编码：011103）

项目编码	项目名称	项 目 特 征	计量单位	工程量计算规则	工 作 内 容
011103001	橡胶板楼地面	1. 粘结层厚度、材料种类 2. 面层材料品种、规格、颜色 3. 压线条种类	m²	按设计图示尺寸以面积计算。门洞、空圈、暖气包槽、壁龛的开口部分并入相应的工程量内	1. 基层清理 2. 面层铺贴 3. 压缝条装钉 4. 材料运输
011103002	橡胶板卷材楼地面				
011103003	塑料板楼地面				
011103004	塑料卷材楼地面				

4. 其他材料面层

其他材料面层工程量计算规则（表 6.1.4）：按设计图示尺寸以面积计算，门洞、空圈、暖气包槽、壁龛的开口部分并入相应的工程量内。

表 6.1.4　　　　　　　　　其他材料面层（编码：011104）

项目编码	项目名称	项 目 特 征	计量单位	工程量计算规则	工 作 内 容
011104001	地毯楼地面	1. 面层材料品种、规格、颜色 2. 防护材料种类 3. 粘结材料种类 4. 压线条种类	m²	按设计图示尺寸以面积计算。门洞、空圈、暖气包槽、壁龛的开口部分并入相应的工程量内	1. 基层清理 2. 铺贴面层 3. 刷防护材料 4. 装钉压条 5. 材料运输
011104002	竹、木（复合）地板	1. 龙骨材料种类、规格、铺设间距 2. 基层材料种类、规格 3. 面层材料品种、规格、颜色 4. 防护材料种类			1. 清理基层 2. 龙骨铺设 3. 基层铺设 4. 面层铺贴 5. 刷防护材料 6. 材料运输
011104003	金属复合地板				
011104004	防静电活动地板	1. 支架高度、材料种类 2. 面层材料品种、规格、颜色 3. 防护材料种类			1. 清理基层 2. 固定支架安装 3. 活动面层安装 4. 刷防护材料 5. 材料运输

5. 踢脚线

踢脚线工程量计算规则（表 6.1.5）：

（1）以平方米计量，按设计图示长度乘以高度以面积计算。

（2）以米计量，按延长米计算。

表 6.1.5 踢脚线（编码：011105）

项目编码	项目名称	项 目 特 征	计量单位	工程量计算规则	工 作 内 容
011105001	水泥砂浆踢脚线	1. 踢脚线高度 2. 底层厚度、砂浆配合比 3. 面层厚度、砂浆配合比	1. m² 2. m	1. 以平方米计量，按设计图示长度乘以高度以面积计算 2. 以来计量，按延长米计算	1. 基层清理 2. 底层和面层抹灰 3. 材料运输
011105002	石材踢脚线	1. 踢脚线高度 2. 粘贴层厚度、材料种类 3. 面层材料品种、规格、颜色 4. 防护材料种类			1. 基层清理 2. 底层抹灰 3. 面层铺贴、磨边 4. 擦缝 5. 磨光、酸洗、打蜡 6. 刷防护材料 7. 材料运输
011105003	块料踢脚线				
011105004	塑料板踢脚线	1. 踢脚线高度 2. 粘贴层厚度、材料种类踢脚线 3. 面层材料种类、规格、颜色			1. 基层清理 2. 基层铺贴 3. 面层铺贴 4. 材料运输
011105005	木质踢脚线	1. 踢脚线高度 2. 基层材料种类、规格 3. 面层材料品种、规格、颜色			
011105006	金属踢脚线				
011105007	防静电踢脚线				

注 石材、块料与粘结材料的结合面刷防渗材料的种类在防护材料种类中描述。

6. 楼梯面层

楼梯面层工程量计算规则（表 6.1.6）：按设计图示尺寸以楼梯（包括踏步、休息平台及≤500mm 的楼梯井）水平投影面积计算。楼梯与楼地面相连时，算至梯口梁内侧边沿；无梯口梁者，算至最上一层踏步边沿加 300mm。

表 6.1.6 楼梯面层（编码：011106）

项目编码	项目名称	项 目 特 征	计量单位	工程量计算规则	工 作 内 容
011106001	石材楼梯面层	1. 找平层厚度、砂浆配合比 2. 粘结层厚度、材料种类 3. 面层材料品种、规格、颜色 4. 防滑条材料种类、规格 5. 勾缝材料种类 6. 防护材料种类 7. 酸洗、打蜡要求	m²	按设计图示尺寸以楼梯（包括踏步、休息平台及≤500mm 的楼梯井）水平投影面积计算。楼梯与楼地面相连时，算至梯口梁内侧边沿；无梯口梁者，算至最上一层踏步边沿加 300mm	1. 基层清理 2. 抹找平层 3. 面层铺贴、磨边 4. 贴嵌防滑条 5. 勾缝 6. 刷防护材料 7. 酸洗、打蜡 8. 材料运输
011106002	块料楼梯面层				
011106003	拼碎块料面层				
011106004	水泥砂浆楼梯面层	1. 找平层厚度、砂浆配合比 2. 面层厚度、砂浆配合比 3. 防滑条材料种类、规格			1. 基层清理 2. 抹找平层 3. 抹面层 4. 抹防滑条 5. 材料运输

续表

项目编码	项目名称	项 目 特 征	计量单位	工程量计算规则	工 作 内 容
011106005	现浇水磨石楼梯面层	1. 找平层厚度、砂浆配合比 2. 面层厚度、水泥石子浆配合比 3. 防滑条材料种类、规格 4. 石子种类、规格、颜色 5. 颜料种类、颜色 6. 磨光、酸洗打蜡要求	m²	按设计图示尺寸以楼梯(包括踏步、休息平台及≤500mm的楼梯井)水平投影面积计算。楼梯与楼地面相连时,算至梯口梁内侧边沿;无梯口梁者,算至最上一层踏步边沿加300mm	1. 基层清理 2. 抹找平层 3. 抹面层 4. 贴嵌防滑条 5. 磨光、酸洗、打蜡 6. 材料运输
011106006	地毯楼梯面层	1. 基层种类 2. 面层材料品种、规格、颜色 3. 防护材料种类 4. 粘结材料种类 5. 固定配件材料种类、规格			1. 基层清理 2. 铺贴面层 3. 固定配件安装 4. 刷防护材料 5. 材料运输
011106007	木板楼梯面层	1. 基层材料种类、规格 2. 面层材料品种、规格、颜色 3. 粘结材料种类 4. 防护材料种类			1. 基层清理 2. 基层铺贴 3. 面层铺贴 4. 刷防护材料 5. 材料运输
011106008	橡胶板楼梯面层	1. 粘结层厚度、材料种类 2. 面层材料品种、规格、颜色 3. 压线条种类			1. 基层清理 2. 面层铺贴 3. 压缝条装钉 4. 材料运输
011106009	塑料板楼梯面层				

注　1. 在描述碎石材项目的面层材料特征时可不用描述规格、颜色。
　　2. 石材、块料与粘结材料的结合面刷防渗材料的种类在防护材料种类中描述。

7. 台阶装饰

台阶装饰工程量计算规则(表6.1.7):按设计图示尺寸以台阶(包括最上层踏步边沿加300mm)水平投影面积计算。

表 6.1.7　　　　　　　台阶装饰 (编码:011107)

项目编码	项目名称	项 目 特 征	计量单位	工程量计算规则	工 作 内 容
011107001	石材台阶面	1. 找平层厚度、砂浆配合比 2. 粘结材料种类 3. 面层材料品种、规格、颜色 4. 勾缝材料种类 5. 防滑条材料种类、规格 6. 防护材料种类	m²	按设计图示尺寸以台阶(包括最上层踏步边沿加300mm)水平投影面积计算	1. 基层清理 2. 抹找平层 3. 面层铺贴 4. 贴嵌防滑条 5. 勾缝 6. 刷防护材料 7. 材料运输
011107002	块料台阶面				
011107003	拼碎块料台阶面				
011107004	水泥砂浆台阶面	1. 找平层厚度、砂浆配合比 2. 面层厚度、砂浆配合比 3. 防滑条材料种类			1. 基层清理 2. 抹找平层 3. 抹面层 4. 抹防滑条 5. 材料运输

项目编码	项目名称	项 目 特 征	计量单位	工程量计算规则	工 作 内 容
011107005	现浇水磨石台阶面	1. 找平层厚度、砂浆配合比 2. 面层厚度、水泥石子浆配合比 3. 防滑条材料种类、规格 4. 石子种类、规格、颜色 5. 颜料种类、颜色 6. 磨光、酸洗、打蜡要求	m²	按设计图示尺寸以台阶(包括最上层踏步边沿加300mm)水平投影面积计算	1. 清理基层 2. 抹找平层 3. 抹面层 4. 贴嵌防滑条 5. 打磨、酸洗、打蜡 6. 材料运输
11107006	剁假石台阶面	1. 找平层厚度、砂浆配合比 2. 面层厚度、砂浆配合比 3. 剁假石要求			1. 清理基层 2. 抹找平层 3. 抹面层 4. 剁假石 5. 材料运输

注 1. 在描述碎石材项目的面层材料特征时可不用描述规格、品牌、颜色。

2. 石材、块料与粘接材料的结合面刷防渗材料的种类在防护材料种类中描述。

8. 零星装饰项目

零星装饰项目工程量计算规则（表 6.1.8）：按设计图示尺寸以面积计算。

表 6.1.8   **零星装饰项目（编码：011108）**

项目编码	项目名称	项 目 特 征	计量单位	工程量计算规则	工 作 内 容
011108001	石材零星项目	1. 工程部位 2. 找平层厚度、砂浆配合比 3. 贴结合层厚度、材料种类 4. 面层材料品种、规格、颜色 5. 勾缝材料种类 6. 防护材料种类 7. 酸洗、打蜡要求	m²	按设计图示尺寸以面积计算	1. 清理基层 2. 抹找平层 3. 面层铺贴、磨边 4. 勾继 5. 刷防护材料 6. 酸洗、打蜡 7. 材料运输
011108002	拼碎石材零星项目				
011108003	块料零星项目				
011108004	水泥砂浆零星项目	1. 工程部位 2. 找平层厚度、砂浆配合比 3. 面层厚度、砂浆厚度			1. 清理基层 2. 抹找平层 3. 抹面层 4. 材料运输

注 1. 楼梯、台阶牵边和侧面镶贴块料面层，不大于 0.5m² 的少量分散的楼地面镶贴块料面层，应按本表执行。

2. 石材、块料与精结材料的结合面刷防渗材料的种类在防护材料种类中描述。

【**例 6.1**】 如图 6.1.1 所示为某房间地面装饰平面图，已知墙体厚度 200mm，房间 1 做现浇水磨石整体地面，房间 2 铺米黄大理石，房间 3 铺实木地板，房间 4 铺地毯，入户台阶铺 300mm×300mm 仿大理瓷砖，门槛石为中国红大理石，其中，M1＝2000mm× 2500mm，M2＝1500mm×2200mm，M3＝900mm×2000mm，试计算地面各分项目工程的清单工程量。

解： 现浇水磨石清单工程量 $S_1 = (1.4 + 5.2 - 0.2) \times (4.5 - 0.2) = 27.52 (\text{m}^2)$

米黄大理石清单工程量 $S_2 = (4.9 - 0.2) \times (6.3 - 0.2) = 28.67 (\text{m}^2)$

实木地板清单工程量 $S_3 = (5.2 - 0.2) \times (5.2 - 0.2) = 25 (\text{m}^2)$

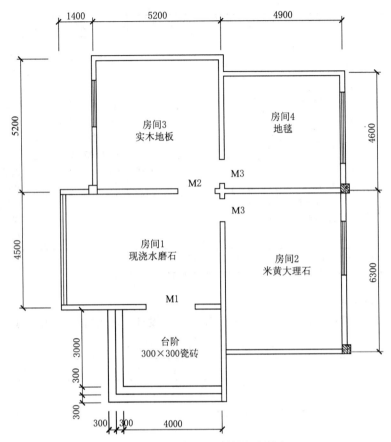

图 6.1.1　某房间地面铺设平面图

地毯清单工程量 $S_4 = (4.9 - 0.2) \times (4.6 - 0.2) = 20.68(\text{m}^2)$

台阶清单工程量 $S_{台阶} = (4 + 0.3 + 0.3) \times (3 + 0.3 + 0.3) = 16.56(\text{m}^2)$

门槛石清单工程量 $S_{门槛石} = 2 \times 0.2 + 1.5 \times 0.2 + 0.9 \times 0.2 \times 2 = 1.06(\text{m}^2)$

6.1.2　楼地面工程清单综合单价的确定

1. 工程量清单计价的操作步骤

(1) 熟悉相关资料。工程量清单是计算工程造价最重要的依据,在计价时必须全面了解每一个清单项目的特征描述,以便在计价时不漏项,不重复计算。

1) 研究招标文件工程。招标文件的有关条款、要求和合同条件,是计算工程计价的重要依据。在招标文件中,对有关承发包工程范围、内容、期限、工程材料、设备采购供应办法等都有具体规定,只有在计价时按规定进行,才能保证计价的有效性。

2) 熟悉施工图纸。全面系统的阅读图纸,是准确计算工程造价的重要工作。

3) 熟悉工程量计算规则。当采用定额分部分项工程的综合单价时,对定额工程量计算规则的熟悉和掌握,是快速、准确地分析综合单价的重要保证。

4) 了解施工组织设计。施工组织设计或施工方案是施工单位的技术部门针对具体工程编制的施工作业的指导性文件,其中对施工技术措施、安全措施、施工机械配置、是否增加辅助项目等，都应在工程计价的过程中予以注意，施工组织设计所涉及的费用主要是措施项目费。

5）明确材料的来源情况。

（2）计算工程量。采用清单计价，工程量计算主要有两部分内容：一是核算工程量清单所提供的清单项目的清单工程量是否准确；二是计算每一个清单主体项目及所组合的辅助项目的计价工程量，以便分析综合单价。

1）清单工程量是按工程实体净尺寸计算。

2）计价工程量（也称定额工程量）是在净值的基础上，加上施工操作（或定额）规定的预留量。

（3）确定措施项目清单内容。

（4）计算综合单价及分部分项工程费。

（5）计算措施项目费、其他项目费、规费、税金及风险费用。

（6）汇总计算工程造价。

2. 综合单价的确定方法和计算步骤

（1）综合单价的确定方法。综合单价是指完成一个规定计量单位分部分项工程量清单项目所需要的人工费、材料费、机械费、管理费及利润，并考虑一定范围内的风险费用。

$$分项工程的综合单价 = \frac{\Sigma 定额子项目的综合单价 \times 定额子项目的工程量}{工程量清单中的工程量}$$

综合单价的确定是工程量清单计价的核心内容，确定方法常采用定额组价。分部分项工程量清单应根据附录规定的项目编码、项目名称、项目特征、计量单位和工程量计算规则进行编制。其中，项目特征是确定综合单价的前提，由于工程量清单的项目特征决定了工程实体的实质内容，必然直接决定工程实体的自身价值。因此，工程量清单项目特征描述得准确与否，直接关系到工程量清单项目综合单价的确定。

不同的工程，块料楼地面项目所包含的内容不同，项目特征描述的内容也不同，有的只包含其中的几项，有的还需包含其他的内容。如块料楼地面施工材料不在工程现场，还涉及材料运输的费用，这些内容都需要在项目特征中予以明确，以便组价时不漏项。其中，在定额组价过程中，常将与清单项目相同的定额项目称为主体项目；其他参与组价的定额项目称为辅助项目。

1）清单计算时，是辅助项目随主体项目计算，将不同工程内容的辅助项目组合在一起，计算出主体项目的综合单价。

2）定额计价时，是将相同施工工序的项目，分别单独列项套用定额，计算出每个项目的直接工程费，再将所有的项目汇总，计算出整个单位工程的直接工程费。

（2）综合单价的计算步骤。

1）核算清单工程量。

2）计算计价工程量。

3）选套定额，确定人、材、机单价，计算人、材、机费用。

4）确定费率，计算管理费、利润。

5）计算风险费用。

6）计算综合单价。

3．综合单价的编制依据

采用清单计价，当编制人是招标人（或招标人委托的具有相应资质的工程造价咨询人）时，编制对象为招标控制价，当编制人是投标人（或投标人委托的具有相应资质的工程造价咨询人）时，编制对象为投标报价。在编制招标控制价与投标报价中，确定综合单价所采用的编制依据是不同的。

（1）招标控制价的编制依据。

1）《计价规范》。

2）国家或省级、行业建设主管部门颁发的计价定额和计价办法。

3）建设工程设计文件及相关资料。

4）拟定的招标文件及招标工程量清单。

5）与建设项目相关的标准、规范、技术资料。

6）施工现场情况、工程特点及常规施工方案。

7）工程造价管理机构发布的工程造价信息，当工程造价信息没有发布时，参照市场价。

8）其他的相关资料。

（2）投标报价的编制依据。

1）《计价规范》。

2）国家或省级、行业建设主管部门门颁发的计价办法。

3）企业定额，国家或省级、行业建设主管部门颁发的计价定额和计价办法。

4）招标文件、招标工程量清单及其补充通知、答疑纪要。

5）建设工程设计文件及相关资料。

6）施工现场情况、工程特点及投标时拟定的施工组织设计或施工方案。

7）与建设项目相关的标准、规范等技术资料。

8）市场价格信息或工程造价管理机构发布的工程造价信息。

9）其他相关资料。

（3）确定综合单价的区别。根据综合单价的定义，综合单价包含的费用有人工费、材料费、施工机械使用费、企业管理费、利润以及一定范围内的风险费用。将上述六项费用分类，可分为三类。

一类费用：人工费、材料费、施工机械使用费。

二类费用：企业管理费、利润。

三类费用：一定范围内的风险费用。

1）一类费用可分解为工程量×（人、材、机）消耗量×（人、材、机）单价。采用定额组价，人、材、机消耗量主要通过2013版《广西定额》来确定，人、材、机单价主要通过市场价格或工程造价管理机构发布的工程造价信息来确定。

2）二类费用的企业管理费、利润主要采用一类费用乘以费率的方法来确定，这个费率常采用或参照工程造价管理部门发布的《建筑安装工程费用定额》来确定。

3）三类费用的风险计取可采用两种方法：一是整体乘以系数；二是分项乘以系数。

a. 整体乘以系数，即风险费用＝（人工费＋材料费＋机械费＋管理费＋利润）×风险系数。

b. 分项乘以系数，即根据人工费、材料费、机械费、管理费和利润 5 项费用的性质，风险采用费用分摊的原则，分项乘以系数。

人工费：承包人不承担风险。

材料费：承包人承担 5％以内的材料价格波动风险。

机械费：承包人承担 10％以内的施工机械使用费的波动风险。

管理费：承包人承担全部风险。

利润：承包人承担全部风险。

在实际工程中，具体风险费用的计算方法，需在招标文件中予以明确。

上述组成综合单价的三类费用，在招标控制价与投标报价中的主要区别，见表 6.1.9。

表 6.1.9　　　　招标控制价与投标报价中综合单价编制依据的主要区别

综合单价的组成要素	招 标 控 制 价	投 标 报 价
人、材、机消耗量	执行国家或省级、行业建设主管部门颁发的计价定额	企业定额或参照国家、省级、行业建设主管部门颁发的计价定额
人、材、机单价	工程造价管理机构发布的工程造价信息	市场价格信息或参照工程造价管理机构发布的工程造价信息
费率	执行《建筑安装工程费用定额》	参照《建筑安装工程费用定额》
风险系数	按照国家或省级、行业建设主管部门制定的风险系数	参照相应的风险系数

4. 综合单价计算的实例分析

【例 6.2】　如图 6.1.2 所示为某房间精装装饰平面图，已知墙体厚度 240mm，地面做 1：3 水泥砂浆找平，室内铺设复合木地板，40mm×30mm 木龙骨、12mm 木夹板基层；衣柜为 2000mm×600mm，衣柜在铺设木地板前安装；飘窗铺设莎安娜大理石，门槛石为深咖网大理石，房门为 2100mm×900mm，房间踢脚线为 100mm 实木踢脚线，求房间楼地面工程量，并编制工程量清单。

分析：根据《计量规范》中楼地面装饰工程清单工程量计算规则规定，块料面层按设计图示尺寸以面积计算。踢脚线以平方米计量，按设计图示长度乘以高度以面积计算。因衣柜是在铺设木地板前安装，因此衣柜所占的面积不铺设木地板与踢脚线。

解：复合木地板工程量＝（3.34－0.24）×（3.64－0.24）－（2×0.6）＝9.34（m²）

飘窗莎安娜大理石工程量＝1.8×0.6＝1.08（m²）

深咖网大理石门槛石工程量＝0.9×0.24＝0.216（m²）

踢脚线工程量＝[（3.34－0.24）×2＋（3.64－0.24）×2－0.9－2－0.6]×0.15＝0.95（m²）

该项目工程量清单表见表 6.1.10。

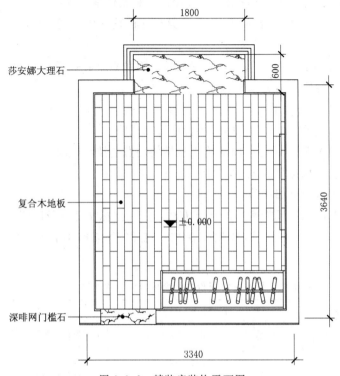

图 6.1.2 精装房装饰平面图

表 6.1.10 精装房房间装饰工程分部分项工程量清单表

工程名称：精装房房间装饰工程

序号	项目编码	项目名称	项 目 特 征	计量单位	工程量
1	011104002001	复合木地板	1. 方木龙骨材料 2. 12mm 细木工板基层 3. 复合木地板	m^2	9.34
2	011102001002	深啡网大理石门槛石	1. 1:3 水泥砂浆找平层 20mm 厚度 2. 结合层厚度、砂浆配合比 3. 深啡网大理石色	m^2	0.216
3	011102001002	莎安娜大理石	1. 1:3 水泥砂浆找平层 20mm 厚度 2. 结合层厚度、砂浆配合比 3. 莎安娜大理石	m^2	1.08
4	011105005001	木质踢脚线	1. 踢脚线高度 100mm 2. 实木踢脚线	m^2	0.95

【例 6.3】 某房间精装装饰工程分部分项工程量清单见表 6.1.11，铺设复合木地板的工程量为 9.34m²，根据广西壮族自治区建设工程费用标准，管理费为人工费＋机械费的27.3％，利润为人工费＋机械费的 7.06％，风险因素不考虑，试计算铺设复合木地板的综合单价。

表 6.1.11   **精装房间装饰工程分部分项工程量清单表**

工程名称：精装房房间装饰工程

序号	项目编码	项目名称	项 目 特 征	计量单位	工程量
1	011104002001	复合木地板	1. 方木龙骨材料 2. 12mm 细木工板基层 3. 复合木地板	m²	9.34

解：根据2013版《广西定额》查询可得：复合木地板铺在细木工板上定额子目为A9-148。复合木地板人工费：2440.02 元/100m²，材料费：13981.95 元/100m²，机械费：235.25 元/100m²。则该工程合价如下。

人工费：$2440.02 \times 9.34/100 = 227.90$(元)

材料费：$13981.95 \times 9.34/100 = 1305.91$(元)

机械费：$235.25 \times 9.34/100 = 21.97$(元)

管理费：(人工费＋机械费) $\times 27.3\% = (227.90 + 21.97) \times 27.3\% = 68.21$(元)

利润：(人工费＋机械费) $\times 7.06\% = (227.90 + 21.97) \times 7.06\% = 17.64$(元)

综合单价＝(人工费＋材料费＋机械费＋管理费＋利润)/9.34

            ＝$(227.90 + 1305.91 + 21.97 + 68.21 + 17.64)/9.34$

            ＝175.76(元/m²)

根据计算结果编制综合单价分析表，见表6.1.12。

表 6.1.12   **综合单价分析表**

项目编码	011104002001	项目名称	复合木地板	计量单位	m²	工程量	9.34

				清单综合单价组成明细						

定额编号	定额项目名称	定额单位	数量	单 价				合 价			
				人工费	材料费	机械费	管理费和利润	人工费	材料费	机械费	管理费和利润
A9-140	硬木地板（铺在木楞上）	100m²	0.0934	2440.02	13981.95	235.25	919.22	227.90	1305.91	21.97	85.85
人工单价	小计										
元/工日	未计价材料费										
清单项目综合单价/元								175.76			

任务 6.2   墙、柱面装饰工程

墙、柱面工程工程量清单项目设置分墙面抹灰、柱(梁)面抹灰、零星抹灰、墙面块料面层、柱(梁)面镶贴块料、镶贴零星块料、墙饰面、柱(梁)饰面、幕墙工程、隔断工程10节，共35个项目。

6.2.1　墙面抹灰工程量计算规则

墙面抹灰工程量见表 6.2.1。

表 6.2.1　　　　　　　　　　　墙面抹灰（编码：011201）

项目编码	项目名称	项 目 特 征	计量单位	工程量计算规则	工 作 内 容
011201001	墙面一般抹灰	1. 墙体类型 2. 底层厚度、砂浆配合比 3. 面层厚度、砂浆配合比 4. 装饰面材料种类 5. 分格缝宽度、材料种类	m²	按设计图示尺寸以面积计算。扣除墙裙、门窗洞口及单个＞0.3m²的孔洞面积，不扣除踢脚线、挂镜线和墙与构件交接处的面积，门窗洞口和孔洞的侧壁及顶面不增加面积。附墙柱、梁、垛、烟囱侧壁并入相应的墙面面积内	1. 基层清理 2. 砂浆制作、运输 3. 底层抹灰 4. 抹面层 5. 抹装饰面 6. 勾分格缝
011201002	墙面装饰抹灰			1. 外墙抹灰面积按外墙垂直投影面积计算 2. 外墙裙抹灰面积按其长度乘以高度计算 3. 内墙抹灰面积按主墙间的净长乘以高度计算	
011201003	墙面勾缝	1. 勾缝类型 2. 勾缝材料种类		（1）无墙裙的，高度按室内楼地面至天棚底面计算 （2）有墙裙的，高度按墙裙顶至天棚底面计算	1. 基层清理 2. 砂浆制作、运输 3. 勾缝
011201004	立面砂浆找平层	1. 基层类型 2. 找平层砂浆厚度、配合比		（3）有吊顶天棚抹灰的，高度算至天棚底 （4）内墙裙抹灰面按内墙净长乘以高度计算	1. 基层清理 2. 砂浆制作、运输 3. 抹灰找平

注　1. 立面砂浆找平项目适用于仅做找平层的立面抹灰。
　　　2. 墙面抹石灰砂浆、水泥砂浆、混合砂浆、聚合物水泥砂浆、麻刀石灰浆、石膏灰浆等按本表中墙面一般抹灰列项；墙面水刷石、斩假石、干粘石、假面砖等按本表中墙面装饰抹灰列项。
　　　3. 飘窗凸出外墙面增加的抹灰并入外墙工程量内。
　　　4. 有吊顶天棚的内墙面抹灰，抹至吊顶以上部分在综合单价中考虑。

6.2.2　柱（梁）面抹灰工程清单工程量计算规则

（1）柱、梁面一般抹灰，柱、梁面装饰抹灰，柱、梁面砂浆找平工程量计算规则见表 6.2.2。

1）柱面抹灰工程量计算规则：按设计图示柱断面周长乘以高度以面积计算。

2）梁面抹灰工程量计算规则：按设计图示梁断面周长乘以长度以面积计算。

（2）柱面勾缝工程量计算规则（表 6.2.2）：按设计图示柱断面周长乘以高度以面积计算。

表 6.2.2　　　　　　　　　　**柱（梁）面抹灰（编码：011202）**

项目编码	项目名称	项 目 特 征	计量单位	工程量计算规则	工 作 内 容
011202001	柱、梁面一般抹灰	1. 柱(梁)体类型 2. 底层厚度、砂浆配合比 3. 面层厚度、砂浆配合比 4. 装饰面材料种类 5. 分格缝宽度、材料种类	m²	1. 柱面抹灰：按设计图示柱断面周长乘以高度以面积计算 2. 梁面抹灰：按设计图示梁断面周长乘以长度以面积计算	1. 基层清理 2. 砂浆制作、运输 3. 底层抹灰 4. 抹面层 5. 勾分格缝
011202002	柱、梁面装饰抹灰				
011202003	柱、梁面砂浆找平	1. 柱(梁)体类型 2. 找平的砂浆厚度、配合比			1. 基层清理 2. 砂浆制作、运输 3. 抹灰找平
011202004	柱面勾缝	1. 勾缝类型 2. 勾缝材料种类		按设计图示柱断面周长乘以高度以面积计算	1. 基层清理 2. 砂浆制作、运输 3. 勾缝

注　1. 砂浆找平项目适用于仅做找平层的柱（梁）面抹灰。
　　2. 柱（梁）面抹石灰砂浆、水泥砂浆、混合砂浆、聚合物水泥砂浆、麻刀石灰浆、石膏灰浆等按本表中柱（梁）面一般抹灰编码列项，柱（梁）面水刷石、斩假石、干粘石、假面砖等按本表中柱（梁）面装饰抹灰编码列项。

6.2.3 零星抹灰工程清单工程量计算规则

零星抹灰工程量计算规则（表6.2.3）：按设计图示尺寸以面积计算。

表 6.2.3　　　　　　　　　　**零星抹灰（编码：011203）**

项目编码	项目名称	项 目 特 征	计量单位	工程量计算规则	工 作 内 容
011203001	零星项目一般抹灰	1. 基层类型、部位 2. 底层厚度、砂浆配合比 3. 面层厚度、砂浆配合比 4. 装饰面材料种类 5. 分格缝宽度、材料种类	m²	按设计图示尺寸以面积计算	1. 基层清理 2. 砂浆制作、运输 3. 底层抹灰 4. 抹面层 5. 抹装饰面 6. 勾分格缝
011203002	零星项目装饰抹灰				
011203003	零星项目砂浆找平	1. 基层类型、部位 2. 找平的砂浆厚度、配合比			1. 基层清理 2. 砂浆制作、运输 3. 抹灰找平

注　1. 零星项目抹石灰砂浆、水泥砂浆、混合砂浆、聚合物水泥砂浆、麻刀石灰浆、石膏灰浆等按本表中零星项目一般抹灰编码列项，水刷石、斩假石、干粘石、假面砖等按本表中零星项目装饰抹灰编码列项。
　　2. 墙、柱（梁）面≤0.5m²的少量分散的抹灰按本表中零星抹灰项目编码列项。

6.2.4 墙面块料面层工程清单工程量计算规则

（1）石材墙面、拼碎石材墙面、块料墙面工程量计算规则（表6.2.4）：按镶贴表面积计算。

（2）干挂石材钢骨架工程量计算规则（表6.2.4）：按设计图示以质量计算。

6.2.5 柱（梁）面镶贴块料工程清单工程量计算规则

柱（梁）面镶贴块料工程量计算规则（表6.2.5）：按镶贴表面积计算。

表 6.2.4　　　　　　　　　　墙面块料面层（编码：011204）

项目编码	项目名称	项 目 特 征	计量单位	工程量计算规则	工 作 内 容
011204001	石材墙面	1. 墙体类型 2. 安装方式	m²	按镶贴表面积计算	1. 基层清理 2. 砂浆制作、运输 3. 粘结层铺贴 4. 面层安装 5. 嵌缝 6. 刷防护材料 7. 磨光、酸洗、打蜡
011204002	碎拼石材墙面	3. 面层材料品种、规格、颜色 4. 缝宽、嵌缝材料种类 5. 防护材料种类 6. 磨光、酸洗、打蜡要求			
011204003	块料墙面				
011204004	干挂石材钢骨架	1. 骨架种类、规格 2. 防锈漆品种遍数	t	按设计图示以质量计算	1. 骨架制作、运输、安装 2. 刷漆

注　1. 在描述碎块项目的面层材料特征时可不用描述规格、品牌、颜色。

2. 石材、块料与粘结材料的结合面刷防渗材料的种类在防护层材料种类中描述。

3. 安装方式可描述为砂浆或胶粘剂粘贴、挂贴、干挂等，不论哪种安装方式，都要详细描述与组价相关的内容。

表 6.2.5　　　　　　　　　柱（梁）面镶贴块料（编码：011205）

项目编码	项目名称	项 目 特 征	计量单位	工程量计算规则	工 作 内 容
011205001	石材柱面	1. 柱截面类型、尺寸 2. 安装方式	m²	按镶贴表面积计算	1. 基层清理 2. 砂浆制作、运输 3. 粘结层铺贴 4. 面层安装 5. 嵌缝 6. 刷防护材料 7. 磨光、酸洗、打蜡
011205002	块料柱面	3. 面层材料品种、规格、颜色 4. 缝宽、嵌缝材料种类 5. 防护材料种类 6. 磨光、酸洗、打蜡要求			
011205003	拼碎块柱面				
011205004	石材梁面	1. 安装方式 2. 面层材料品种、规格、颜色 3. 缝宽、嵌缝材料种类 4. 防护材料种类 5. 磨光、酸洗、打蜡要求			
011205005	块料梁面				

注　1. 在描述碎块项目的面层材料特征时可不用描述规格、品牌、颜色。

2. 石材、块料与粘结材料的结合面刷防渗材料的种类在防护层材料种类中描述。

3. 柱梁面干挂石材的钢骨架按表 6.2.4 相应项目编码列项。

6.2.6 镶贴零星块料工程清单工程量计算规则

镶贴零星块料工程量计算规则（表 6.2.6）：按镶贴表面积计算。

表 6.2.6　　　　　　　　　　镶贴零星块料（编码：011206）

项目编码	项目名称	项 目 特 征	计量单位	工程量计算规则	工 作 内 容
011206001	石材零星项目	1. 基层类型、部位 2. 安装方式	m²	按镶贴表面积计算	1. 基层清理 2. 砂浆制作、运输 3. 面层安装 4. 嵌缝 5. 刷防护材料 6. 磨光、酸洗、打蜡
011206002	块料零星项目	3. 面层材料品种、规格、颜色 4. 缝宽、嵌缝材料种类 5. 防护材料种类 6. 磨光、酸洗、打蜡要求			
011206003	拼碎块零星项目				

注　1. 在描述碎块项目的面层材料特征时可不用描述规格、品牌、颜色。

2. 石材、块料与粘结材料的结合面刷防渗材料的种类在防护层材料种类中描述。

3. 零星项目干挂石材的钢骨架按表 6.2.4 相应项目编码列项。

4. 墙柱面≤0.5m² 的少量分散的镶贴块料面层应按本表中零星项目执行。

6.2.7 墙饰面工程清单工程量计算规则

（1）墙饰面工程量计算规则（表 6.2.7）：按设计图示墙净长乘以净高以面积计算。扣除门窗洞口及单个＞0.3m² 的孔洞所占面积。

（2）墙面装饰浮雕工程量计算规则（表 6.2.7）：按设计图示尺寸以面积计算。

表 6.2.7 墙饰面（编码：011207）

项目编码	项目名称	项 目 特 征	计量单位	工程量计算规则	工 作 内 容
011207001	墙面装饰板	1. 龙骨材料种类、规格、中距 2. 隔离层材料种类、规格 3. 基层材料种类、规格 4. 面层材料品种、规格、颜色 5. 压条材料种类、规格	m²	按设计图示墙净长乘以净高以面积计算。扣除门窗洞口及单个＞0.3m² 的孔洞所占面积	1. 基层清理 2. 龙骨制作、运输、安装 3. 钉隔离层 4. 基层铺钉 5. 面层铺贴
011207002	墙面装饰浮雕	1. 基层类型 2. 浮雕材料种类 3. 浮雕样式		按设计图示尺寸以面积计算	1. 基层清理 2. 材料制作、运输 3. 安装成型

6.2.8 柱（梁）饰面工程清单工程量计算规则

（1）柱（梁）面装饰工程量计算规则（表 6.2.8）：按设计图示饰面外周尺寸以面积计算。柱帽、柱墩并入相应柱饰面工程量内。

（2）成品装饰柱工程量计算规则（表 6.2.8）：

1）以根计量，按设计数量计算。

2）以米计量，按设计长度计算。

表 6.2.8 柱（梁）饰面（编码：011208）

项目编码	项目名称	项 目 特 征	计量单位	工程量计算规则	工 作 内 容
011208001	柱（梁）面装饰	1. 龙骨材料种类、规格、中距 2. 隔离层材料种类 3. 基层材料种类、规格 4. 面层材料品种、规格、颜色 5. 压条材料种类、规格	m²	按设计图示饰面外围尺寸以面积计算。柱帽、柱墩并入相应柱饰面工程量内	1. 清理基层 2. 龙骨制作、运输、安装 3. 钉隔离层 4. 基层铺钉 5. 面层铺贴
011208002	成品装饰柱	1. 柱截面、高度尺寸 2. 柱材质	1. 根 2. m	1. 以根计量，按设计数量计算 2. 以米计量，按设计长度计算	柱运输、固定、安装

6.2.9 幕墙工程工程清单工程量计算规则

（1）带骨架幕墙工程量计算规则（表 6.2.9）：按设计图示框外围尺寸以面积计算。与幕墙同种材质的窗所占面积不扣除。

（2）全玻（无框玻璃）幕墙工程量计算规则（表 6.2.9）：按设计图示尺寸以面积计算，带肋全玻幕墙按展开面积计算。

表 6.2.9　　　　　　　　　　　幕墙工程（编码：011209）

项目编码	项目名称	项 目 特 征	计量单位	工程量计算规则	工 作 内 容
011209001	带骨架幕墙	1. 骨架材料种类、规格、中距 2. 面层材料品种、规格、颜色 3. 面层固定方式 4. 隔离带、框边封闭材料品种、规格 5. 嵌缝、塞口材料种类	m²	按设计图示框外围尺寸以面积计算。与幕墙同种材质的窗所占面积不扣除	1. 骨架制作、运输、安装 2. 面层安装 3. 隔离带、框边封闭 4. 嵌缝、塞口 5. 清洗
011209002	全玻（无框玻璃）幕墙	1. 玻璃品种、规格、颜色 2. 粘结塞口材料种类 3. 固定方式		按设计图示尺寸以面积计算。带肋全玻幕墙按展开面积计算	1. 幕墙安装 2. 嵌缝、塞口 3. 清洗

注　幕墙钢骨架按表 6.2.4 干挂石材钢骨架编码列项。

6.2.10 隔断工程清单工程量计算规则

（1）木隔断、金属隔断工程量计算规则（表 6.2.10）：按设计图示框外围尺寸以面积计算。不扣除单个≤0.3m² 的孔洞所占面积；浴厕门的材质与隔断相同时，门的面积并入隔断面积内。

（2）玻璃隔断、塑料隔断工程量计算规则（表 6.2.10）：按设计图示框外围尺寸以面积计算。不扣除单个≤0.3m² 的孔洞所占面积。

（3）成品隔断工程量计算规则（表 6.2.10）：

1）以平方米计量，按设计图示框外围尺寸以面积计算。

2）以间计量，按设计间的数量计算。

（4）其他隔断工程量计算规则（表 6.2.10）：按设计图示框外围尺寸以面积计算。不扣除单个＜0.3m² 的孔洞所占面积。

表 6.2.10　　　　　　　　　　隔断工程（编码：011210）

项目编码	项目名称	项 目 特 征	计量单位	工程量计算规则	工 作 内 容
011210001	木隔断	1. 骨架、边框材料种类、规格 2. 隔板材料品种、规格、颜色 3. 嵌缝、塞口材料品种 4. 压条材料种类	m²	按设计图示框外围尺寸以面积计算。不扣除单个≤0.3m² 的孔洞所占面积；浴厕门的材质与隔断相同时，门的面积并入隔断面积内	1. 骨架及边框制作、运输、安装 2. 隔板制作、运输、安装 3. 嵌缝、塞口 4. 装钉压条
011210002	金属隔断	1. 骨架、边框材料种类、规格 2. 隔板材料品种、规格、颜色 3. 嵌缝、塞口材料品种			1. 骨架及边框制作、运输、安装 2. 隔板制作、运输、安装 3. 嵌缝、塞口
011210003	玻璃隔断	1. 边框材料种类、规格 2. 玻璃品种、规格、颜色 3. 嵌缝、塞口材料种类		按设计图示框外围尺寸以面积计算。不扣除单个≤0.3m² 的孔洞所占面积	1. 边框制作、运输、安装 2. 玻璃制作、运输、安装 3. 嵌缝、塞口
011210004	塑料隔断	1. 边框材料种类、规格 2. 隔板材料品种、规格、颜色 3. 嵌缝、塞口材料品种			1. 骨架及边框制作、运输、安装 2. 隔板制作、运输、安装 3. 嵌缝、塞口

续表

项目编码	项目名称	项 目 特 征	计量单位	工程量计算规则	工 作 内 容
011210005	成品隔断	1. 隔断材料品种、规格、颜色 2. 配件品种、规格	1. m² 2. 间	1. 以平方米计量,按设计图示框外围尺寸以面积计算 2. 以间计量,按设计间的数量计算	1. 隔断运输、安装 2. 嵌缝、塞口
011210006	其他隔断	1. 骨架、边框材料种类、规格 2. 隔板材料品种、规格、颜色 3. 嵌缝、塞口材料品种	m²	按设计图示框外围尺寸以面积计算。不扣除单个≤0.3m²的孔洞所占面积	1. 骨架及边框安装 2. 隔板安装 3. 嵌缝、塞口

【例6.4】 如图6.2.1、图6.1.2所示为某房间精装装饰平面图及背景墙面图,已知墙体厚度200mm,窗为1800mm×2000mm,门为900mm×2100mm,房间背景墙体做玫红色绒布软包,30×40mm木龙骨,9mm胶合板打底,80mm石膏线条收边,其余墙面刮腻子两遍刷浅黄色乳胶漆,房间踢脚线为100mm实木踢脚线,衣柜为后装定做衣柜,求房间墙面工程量,并编制工程量清单。

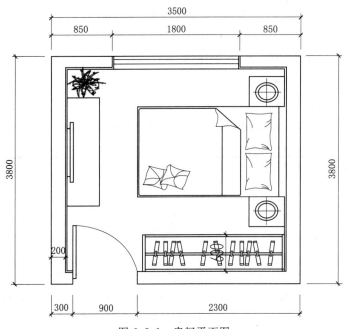

图6.2.1 房间平面图

分析:根据《计量规范》中墙面装饰工程清单工程量计算规则规定,按设计图示墙净长乘以净高以面积计算。扣除门窗洞口及单个>0.3m²的孔洞所占面积。墙面刷乳胶漆工程为涂料工程,在计算规则中描述为按设计图示尺中以面积计算,因此直接计表面积即可。因为衣柜为后装,所以衣柜所占的面积也要计算。

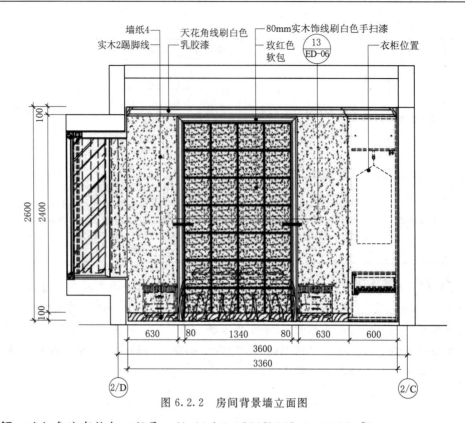

图 6.2.2 房间背景墙立面图

解： 玫红色绒布软包工程量＝(1.34＋0.08×2)×2.4＝3.6(m²)

浅黄色乳胶漆工程量＝[(3.5－0.4)＋(3.8－0.4)]×2×2.4－1.8×2－0.9×2.1－3.6
＝22.11(m²)

该项目工程量清单表见表 6.2.11。

表 6.2.11　　　　　　　精装房房间装饰工程分部分项工程量清单表

工程名称：精装房房间墙面装饰工程

序号	项目编码	项目名称	项 目 特 征	计量单位	工程量
1	011207001001	玫红色绒布软包	1. 30×40 木龙骨 2. 9mm 木夹板基层 3. 玫红色绒布软包 4. 80mm 石膏线条	m²	3.6
2	011406001001	浅黄色乳胶漆	1. 刮腻子两遍 2. 刷浅黄色乳胶漆	m²	22.11

【例 6.5】 以例 6.4 所示工程，根据广西壮族自治区建设工程费用标准，装饰工程管理费取值为人工费＋机械费的 27.3%，利润为人工费＋机械费的 7.06%，风险因素不考虑，以 2013 版《广西定额》作为参考，试计算房间墙面工程分项目的综合单价。

解： 根据 2013 版《广西定额》可知，玫红色绒布软包的人工费为：2614.92 元/100m²，材料费为：4127.81 元/100m²，则该工程费用如下：

人工费：2614.92×3.6/100＝94.14(元)

材料费：4127.81×3.6/100＝148.60(元)

管理费：$94.14 \times 27.3\% = 25.70$(元)

利润：$94.14 \times 7.06\% = 6.65$(元)

玫红色绒布软包的综合单价为

$$(94.14 + 148.60 + 25.70 + 6.65)/3.6 = 76.41(元/m^2)$$

浅黄色乳胶漆需要刮腻子两遍，再刷乳胶漆，所以刮腻子人工费为：549.78 元/100m²，材料费为：179.92 元/100m²，乳胶漆人工费为：428.34 元/100m²，材料费为：484.50 元/100m²，则该工程费用如下：

人工费：$(549.78 + 428.34) \times 22.11/100 = 216.26$(元)

材料费：$(179.92 + 484.50) \times 22.11/100 = 146.90$(元)

管理费：$216.26 \times 27.3\% = 59.04(元/m^2)$

利润：$216.26 \times 7.06\% = 15.27(元/m^2)$

浅黄色乳胶漆的综合单价为

$$(216.26 + 146.90 + 59.04 + 15.27)/22.11 = 19.79(元/m^2)$$

根据计算结果编制玫红色绒布软包综合单价分析表，见表6.2.12。

表 6.2.12 综合单价分析表

项目编码	011207001001	项目名称		玫红色绒布软包		计量单位		m²	工程量		3.6
清单综合单价组成明细											
定额编号	定额项目名称	定额单位	数量	单 价				合 价			
				人工费	材料费	机械费	管理费和利润	人工费	材料费	机械费	管理费和利润
A10-261	人造革软包带衬板	100m²	0.036	2614.92	4127.81	0	898.49	94.14	148.86	0	32.35
人工单价		小计									
/(元/工日)		未计价材料费									
	清单项目综合单价/元							76.41			

根据计算结果编制浅黄色乳胶漆综合单价分析表，见表6.2.13。

表 6.2.13 综合单价分析表

项目编码	011406001001	项目名称		浅黄色乳胶漆		计量单位		m²	工程量		22.11
清单综合单价组成明细											
定额编号	定额项目名称	定额单位	数量	单 价				合 价			
				人工费	材料费	机械费	管理费和利润	人工费	材料费	机械费	管理费和利润
A13-204	刮腻子两遍	100m²	0.2211	549.78	179.92	0	188.90	121.56	39.78	0	41.77
A13-210	乳胶漆(内墙抹灰面,两遍)	100m²	0.2211	428.34	484.50	0	147.18	94.71	107.12	0	32.54
人工单价		小计									
/(元/工日)		未计价材料费									
	清单项目综合单价/元							19.79			

任务6.3 天 棚 工 程

天棚工程工程量清单项目分为天棚抹灰、天棚吊顶、采光天棚、天棚其他装饰4节，共10个项目。

6.3.1 天棚抹灰工程清单工程量计算规则

天棚抹灰工程量计算规则（表6.3.1）：按设计图示尺寸以水平投影面积计算。不扣除间壁墙、垛、柱、附墙烟囱、检查口和管道所占的面积，带梁天棚的梁两侧抹灰面积并入天棚面积内，板式楼梯底面抹灰按斜面积计算，锯齿形楼梯底板抹灰按展开面积计算。

表6.3.1　　　　　　　　天棚抹灰（编码：011301）

项目编码	项目名称	项　目　特　征	计量单位	工程量计算规则	工　作　内　容
011301001	天棚抹灰	1. 基层类型 2. 抹灰厚度、材料种类 3. 砂浆配合比	m^2	按设计图示尺寸以水平投影面积计算。不扣除间壁墙、垛、柱、附墙烟囱、检查口和管道所占的面积，带梁天棚的梁两侧抹灰面积并入天棚面积内，板式楼梯底面抹灰按斜面积计算，锯齿形楼梯底板抹灰按展开面积计算	1. 基层清理 2. 底层抹灰 3. 抹面层

6.3.2 天棚吊顶工程清单工程量计算规则

（1）天棚吊顶工程量计算规则（表6.3.2）：按设计图示尺寸以水平投影面积计算。天棚面中的灯槽及跌级、锯齿形、吊挂式、藻井式天棚面积不展开计算。不扣除间壁墙、检查口、附墙烟囱、柱垛和管道所占面积，扣除单个>0.3m² 的孔洞、独立柱及与天棚相连的窗帘盒所占的面积。

（2）格栅吊顶、吊筒吊顶、藤条造型悬挂吊顶、织物软雕吊顶、装饰网架吊顶工程量计算规则（表6.3.2）：按设计图示尺寸以水平投影面积计算。

表6.3.2　　　　　　　　天棚吊顶（编码：011302）

项目编码	项目名称	项　目　特　征	计量单位	工程量计算规则	工　作　内　容
011302001	天棚吊顶	1. 吊顶形式、吊顶规格、高度 2. 龙骨材料种类、规格、中距 3. 基层材料种类、规格 4. 面层材料品种、规格 5. 压条材料种类、规格 6. 嵌缝材料种类 7. 防护材料种类	m^2	按设计图示尺寸以水平投影面积计算。天棚面中的灯槽及跌级、锯齿形、吊挂式、藻井式天棚面积不展开计算。不扣除间壁墙、检查口、附墙烟囱、柱垛和管道所占面积，扣除单个>0.3m² 的孔洞、独立柱及与天棚相连的窗帘盒所占的面积	1. 基层清理、吊杆安装 2. 龙骨安装 3. 基层板铺贴 4. 面层铺贴 5. 嵌缝 6. 刷防护材料

项目编码	项目名称	项 目 特 征	计量单位	工程量计算规则	工 作 内 容
011302002	格栅吊顶	1. 龙骨材料种类、规格、中距 2. 基层材料种类、规格 3. 面层材料品种、规格 4. 防护材料种类	m²	按设计图示尺寸以水平投影面积计算	1. 基层清理 2. 安装龙骨 3. 基层板铺贴 4. 面层铺贴 5. 刷防护材料
011302003	吊筒吊顶	1. 吊筒形状、规格 2. 吊筒材料种类 3. 防护材料种类			1. 基层清理 2. 吊筒制作安装 3. 刷防护材料
011302004	藤条造型悬挂吊顶	1. 骨架材料种类、规格 2. 面层材料品种、规格			1. 基层清理 2. 龙骨安装 3. 铺贴面层
011302005	织物软雕吊顶				
011302006	装饰网架吊顶	网架材料品种、规格			1. 基层清理 2. 网架制作安装

6.3.3 采光天棚工程清单工程量计算规则

采光天棚工程量计算规则（表6.3.3）：按框外围展开面积计算。

表6.3.3 采光天棚 (编码：011303)

项目编码	项目名称	项 目 特 征	计量单位	工程量计算规则	工 作 内 容
011303001	采光天棚	1. 骨架类型 2. 固定类型、固定材料品种、规格 3. 面层材料品种、规格 4. 嵌缝、塞口材料种类	m²	按框外围展开面计算	1. 清理基层 2. 面层制安 3. 嵌缝、塞口 4. 清洗

注 采光天棚骨架不包括在本节中，应单独按金属结构工程相关项目列项。

6.3.4 天棚其他装饰工程清单工程量计算规则

（1）灯带（槽）工程量计算规则（表6.3.4）：按设计图示尺寸以框外围面积计算。

（2）送风口、回风口工程量计算规则（表6.3.4）：按设计图示数量计算。

表 6.3.4 天棚其他装饰（编码：011304）

项目编码	项目名称	项 目 特 征	计量单位	工程量计算规则	工 作 内 容
011304001	灯带(槽)	1. 灯带形式、尺寸 2. 格栅片材料品种、规格 3. 安装固定方式	m²	按设计图示尺寸以框外围面积计算	安装、固定
011304002	送风口、回风口	1. 风口材料品种、规格 2. 安装固定方式 3. 防护材料种类	个	按设计图示数量计算	1. 安装、固定 2. 刷防护材料

【例6.6】 如图6.3.1所示为某房间装饰天棚平面图，已知墙体厚度200mm，天棚为轻钢龙骨骨架，5mm胶合板基层，石膏版面层刷白色乳胶漆，装饰80mm泰柚木实木线条（甲供），窗帘盒宽为200mm，求房间天棚工程量，并编制工程量清单。

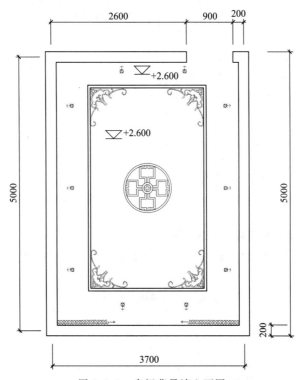

图6.3.1　房间背景墙立面图

分析：根据《计量规范》中墙面装饰工程清单工程量计算规则规定，按设计图示尺寸以水平投影面积计算。不扣除间壁墙、检查口、附墙烟囱、柱垛和管道所占面积，扣除单个＞0.3m²的孔洞、独立柱及与天棚相连的窗帘盒所占的面积。窗帘盒属于门窗工程，在计算天棚面积的时候需要扣除，单独列项目计算；泰柚木线条属于其他工程，且为甲供材料，可不用计算。

解：天棚工程量＝(5−0.2−0.2)×(3.7−0.2)＝16.1(m²)

窗帘盒工程量＝3.7−0.2＝3.5(m)

或＝(3.7−0.2)×0.2＝0.7(m²)

该项目工程量清单表详见表6.3.5。

表 6.3.5   **天棚工程分部分项工程量清单表**

工程名称：天棚工程

序号	项目编码	项目名称	项 目 特 征	计量单位	工程量
1	011302001001	轻钢龙骨吊顶	1. 轻钢龙骨 2. 5mm胶合板基层 3. 石膏板面层,刷白色胶漆 4. 80mm泰柚木实木线条(甲供)	m²	16.1
2	010810001001	窗帘盒	1. 9mm胶合板基层 2. 刷白色乳胶漆	m/m²	3.5/0.7

【例6.7】 按例6.6,根据广西壮族自治区建设工程费用标准,装饰工程管理费取值为人工费＋机械费的27.3%,利润为人工费＋机械费的7.06%,风险因素不考虑,以2013版《广西定额》作为参考,试计算房间天棚工程的综合单价。

解:查2013版《广西定额》可知:天棚吊顶轻钢龙骨的人工费为:1100.22元/100m²,材料费:2434.78元/100m²,机械费为:9.12元/100m²;天棚基层板的人工费为:644.82元/100m²,材料费:1426.63元/100m²;天棚石膏板面层的人工费为:763.62元/100m²,材料费:1795.25元/100m²;天棚刷乳胶漆需要刮腻子两遍,再刷乳胶漆,所以刮腻子人工费:549.78元/100m²,材料费:179.92元/100m²;乳胶漆人工费:428.34元/100m²,材料费:84.50元/100m²。

则该工程人工费:$(1100.22+644.82+763.62+549.78+428.34)\times16.1/100=561.37$(元)

材料费:$(2434.78+1426.63+1795.25+179.92+484.50)\times16.1/100=1017.69$(元)

机械费:$9.12\times16.1/100=1.47$(元)

管理费:$(561.37+1.47)\times27.3\%=153.66$(元)

利润:$(561.37+1.47)\times7.06\%=39.74$(元)

该天棚工程的综合单价为

$$(561.37+1017.69+1.47+153.66+39.74)/16.1=110.18(元)$$

根据计算结果编制天棚工程综合单价分析表见表6.3.6。

表 6.3.6   **综 合 单 价 分 析 表**

项目编码	011302001001		项目名称		天棚吊顶		计量单位		m²	工程量	16.1

定额编号	定额项目名称	定额单位	数量	单 价				合 价			
				人工费	材料费	机械费	管理费和利润	人工费	材料费	机械费	管理费和利润
A11-31	轻钢龙骨(不上人型)	100m²	0.161	1100.22	2434.78	9.12	380.76	177.14	392.00	1.47	61.37
A11-75	天棚胶合板基层	100m²	0.161	644.82	1426.63	0	221.37	103.82	229.69		35.64
A11-94	天棚石膏板面层	100m²	0.161	763.62	1795.25	0	262.15	122.94	289.04		42.21

定额编号	定额项目名称	定额单位	数量	单价				合价			
				人工费	材料费	机械费	管理费和利润	人工费	材料费	机械费	管理费和利润
A13-204	刮腻子两遍	100m²	0.161	549.78	179.92	0	188.90	88.51	28.97		30.41
A13-210	乳胶漆(内墙抹灰面,两遍)	100m²	0.161	428.34	484.50	0	147.18	68.96	78.00		23.70
人工单价/ (元/工日)	小计										
	未计价材料费										
清单项目综合单价/元								110.18			

任务6.4　门窗装饰工程

门窗装饰工程工程量清单项目分木门、金属门、金属卷帘(闸)门、厂库房大门、特种门、其他门、木窗、金属窗、门窗套、窗台板、窗帘、窗帘盒(轨)10节,共55个项目。

6.4.1　木门工程清单工程量计算规则

(1) 木质门、木质门带套、木质连窗门、木质防火门工程量计算规则(表6.4.1):

1) 以樘计量,按设计图示数量计算。

2) 以平方米计量,按设计图示洞口尺寸以面积计算。

(2) 木门框工程量计算规则(表6.4.1):

1) 以樘计量,按设计图示数量计算。

2) 以米计量,按设计图示框的中心线以延长米计算。

(3) 门锁安装工程量计算规则(表6.4.1):按设计图示数量计算。

表6.4.1　　　　　　　　　　木门(编码:010801)

项目编码	项目名称	项目特征	计量单位	工程量计算规则	工作内容
010801001	木质门	1. 门代号及洞口尺寸 2. 镶嵌玻璃品种、厚度	1. 樘 2. m²	1. 以樘计量,按设计图示数量计算 2. 以平方米计量,按设计图示洞口尺寸以面积计算	1. 门安装 2. 玻璃安装 3. 五金安装
010801002	木质门带套				
010801003	木质连窗门				
010801004	木质防火门				
010801005	木门框	1. 门代号及洞口尺寸 2. 框截面尺寸 3. 防护材料种类	1. 樘 2. m	1. 以樘计量,按设计图示数量计算 2. 以米计量,按设计图示框的中心线以延长米计算	1. 木门框制作、安装 2. 运输 3. 刷防护材料
010801006	门锁安装	1. 锁品种 2. 锁规格	个(套)	按设计图示数量计算	安装

注　1. 木质门应区分镶板木板门、企口木板门、实木装饰门、胶合板门、夹板装饰门、木纱门、全玻门(带木质扇框)、木质半玻门(带木质扇框)等项目,分别编码列项。

　　2. 木门五金应包括:折页、插销、门碰珠、弓背拉手、搭机、木螺钉、弹簧折页(自动门)、管子拉手(自由门、地弹门)、地弹簧(地弹门)、角钢、门轧头(地弹门、自由门)等。

　　3. 木质门带套计量按洞口尺寸以面积计算,不包括门套的面积,但门套应计算在综合单价中。

　　4. 以樘计量,项目特征必须描述洞口尺寸;以平方米计量,项目特征可不描述洞口尺寸。

　　5. 单独制作安装木门框按木门框项目编码列项。

6.4.2 金属门工程清单工程量计算规则

金属门工程量计算规则（表 6.4.2）：

（1）以樘计量，按设计图示数量计算。

（2）以平方米计量，按设计图示洞口尺寸以面积计算。

表 6.4.2 金属门（编码：010802）

项目编码	项目名称	项 目 特 征	计量单位	工程量计算规则	工 作 内 容
010802001	金属（塑钢）门	1. 门代号及洞口尺寸 2. 门框或扇外围尺寸 3. 门框、扇材质 4. 玻璃品种、厚度	1. 樘 2. m²	1. 以樘计量，按设计图示数量计算 2. 以平方米计量，按设计图示洞口尺寸以面积计算	1. 门安装 2. 五金安装 3. 玻璃安装
010802002	彩板门	1. 门代号及洞口尺寸 2. 门框或扇外围尺寸			
010802003	钢质防火门	1. 门代号及洞口尺寸 2. 门框或扇外围尺寸 3. 门框、扇材质		1. 以樘计量，按设计图示数量计算 2. 以平方米计量，按设计图示洞口尺寸以面积计算	1. 门安装 2. 五金安装 3. 玻璃安装
010802004	防盗门				1. 门安装 2. 五金安装

注 1. 金属门应区分金属平开门、金属推拉门、金属地弹门、全玻门（带金属扇框）、金属半玻门（带扇框）等项目，分别编码列项。

2. 铝合金门五金包括：地弹簧、门锁、拉手、门插、门铰、螺钉等。

3. 金属门五金包括 L 型执手插锁（双舌）、执手锁（单舌）、门轨头、地锁、防盗门机、门眼（猫眼）、门碰珠、电子锁（磁卡锁）、闭门器、装饰拉手等。

4. 以樘计量，项目特征必须描述洞口尺寸，没有洞口尺寸必须描述门框或扇外围尺寸；以平方米计量，项目特征可不描述洞口尺寸及框、扇的外围尺寸。

5. 以平方米计量，无设计图示洞口尺寸，按门框、扇外围以面积计算。

6.4.3 金属卷帘（闸）门工程清单工程量计算规则

金属卷帘（闸）门、防火卷帘（闸）门工程量计算规则（表 6.4.3）：

（1）以樘计量，按设计图示数量计算。

（2）以平方米计量，按设计图示洞口尺寸以面积计算。

表 6.4.3 金属卷帘（闸）门（编码：010803）

项目编码	项目名称	项 目 特 征	计量单位	工程量计算规则	工 作 内 容
010803001	金属卷帘（闸）门	1. 门代号及洞口尺寸 2. 门材质 3. 启动装置品种、规格	1. 樘 2. m²	1. 以樘计量，按设计图示数量计算 2. 以平方米计量，按设计图示洞口尺寸以面积计算	1. 门运输、安装 2. 启动装置、活动小门、五金安装
010803002	防火卷帘（闸）门				

注 以樘计量，项目特征必须描述洞口尺寸；以平方米计量，项目特征可不描述洞口尺寸。

6.4.4　厂库房大门、特种门工程清单工程量计算规则

（1）木板大门、钢木大门、全钢板大门、金属格栅门、特种门工程量计算规则（表6.4.4）：

1）以樘计量，按设计图示数量计算。

2）以平方米计量，按设计图示洞口尺寸以面积计算。

（2）防护钢丝门、钢质花饰大门工程量计算规则（表6.4.4）：

1）以樘计量，按设计图示数量计算。

2）以平方米计量，按设计图示门框或扇以面积计算。

表6.4.4　　　　　　　　　　厂库房大门、特种门（编码：010804）

项目编码	项目名称	项 目 特 征	计量单位	工程量计算规则	工 作 内 容
010804001	木板大门	1. 门代号及洞口尺寸 2. 门框或扇外围尺寸 3. 门框、扇材质 4. 五金种类、规格 5. 防护材料种类	1. 樘 2. m²	1. 以樘计量，按设计图示数量计算 2. 以平方米计量，按设计图示洞口尺寸以面积计算	1. 门（骨架）制作、运输 2. 门、五金配件安装 3. 刷防护材料
010804002	钢木大门				
010804003	全钢板大门				
010804004	防护钢丝门			1. 以樘计量，按设计图示数量计算 2. 以平方米计量，按设计图示门框或扇以面积计算	
010804005	金属格栅门	1. 门代号及洞口尺寸 2. 门框或扇外围尺寸 3. 门框、扇材质 4. 启动装置的品种、规格		1. 以樘计量，按设计图示数量计算 2. 以平方米计量，按设计图示洞口尺寸以面积计算	1. 门安装 2. 启动装置、五金配件安装
010804006	钢质花饰大门	1. 门代号及洞口尺寸 2. 门框或扇外围尺寸 3. 门框、扇材质		1. 以樘计量，按设计图示数量计算 2. 以平方米计量，按设计图示门框或扇以面积计算	1. 门安装 2. 五金配件安装
010804007	特种门			1. 以樘计量，按设计图示数量计算 2. 以平方米计量，按设计图示洞口尺寸以面积计算	

6.4.5　其他门工程清单工程量计算规则

其他门工程量计算规则（表6.4.5）：

（1）以樘计量，按设计图示数量计算。

（2）以平方米计量，按设计图示洞口尺寸以面积计算。

表 6.4.5　　　　　　　　　其他门（编码：010805）

项目编码	项目名称	项目特征	计量单位	工程量计算规则	工作内容
010805001	电子感应门	1. 门代号及洞口尺寸 2. 门框或扇外围尺寸 3. 门框、扇材质 4. 玻璃品种、厚度 5. 启动装置的品种、规格 6. 电子配件品种、规格	1. 樘 2. m²	1. 以樘计量，按设计图示数量计算 2. 以平方米计量，按设计图示洞口尺寸以面积计算	1. 门安装 2. 启动装置、五金、电子配件安装
010805002	旋转门				
010805003	电子对讲门	1. 门代号及洞口尺寸 2. 门框或扇外围尺寸 3. 门材质 4. 玻璃品种、厚度 5. 启动装置的品种、规格 6. 电子配件品种、规格		1. 以樘计量，按设计图示数量计算 2. 以平方米计量，按设计图示洞口尺寸以面积计算	1. 门安装 2. 启动装置、五金、电子配件安装
010805004	电动伸缩门	1. 门代号及洞口尺寸 2. 门框或扇外围尺寸 3. 门材质 4. 玻璃品种、厚度 5. 启动装置的品种、规格 6. 电子配件品种、规格		1. 以樘计量，按设计图示数量计算 2. 以平方米计量，按设计图示洞口尺寸以面积计算	1. 门安装 2. 启动装置、五金、电子配件安装
010805005	全玻自由门	1. 门代号及洞口尺寸 2. 门框或扇外围尺寸 3. 框材质 4. 玻璃品种、厚度			
010805006	镜面不锈钢饰面门	1. 门代号及洞口尺寸 2. 门框或扇外围尺寸 3. 框、扇材质 4. 玻璃品种、厚度			1. 门安装 2. 五金安装
010805007	复合材料门				

注　1. 以樘计量，项目特征必须描述洞口尺寸，没有洞口尺寸必须描述门框或扇外围尺寸；以平方米计量，项目特征可不描述洞口尺寸及框、扇的外围尺寸。
　　2. 以平方米计量，无设计图示洞口尺寸，按门框、扇外围以面积计算。

6.4.6　木窗工程清单工程量计算规则

（1）木质窗工程量计算规则（表 6.4.6）：

1）以樘计量，按设计图示数量计算。

2）以平方米计量，按设计图示洞口尺寸以面积计算。

（2）木橱窗、木飘（凸）窗工程量计算规则（表 6.4.6）：

1）以樘计量，按设计图示数量计算。

2）以平方米计量，按设计图示尺寸以框外围展开面积计算。

（3）木纱窗工程量计算规则（表 6.4.6）：

1）以樘计量，按设计图示数量计算。

2）以平方米计量，按框的外围尺寸以面积计算。

表 6.4.6　　　　　　　　　　　　木窗（编码：010806）

项目编码	项目名称	项 目 特 征	计量单位	工程量计算规则	工 作 内 容
010806001	木质窗	1. 窗代号及洞口尺寸 2. 玻璃品种、厚度	1. 樘 2. m²	1. 以樘计量，按设计图示数量计算 2. 以平方米计量，按设计图示洞口尺寸以面积计算	1. 窗安装 2. 五金、玻璃安装
010806002	木飘(凸)窗	1. 窗代号 2. 框截面及外围展开面积 3. 玻璃品种、厚度 4. 防护材料种类		1. 以樘计量，按设计图示数量计算 2. 以平方米计量，按设计图示尺寸以框外围展开面积计算	1. 窗制作、运输、安装 2. 五金、玻璃安装 3. 刷防护材料
010806003	木橱窗				
010806004	木纱窗	1. 窗代号及框的外围尺寸 2. 窗纱材料品种、规格		1. 以樘计量，按设计图示数量计算 2. 以平方米计量，按框的外围尺寸以面积计算	1. 窗安装 2. 五金安装

注　1. 木质窗应区分木百叶窗、木组合窗、木天窗、木固定窗、木装饰空花窗等项目，分别编码列项。

　　2. 以樘计量，项目特征必须描述洞口尺寸，没有洞口尺寸必须描述窗框外围尺寸；以平方米计量，项目特征可不描述洞口尺寸及框的外围尺寸。

　　3. 以平方米计量，无设计图示洞口尺寸，按窗框外围以面积计算。

　　4. 木橱窗、木飘（凸）窗以樘计量，项目特征必须描述框截面及外围展开面积。

　　5. 木窗五金包括：折页、插销、风钩、木螺钉、滑楞滑轨（推拉窗）等。

6.4.7　金属窗工程清单工程量计算规则

（1）金属（塑钢、断桥）窗、金属防火窗、金属百叶窗、金属格栅窗工程量计算规则（表 6.4.7）：

1）以樘计量，按设计图示数量计算。

2）以平方米计量，按设计图示洞口尺寸以面积计算。

（2）金属纱窗工程量计算规则（表 6.4.7）：

1）以樘计量，按设计图示数量计算。

2）以平方米计量，按框的外围尺寸以面积计算。

（3）金属（塑钢、断桥）橱窗、金属（塑钢、断桥）飘（凸）窗工程量计算规则（表 6.4.7）：

1）以樘计量，按设计图示数量计算。

2）以平方米计量，按设计图示尺寸以框外围展开面积计算。

（4）彩板窗、复合材料窗工程量计算规则（表 6.4.7）：

1）以樘计量，按设计图示数量计算。

2）以平方米计量，按设计图示洞口尺寸或框外围以面积计算。

表 6.4.7　　　　　　　　　　　金属窗（编码：010807）

项目编码	项目名称	项 目 特 征	计量单位	工程量计算规则	工 作 内 容
010807001	金属（塑钢、断桥）窗	1. 窗代号及洞口尺寸 2. 框、扇材质 3. 玻璃品种、厚度		1. 以樘计量，按设计图示数量计算 2. 以平方米计量，按设计图示洞口尺寸以面积计算	1. 窗安装 2. 五金、玻璃安装
010807002	金属防火窗				
010807003	金属百叶窗	1. 窗代号及洞口尺寸 2. 框、扇材质 3. 玻璃品种、厚度		1. 以樘计量，按设计图示数量计算 2. 以平方米计量，按设计图示洞口尺寸以面积计算	1. 窗安装 2. 五金安装
010807004	金属纱窗	1. 窗代号及框的外围尺寸 2. 框材质 3. 窗纱材料品种、规格		1. 以樘计量，按设计图示数量计算 2. 以平方米计量，按框的外围尺寸以面积计算	1. 窗安装 2. 五金安装
010807005	金属格栅窗	1. 窗代号及洞口尺寸 2. 框外围尺寸 3. 框、扇材质	1. 樘 2. m²	1. 以樘计量，按设计图示数量计算 2. 以平方米计量，按设计图示洞口尺寸以面积计算	
010807006	金属（塑钢、断桥）橱窗	1. 窗代号 2. 框外围展开面积 3. 框、扇材质 4. 玻璃品种、厚度 5. 防护材料种类		1. 以樘计量，按设计图示数量计算 2. 以平方米计量，按设计图示尺寸以框外围展开面积计算	1. 窗制作、运输、安装 2. 五金、玻璃安装 3. 刷防护材料
010807007	金属（塑钢、断桥）飘（凸）窗	1. 窗代号 2. 框外围展开面积 3. 框、扇材质 4. 玻璃品种、厚度			1. 窗安装 2. 五金、玻璃安装
010807008	彩板窗	1. 窗代号及洞口尺寸 2. 框外围尺寸 3. 框、扇材质 4. 玻璃品种、厚度		1. 以樘计量，按设计图示数量计算 2. 以平方米计量，按设计图示洞口尺寸或框外围以面积计算	
010807009	复合材料窗				

注　1. 金属窗应区分金属组合窗、防盗窗等项目，分别编码列项。

　　2. 以樘计量，项目特征必须描述洞口尺寸，没有洞口尺寸必须描述窗框外围尺寸；以平方米计量，项目特征可不描述洞口尺寸及框的外围尺寸。

　　3. 以平方米计量，无设计图示洞口尺寸，按窗框外围以面积计算。

　　4. 金属橱窗、飘（凸）窗以樘计量，项目特征必须描述框外围展开面积。

　　5. 金属窗五金包括：折页、螺钉、滑轨、卡锁、滑轮、铰拉、执手、拉把、拉手、风撑、角码、牛角制等

6.4.8　门窗套工程清单工程量计算规则

　　（1）木门窗套、木筒子板、饰面夹板筒子板、金属门窗套、石材门窗套、成品木门窗

套工程量计算规则（表 6.4.8）：

1）以樘计量，按设计图示数量计算。

2）以平方米计量，按设计图示尺寸以展开面积计算。

3）以米计量，按设计图示中心以延长米计算。

（2）门窗木贴脸工程量计算规则（表 6.4.8）：

1）以樘计量，按设计图示数量计算。

2）以米计量，按设计图示尺寸以延长米计算。

表 6.4.8　　　　　　　　　**门窗套（编码：010808）**

项目编码	项目名称	项 目 特 征	计量单位	工程量计算规则	工 作 内 容
010808001	木门窗套	1. 窗代号及洞口尺寸 2. 门窗套展开宽度 3. 基层材料种类 4. 面层材料品种、规格 5. 线条品种、规格 6. 防护材料种类	1. 樘 2. m² 3. m	1. 以樘计量，按设计图示数量计算 2. 以平方米计量，按设计图示尺寸以展开面积计算 3. 以米计量，按设计图示中心以延长米计算	1. 清理基层 2. 立筋制作、安装 3. 基层板安装 4. 面层铺贴 5. 线条安装 6. 刷防护材料
010808002	木筒子板	1. 筒子板宽度 2. 基层材料种类 3. 面层材料品种、规格 4. 线条品种、规格 5. 防护材料种类			
010808003	饰面夹板筒子板				
010808004	金属门窗套	1. 窗代号及洞口尺寸 2. 门窗套展开宽度 3. 基层材料种类 4. 面层材料品种、规格 5. 防护材料种类			1. 清理基层 2. 立筋制作、安装 3. 基层板安装 4. 面层铺贴 5. 刷防护材料
010808005	石材门窗套	1. 窗代号及洞口尺寸 2. 门窗套展开宽度 3. 基层材料种类 4. 面层材料品种、规格 5. 防护材料种类			1. 清理基层 2. 立筋制作、安装 3. 基层抹灰 4. 面层铺贴 5. 线条安装
010808006	门窗木贴脸	1. 门窗代号及洞口尺寸 2. 贴脸板宽度 3. 防护材料种类	1. 樘 2. m	1. 以樘计量，按设计图示数量计算 2. 以米计量，按设安装计图示尺寸以延长米计算	安装
010808007	成品木门窗套	1. 门窗代号及洞口尺寸 2. 门窗套展开宽度 3. 门窗套材料品种、规格	1. 樘 2. m² 3. m	1. 以樘计量，按设计图示数量计算 2. 以米计量，按设安装计图示尺寸以延长米计算	1. 清理基层 2. 立筋制作、安装 3. 板安装

注　1. 以樘计量，项目特征必须描述洞口尺寸、门窗套展开宽度。

2. 以平方米计量，项目特征可不描述洞口尺寸、门窗套展开宽度。

3. 以米计量，项目特征必须描述门窗套展开宽度、筒子板及贴脸宽度。

4. 木门窗套适用于单独门窗套的制作、安装。

6.4.9 窗台板工程清单工程量计算规则

窗台板工程量计算规则（表 6.4.9）：按设计图示尺寸以展开面积计算。

表 6.4.9 　　　　　　　　　窗台板（编码：010809）

项目编码	项目名称	项 目 特 征	计量单位	工程量计算规则	工 作 内 容
010809001	木窗台板	1. 基层材料种类 2. 窗台面板材质、规格、颜色 3. 防护材料种类	m²	按设计图示尺寸以展开面积计算	1. 基层清理 2. 基层制作、安装 3. 窗台板制作、安装 4. 防护材料
010809002	铝塑窗台板				
010809003	金属窗台板				
010809004	石材窗台板	1. 粘结层厚度、砂浆配合比 2. 窗台板材质、规格、颜色			1. 基层清理 2. 抹找平层 3. 窗台板制作、安装

6.4.10 窗帘、窗帘盒、轨工程清单工程量计算规则

（1）窗帘工程量计算规则（表 6.4.10）：

1）以米计量，按设计图示尺寸以成活后长度计算。

2）以平方米计量，按图示尺寸以成活后展开面积计算。

（2）木窗帘盒、饰面夹板、塑料窗帘盒、铝合金窗帘盒、窗帘轨工程量计算规则（表 6.4.10）：按设计图示尺寸以长度计算。

表 6.4.10 　　　　　　　窗帘、窗帘盒、轨（编码：010810）

项目编码	项目名称	项 目 特 征	计量单位	工程量计算规则	工 作 内 容
010810001	窗帘	1. 窗帘材质 2. 窗帘高度、宽度 3. 窗帘层数 4. 带幔要求	1. m 2. m²	1. 以米计量，按设计图示尺寸以成活后长度计算 2. 以平方米计量，按图示尺寸以成活后展开面积计算	1. 制作、运输 2. 安装
010810002	木窗帘盒	1. 窗帘盒材质、规格 2. 防护材料种类	m	按设计图示尺寸以长度计算	1. 制作、运输、安装 2. 刷防护材料
010810003	饰面夹板、塑料窗帘盒				
010810004	铝合金窗帘盒				
010810005	窗帘轨	1. 窗帘轨材质、规格 2. 轨的数量 3. 防护材料种类			

注　1. 窗帘若是双层，项目特征必须描述每层材质。

　　 2. 窗帘以米计量，项目特征必须描述窗帘高度和宽。

任务 6.5　油漆、涂料、裱糊工程

油漆、涂料、裱糊工程工程量清单项目分门油漆、窗油漆、木扶手及其他板条、线条油漆、木材面油漆、金属面油漆、抹灰面油漆、喷刷涂料、裱糊 8 节，共 36 个项目。

6.5.1　门油漆工程清单工程量计算规则

门油漆工程量计算规则（表 6.5.1）：

（1）以樘计量，按设计图示数量计算。

（2）以平方米计量，按设计图示洞口尺寸以面积计算。

表 6.5.1　　　　　　　　　　门油漆（编号：011401）

项目编码	项目名称	项 目 特 征	计量单位	工程量计算规则	工 作 内 容
011401001	木门油漆	1. 门类型 2. 门代号及洞口尺寸 3. 腻子种类 4. 刮腻子遍数 5. 防护材料种类 6. 油漆品种、刷漆遍数	1. 樘 2. m²	1. 以樘计量，按设计图示数量计算 2. 以平方米计量，按设计图示洞口尺寸以面积计算	1. 基层清理 2. 刮腻子 3. 刷防护材料、油漆
011401002	金属门油漆				1. 除锈、基层清理 2. 刮腻子 3. 刷防护材料、油漆

注　1. 木门油漆应区分木大门、单层木门、双层（一玻一纱）木门、双层（单裁口）木门、全玻自由门、半玻自由门、装饰门及有框门或无框门等项目，分别编码列项。

　　2. 金属门油漆应区分平开门、推拉门、钢制防火门等项目，分别编码列项。

　　3. 以平方米计量，项目特征可不必描述洞口尺寸。

6.5.2　窗油漆工程清单工程量计算规则

窗油漆工程量计算规则（表 6.5.2）：

（1）以樘计量，按设计图示数量计算。

（2）以平方米计量，按设计图示洞口尺寸以面积计算。

表 6.5.2　　　　　　　　　　窗油漆（编号：011402）

项目编码	项目名称	项 目 特 征	计量单位	工程量计算规则	工 作 内 容
011402001	木窗油漆	1. 窗类型 2. 窗代号及洞口尺寸 3. 腻子种类 4. 刮腻子遍数 5. 防护材料种类 6. 油漆品种、刷漆遍数	1. 樘 2. m²	1. 以樘计量，按设计图示数量计算 2. 以平方米计量，按设计图示洞口尺寸以面积计算	1. 基层清理 2. 刮腻子 3. 刷防护材料、油漆
011402002	金属窗油漆				1. 除锈、基层清理 2. 刮腻子 3. 刷防护材料、油漆

注　1. 木窗油漆应区分单层木门、双层（一玻一纱）木窗、双层框扇（单裁口）木窗、双层框三层（二玻一纱）木窗、单层组合窗、双层组合窗、木百叶窗、木推拉窗等项目，分别编码列项。

　　2. 金属窗油漆应区分平开窗、推拉窗、固定窗、组合窗、金属隔栅窗等项目，分别编码列项。

　　3. 以平方米计量，项目特征可不必描述洞口尺寸。

6.5.3　木扶手及其他板条、线条油漆工程清单工程量计算规则

木扶手及其他板条、线条油漆工程量计算规则（表 6.5.3）：按设计图示尺寸以长度计算。

表 6.5.3   木扶手及其他板条、线条油漆（编号：011403）

项目编码	项目名称	项 目 特 征	计量单位	工程量计算规则	工 作 内 容
011403001	木扶手油漆	1. 断面尺寸 2. 腻子种类 3. 刮腻子遍数 4. 防护材料种类 5. 油漆品种、刷漆遍数	m	按设计图示尺寸以长度计算	1. 基层清理 2. 刮腻子 3. 刷防护材料、油漆
011403002	窗帘盒油漆				
011403003	封檐板、顺水板油漆				
011403004	挂衣板、黑板框油漆				
011403005	挂镜线、窗帘棍、单独木线油漆				

注 木扶手应区分带托板与不带托板，分别编码列项，若是木栏杆带扶手，木扶手不应单独列项，应包含在木栏杆油漆中。

6.5.4 木材面油漆工程清单工程量计算规则

（1）木护墙、木墙裙油漆，窗台板、筒子板、盖板、门窗套、踢脚板油漆，清水板条天棚、檐口油漆，木方格吊顶天棚油漆，吸声板墙面、天棚面油漆，暖气罩油漆，其他木材面工程量计算规则（表 6.5.4）：按设计图示尺寸以面积计算。

（2）木间壁、木隔断油漆，玻璃间壁露明墙筋油漆，木栅栏、木栏杆（带扶手）油漆工程量计算规则（表 6.5.4）：按设计图示尺寸以单面外围面积计算。

（3）衣柜、壁柜油漆，梁柱饰面油漆，零星木装修油漆工程量计算规则（表 6.5.4）：按设计图示尺寸以油漆部分展开面积计算。

（4）木地板油漆、木地板烫硬蜡面工程量计算规则（表 6.5.4）：按设计图示尺寸以面积计算，空洞、空圈、暖气包槽、壁龛的开口部分并入相应的工程量内。

表 6.5.4   木材 面油漆（编号：011404）

项目编码	项目名称	项 目 特 征	计量单位	工程量计算规则	工 作 内 容
011404001	木护墙、木墙裙油漆	1. 腻子种类 2. 刮腻子遍数 3. 防护材料种类 4. 油漆品种、刷漆遍数	m²	按设计图示尺寸以面积计算	1. 基层清理 2. 刮腻子．刷防护材料、油漆 3. 刷防护材料、油漆
011404002	门窗套、踢脚线油漆				
011404003	清水板条天棚、檐口油漆				
011404004	木方格吊顶天棚油漆				
011404005	吸声板墙面、天棚面油漆				
011404006	暖气罩油漆				
011404007	其他木材面				

项目编码	项目名称	项 目 特 征	计量单位	工程量计算规则	工 作 内 容
011404008	木间壁、木隔断油漆			按设计图示尺寸以单面外围面积计算	
011404009	玻璃间壁露明墙筋油漆				
011404010	木栅栏、木栏杆	1. 腻子种类 2. 刮腻子遍数 3. 防护材料种类 4. 油漆品种、刷漆遍数	m²		1. 基层清理 2. 刮腻子，刷防护材料、油漆 3. 刷防护材料、油漆
011404011	衣柜、壁柜油漆			按设计图示尺寸以油漆部分展开面积计算	
011404012	梁柱饰面油漆				
011404013	零星木装修油漆				
011404014	木地板油漆	1. 腻子种类 2. 刮腻子遍数 3. 防护材料种类 4. 油漆品种、刷漆遍数	m²	按设计图示尺寸以面积计算。空洞、空圈、暖气包槽、壁龛的开口部分并入相应的工程量内	1. 基层清理 2. 刮腻子，刷防护材料、油漆 3. 刷防护材料、油漆
011404015	木地板烫硬蜡面	1. 硬蜡品种 2. 面层处理要求			1. 基层清理 2. 烫蜡

6.5.5　金属面油漆工程清单工程量计算规则

金属面油漆工程量计算规则（表 6.5.5）：

（1）以吨计量，按设计图示尺寸以质量计算。

（2）以平方米计量，按设计展开面积计算。

表 6.5.5　　　　　金属面油漆（编号：011405）

项目编码	项目名称	项 目 特 征	计量单位	工程量计算规则	工 作 内 容
011405001	金属面油漆	1. 构件名称 2. 腻子种类 3. 刮腻子要求 4. 防护材料种类 5. 油漆品种，刷漆遍数	1. t 2. m²	1. 以吨计量，按设计图示尺寸以质量计算 2. 以平方米计量，按设计展开面积计算	1. 基层清理 2. 刮腻子 3. 刷防护材料、油漆

6.5.6　抹灰面油漆工程清单工程量计算规则

（1）抹灰面油漆、满刮腻子工程量计算规则（表 6.5.6）：按设计图示尺寸以面积计算。

（2）抹灰线条油漆工程量计算规则（表 6.5.6）：按设计图示尺寸以长度计算。

表 6.5.6　　　　　　　　　抹灰面油漆（编号：011406）

项目编码	项目名称	项 目 特 征	计量单位	工程量计算规则	工 作 内 容
011406001	抹灰面油漆	1. 基层类型 2. 腻子种类 3. 刮腻子遍数 4. 防护材料种类 5. 油漆品种、刷漆遍数 6. 部位	m²	按设计图示尺寸中以面积计算	1. 基层清理 2. 刮腻子 3. 刷防护材料、油漆
011405002	抹灰线条油漆	1. 线条宽度、道数 2. 腻子种类 3. 刮腻子遍数 4. 防护材料种类 5. 油漆品种、刷漆遍数	m	按设计图示尺寸以长度计算	
011406003	满刮腻子	1. 基层类型 2. 腻子种类 3. 刮腻子遍数	m²	按设计图示尺寸以面积计算	1. 基层清理 2. 刮腻子

6.5.7　喷刷涂料工程清单工程量计算规则

（1）墙面喷刷涂料、天棚喷刷涂料、工程量计算规则（表 6.5.7）：按设计图示尺寸以面积计算。

（2）空花格、栏杆刷涂料工程量计算规则（表 6.5.7）：按设计图示尺寸以单面外围面积计算。

（3）线条刷涂料工程量计算规则（表 6.5.7）：按设计图示尺寸从长度计算。

（4）金属构件刷防火涂料工程量计算规则（表 6.5.7）：

1）以吨计量，按设计图示尺寸以质量计算。

2）以平方米计量，按设计展开面积计算。

（5）木材构件喷刷防火涂料工程量计算规则（表 6.5.7）：以平方米计量，按设计图示尺寸以面积计算。

表 6.5.7　　　　　　　　　喷刷涂料（编号：011407）

项目编码	项目名称	项 目 特 征	计量单位	工程量计算规则	工 作 内 容
011407001	墙面喷刷涂料	1. 基层类型 2. 喷刷涂料部位 3. 腻子种类 4. 刮腻子要求 5. 涂料品种、喷刷遍数	m²	按设计图示尺寸以面积计算	1. 基层清理 2. 刮腻子 3. 刷、喷涂料
011407002	天棚喷刷涂料				
011407003	空花格、栏杆刷涂料	1. 腻子种类 2. 刮腻子遍数 3. 涂料品种、刷喷遍数		按设计图示尺寸以单面外围面积计算	
011407004	线条刷涂料	1. 基层清理 2. 线条宽度 3. 刮腻子遍数 4. 刷防护材料、涂料	m	按设计图示尺寸以长度计算	

项目编码	项目名称	项 目 特 征	计量单位	工程量计算规则	工 作 内 容
011407005	金属构件刷防火涂料	1. 喷刷防火涂料构件名称 2. 防火等级要求 3. 涂料品种、喷刷遍数	1. t 2. m²	1. 以吨计量,按设计图示尺寸以质量计算 2. 以平方米计量,按设计展开面积计算	1. 基层清理 2. 刷防护材料、涂料
011407006	木材构件喷刷防火涂料		m²	以平方米计量,按设计图示尺寸以面积计算	1. 基层清理 2. 刷防火材料

注 喷刷墙面涂料部位要注明内墙或外墙。

6.5.8 裱糊工程清单工程量计算规则

裱糊工程量计算规则（表6.5.8）：按设计图示尺寸以面积计算。

表6.5.8 裱糊（编号：011408）

项目编码	项目名称	项 目 特 征	计量单位	工程量计算规则	工 作 内 容
011408001	墙纸裱糊	1. 基层类型 2. 裱糊部位 3. 腻子种类 4. 刮腻子遍数 5. 粘结材料种类 6. 防护材料种类 7. 面层材料品种、规格、颜色	m²	按设计图示尺寸以面积计算	1. 基层清理 2. 刮腻子 3. 面层铺粘 4. 刷防护材料
011408002	织锦缎裱糊				

任务6.6 其他装饰工程

其他装饰工程工程量清单项目分柜类、货架、压条、装饰线，扶手、栏杆、栏板，暖气罩，浴厕配件，雨篷、旗杆，招牌、灯箱，美术字8节，共62个项目。

6.6.1 柜类、货架工程清单工程量计算规则

柜类、货架工程计算规则（表6.6.1）：

（1）以个计量，按设计图示数量计量。

（2）以米计量，按设计图示尺寸以延长米计算。

（3）以立方米计量，按设计图示尺寸以体积计算。

表6.6.1 柜类、货架（编号：011501）

项目编码	项目名称	项 目 特 征	计量单位	工程量计算规则	工 作 内 容
011501001	柜台	1. 台柜规格 2. 材料种类、规格 3. 五金种类、规格 4. 防护材料种类 5. 油漆品种、刷漆遍数	1. 个 2. m 3. m³	1. 以个计量,按设计图示数量计量 2. 以米计量,按设计图示尺寸以延长米计算 3. 以立方米计量,按设计图示尺寸以体积计算	1. 台柜制作、运输、安装（安放） 2. 刷防护材料、油漆 3. 五金件安装
011501002	酒柜				
011501003	衣柜				
011501004	存包柜				
011501005	鞋柜				
011501006	书柜				
011501007	厨房壁柜				

续表

项目编码	项目名称	项 目 特 征	计量单位	工程量计算规则	工 作 内 容
011501008	木壁柜				
011501009	厨房低柜				
011501010	厨房吊柜				
011501011	矮柜			1. 以个计量，按设计图示数量计量	
011501012	吧台背柜	1. 台柜规格			1. 台柜制作、运输、安装(安放)
011501013	酒吧吊柜	2. 材料种类、规格	1. 个	2. 以米计量，按设计图示尺寸以延长米计算	2. 刷防护材料、油漆
011501014	酒吧台	3. 五金种类、规格	2. m		3. 五金件安装
011501015	展台	4. 防护材料种类	3. m³	3. 以立方米计量，按设计图示尺寸以体积计算	
011501016	收银台	5. 油漆品种、刷漆遍数			
011501017	试衣间				
011501018	货架				
011501019	书架				
011501020	服务台				

6.6.2 压条、装饰线工程清单工程量计算规则

压条、装饰线工程量计算规则（表6.6.2）：按设计图示尺寸以长度计算。

表 6.6.2　　　　　　　　　压条、装饰线（编号：011502）

项目编码	项目名称	项 目 特 征	计量单位	工程量计算规则	工 作 内 容
011502001	金属装饰线				
011502002	木质装饰线	1. 基层类型			
011502003	石材装饰线	2. 线条材料品种、规格、颜色			1. 线条制作、安装
011502004	石膏装饰线	3. 防护材料种类	m	按设计图示尺寸以长度计算	2. 刷防护材料
011502005	镜面玻璃线	1. 基层类型			
011502006	铝塑装饰线	2. 线条材料品种、规格、颜色			
011502007	塑料装饰线	3. 防护材料种类			
011502008	GRC装饰线条	1. 基层类型 2. 线条规格 3. 线条安装部位 4. 填充材料种类	m	按设计图示尺寸以长度计算	线条制作、安装

6.6.3 扶手、栏杆、栏板装饰工程清单工程计算规则

扶手、栏杆、栏板装饰工程量计算规则（表6.6.3）：按设计图示以扶手中心线长度（包括弯头长度）计算。

6.6.4 暖气罩工程清单工程量计算规则

暖气罩工程量计算规则（表6.6.4）：按设计图示尺寸以垂直投影面积（不展开）计算。

表 6.6.3　　　　　　　扶手、栏杆、栏板装饰（编码：011503）

项目编码	项目名称	项 目 特 征	计量单位	工程量计算规则	工 作 内 容
011503001	金属扶手、栏杆、栏板	1. 扶手材料种类、规格 2. 栏杆材料种类、规格 3. 栏板材料种类、规格、颜色 4. 固定配件种类 5. 防护材料种类	m	按设计图示以扶手中心线长度（包括弯头长度）计算	1. 制作 2. 运输 3. 安装 4. 刷防护材料
011503002	硬木扶手、栏杆、栏板				
011503003	塑料扶手、栏杆、栏板				
011503004	GRC栏杆、栏板	1. 栏杆的规格 2. 安装间距 3. 扶手类型规格 4. 填充材料种类			
011503001	金属扶手、栏杆、栏板	1. 扶手材料种类、规格 2. 栏杆材料种类、规格 3. 栏板材料种类、规格、颜色 4. 固定配件种类 5. 防护材料种类			
011503002	硬木扶手、栏杆、栏板				
011503003	塑料扶手、栏杆、栏板				
011503004	GRC栏杆、栏板	1. 栏杆的规格 2. 安装间距 3. 扶手类型规格 4. 填充材料种类			
011503005	金属靠墙扶手	1. 扶手材料种类、规格 2. 固定配件种类 3. 防护材料种类			
011503006	硬木靠墙扶手				
011503007	塑料靠墙扶手				
011503008	玻璃栏板	1. 栏杆玻璃的种类、规格、颜色 2. 固定方式 3. 固定配件种类			

表 6.6.4　　　　　　　暖气罩（编号：011504）

项目编码	项目名称	项 目 特 征	计量单位	工程量计算规则	工 作 内 容
011504001	饰面板暖气罩	1. 暖气罩材质 2. 防护材料种类	m²	按设计图示尺寸以垂直投影面积（不展开）计算	1. 暖气罩制作、运输、安装 2. 刷防护材料
011504002	塑料板暖气罩				
011504003	金属暖气罩				

6.6.5 浴厕配件工程清单工程量计算规则

（1）洗漱台工程量计算规则（表 6.6.5）：

1）按设计图示尺寸以台面外接矩形面积计算。不扣除孔洞、挖弯、削角所占面积，挡板、吊沿板面积并入台面面积内。

2）按设计图示数量计算。

（2）晒衣架、帘子杆、浴缸拉手、卫生间扶手、毛巾杆（架）、毛巾环、卫生纸盒、肥皂盒、镜箱工程量计算规则（表 6.6.5）：按设计图示数量计算。

（3）镜面玻璃工程量计算规则（表 6.6.5）：按设计图示尺寸以边框外围面积计算。

表 6.6.5 浴厕配件（编号：011505）

项目编码	项目名称	项 目 特 征	计量单位	工程量计算规则	工 作 内 容
011505001	洗漱台	1. 材料品种、规格、颜色 2. 支架、配件品种、规格	1. m² 2. 个	1. 按设计图示尺寸以台面外接矩形面积计算。不扣除孔洞、挖弯、削角所占面积，挡板、吊沿板面积并入台面面积内 2. 按设计图示数量计算	1. 台面及支架、运输、安装 2. 杆、环、盒、配件安装 3. 刷油漆
011505002	晒衣架				
011505003	帘子杆		个	按设计图示数量计算	
011505004	浴缸拉手				
011505005	卫生间扶手				
011505006	毛巾杆（架）	1. 材料品种、规格、颜色 2. 支架、配件品种、规格	套	按设计图示数量计算	1. 台面及支架制作、运输、安装 2. 杆、环、盒、配件安装 3. 刷油漆
011505007	毛巾环		副		
011505008	卫生纸盒		个		
011505009	肥皂盒				
011505010	镜面玻璃	1. 镜面玻璃品种、规格 2. 框材质、断面尺寸 3. 基层材料种类 4. 防护材料种类	m²	按设计图示尺寸以边框外围面积计算	1. 基层安装 2. 玻璃及框制作、运输、安装
011505011	镜箱	1. 箱体材质、规格 2. 玻璃品种、规格 3. 基层材料种类 4. 防护材料种类 5. 涂料品种、涂装遍数	个	按设计图示数量计算	1. 基层安装 2. 箱体制作、运输、安装 3. 玻璃安装 4. 刷防护材料、油漆

6.6.6 雨篷、旗杆工程清单量计算规则

（1）雨篷吊挂饰面、玻璃雨篷工程量计算规则（表 6.6.6）：按设计图示尺寸以水平投影面积计算。

（2）金属旗杆工程量计算规则（表 6.6.6）：按设计图示数量计算。

表 6.6.6 雨篷、旗杆（编号 011506）

项目编码	项目名称	项目特征	计量单位	工程量计算规则	工作内容
011506001	雨篷吊挂饰面	1. 基层类型 2. 龙骨材料种类、规格、中距 3. 面层材料品种、规格 4. 吊顶（天棚）材料品种、规格 5. 嵌缝材料种类 6. 防护材料种类	m²	按设计图示尺寸以水平投影面积计算	1. 底层抹灰 2. 龙骨基层安装 3. 面层安装 4. 刷防护材料、油漆
011506002	金属旗杆	1. 旗杆材料、种类、规格 2. 旗杆高度 3. 基础材料种类 4. 基座材料种类 5. 基座面层材料、种类、规格	根	按设计图示数量计算	1. 土石挖、填、运 2. 基础混凝土浇筑 3. 旗杆制作、安装 4. 旗杆台座制作、饰面
011506003	玻璃雨篷	1. 玻璃雨篷固定方式 2. 龙骨材料种类、规格、中距 3. 玻璃材料品种、规格 4. 嵌缝材料种类 5. 防护材料种类	m²	按设计图示尺寸以水平投影面积计算	1. 龙骨基层安装 2. 面层安装 3. 刷防护材料、油漆

6.6.7 招牌、灯箱工程清单工程量计算规则

（1）平面。箱式招牌工程量计算规则（表 6.6.7）：按设计图示尺寸以正立面边框外围面积计算。复杂形的凸凹造型部分不增加面积。

（2）竖式标箱、灯箱、信报箱工程量计算规则（表 6.6.7）：按设计图示数量计算。

表 6.6.7 招牌、灯箱（编号：011507）

项目编码	项目名称	项目特征	计量单位	工程量计算规则	工作内容
011507001	平面、灯式招牌	1. 箱体规格 2. 基层材料种类 3. 面层材料种类 4. 防护材料种类	m²	按设计图示尺寸以正立面边框外围面积计算。复杂形的凸凹造型部分不增加面积	1. 基层安装 2. 箱体及支架制作、运输、安装 3. 面层制作、安装 4. 刷防护材料、油漆
011507002	竖式标箱			按设计图示数量计算	
011507003	灯箱		个		
011507004	信报箱	1. 箱体规格 2. 基层材料种类 3. 面层材料种类 4. 防护材料种类 5. 户数			

6.6.8 美术字工程清单工程量计算规则

美术字工程量计算规则（表 6.6.8）：按设计图示数量计算。

表 6.6.8　　　　　　　　　　　美术字 （编号 011508）

项目编码	项目名称	项 目 特 征	计量单位	工程量计算规则	工 作 内 容
011508001	泡沫塑料字	1. 基层类型 2. 镂字材料品种、颜色 3. 字体规格 4. 固定方式 5. 涂料品种、涂装遍数	个	按设计图示数量计算	1. 字制作、运输、安装 2. 刷油漆
011508002	有机玻璃字				
011508003	木质字				
011508004	金属字				
011508005	吸塑字				

任务 6.7 措 施 项 目

装饰装修工程措施项目是与实体项目相对应的，是为完成装饰工程项目的施工，发生于装饰工程施工前和施工过程中技术、生活、安全等方面的非工程实体项目。按照《计价规范》，根据装饰工程措施项目的工程量计算方法和清单编制方式的不同，其措施项目可分为两类：一是单价措施项目；二是安全文明施工及其他措施项目。

6.7.1　单价措施项目

单价措施项目有脚手架、垂直运输机械、大型机械设备进出场及安拆、施工排水、施工降水等。

装饰工程措施项目中的单价措施项目，如脚手架、垂直运输机械等，在《计量规范》中列出了项目编码、项目名称、项目特征、计量单位和工程量计算规则，工程量清单的编制人（招标人）应按分部分项工程的规定执行。本节仅介绍脚手架工程，其他单价措施项目在装饰工程涉及较少，本书不再介绍。

脚手架工程的项目编码、项目名称等见表 6.7.1。

表 6.7.1　　　　　　　　　　脚手架工程 （编号：011701）

项目编码	项目名称	项 目 特 征	计量单位	工程量计算规则	工 作 内 容
011701001	综合脚手架	1. 建筑结构形式 2. 檐口高度	m²	按建筑面积以平方米计算	1. 场内、场外材料搬运 2. 搭、拆脚手架、斜道、上料平台 3. 安全网的铺设 4. 选择附墙点与主体连接 5. 测试电动装置、安全锁等 6. 拆除脚手架后材料的堆放
011701002	外脚手架	1. 搭设方式 2. 搭设高度 3. 脚手架材质			1. 场内、场外材料搬运 2. 搭、拆脚手架、斜道、上料平台 3. 安全网的铺设 4. 拆除脚手架后材料的堆放
011701003	里脚手架				

续表

项目编码	项目名称	项 目 特 征	计量单位	工程量计算规则	工 作 内 容
011701004	悬空脚手架	1. 搭设方式 2. 搭设高度 3. 脚手架材质	m²	按所服务对象的垂直投影面积计算	1. 场内、场外材料搬运 2. 搭、拆脚手架、斜道、上料平台 3. 安全网的铺设 4. 拆除脚手架后材料的堆放
011701005	挑脚手架		m	按搭设长度乘以搭设层数以延长米计算	
011701006	满堂脚手架	1. 搭设方式 2. 搭设高度 3. 脚手架材质	m²	按搭设的水平投影面积计算	
011701008	外装饰吊篮	1. 升降方式及启动装置 2. 搭设高度及吊篮型号	m²	按所服务对象的垂直投影面积以平方米计算	1. 场内、场外材料搬运 2. 吊篮的安装 3. 测试电动装置、安全锁、平衡控制器等 4. 吊篮的拆卸

注 1. 使用综合脚手架时，不再使用外脚手架、里脚手架等单项脚手架；综合脚手架适用于能够按"建筑面积计算规则"计算建筑面积的建筑工程脚手架，不适用于房屋加层、构筑物及附属工程脚手架。

2. 同一建筑物有不同檐高时，按建筑物竖向切面分别按不同檐高列清单项目。

3. 整体提升架已包括 2m 高的防护架体设施。

4. 脚手架材质可以不描述，但应注明由投标人根据工程实际情况按照国家现行标准《建筑施工扣件式钢管脚手架安全技术规范》(JGJ 130—2011)、《建筑施工附着升降脚手架管理暂行规定》(建建〔2000〕230 号)等规范自行确定。

6.7.2　安全文明施工及其他措施项目

安全文明施工及其他措施项目工程量清单项目设置、计量单位、工作内容、包含范围应该按表应按表 6.7.2 的规定执行。

表 6.7.2　　安全文明施工及其他措施项目 (编号：011707)

项目编码	项目名称	工作内容及包含范围
011707001	安全文明施工	1. 环境保护：现场施工机械设备降低噪声、防扰民措施等；水泥和其他易飞扬细颗粒建筑材料密闭存放或采取覆盖措施等；工程防扬尘洒水；土石方、建渣外运车辆防护措施等；现场污染源的控制、生活垃圾清理外运、场地排水排污措施；其他环境保护措施 2. 文明施工："五牌一图"；现场围挡的墙面美化(包括内外粉刷、刷白、标语等)、压顶装饰；现场厕所便槽刷白、贴面砖，水泥砂浆地面或地砖，建筑物内临时便溺设施；其他施工现场临时设施的装饰装修、美化措施；现场生活卫生设施；符合卫生要求的饮水设备、淋浴、消毒等设施；生活用洁净燃料；防煤气中毒、防蚊虫叮咬等措施；施工现场操作场地的硬化；现场绿化、治安综合治理；现场配备医药保健器材、物品和急救人员培训；现场工人的防暑降温、电风扇、空调等设备及用电；其他文明施工措施 3. 安全施工：安全资料、特殊作业专项方案的编制，安全施工标志的购置及安全宣传；"三宝"(安全帽、安全带、安全网)、"四口"(楼梯口、电梯井口、通道口、预留洞口)、"五临边"(阳台周边、楼板围边、屋面围边、槽坑周边、卸料平台两侧)，水平防护架、垂直防护架、外架封闭等防护；施工安全用电，包括配电箱三级配电、两级保护装置要求、外电防护措施；起重机、塔吊等起重设备(含井架、门架)及外用电梯的安全防护措施(含警示标志)及卸料平台的临边防护、层间安全门、防护棚等设施；建筑地起重机械的检验检测；施工机具防护棚及其围栏的安全保护设施；施工安全防护通道；工人的安全防护用品、用具购置；消防设施与消防器材的配置；电气保护、安全照明设施；其他安全防护措施 4. 临时设施：施工现场采用彩色、定型钢板，砖、混凝土砌块等围挡的安砌、维修、拆除；施工现场临时建筑物、构筑物的搭设、维修、拆除，如临时宿舍、办公室、食堂、厨房、厕所、诊所、所内临时文化福利用房、临时仓库、加工场、搅拌台、临时简易水塔、水池等；施工现场临时设施的搭设、维修、拆除，如临时供水管道、临时供电管线、小型临时设施等；施工现场规定范围内临时简易道路铺设，临时排水沟、排水设施安砌、维修、拆除；其他临时设施搭设、维修、拆除

项目编码	项目名称	工作内容及包含范围
011707002	夜间施工	1. 夜间固定照明灯具和临时可移动照明灯具的设置、拆除 2. 夜间施工时,施工现场交通标志、安全标牌、警示灯等的设置、移动、拆除 3. 包括夜间照明设备及照明用电、施工人员夜班补助、夜间施工劳动效率降低等
011707003	非夜间施工照明	为保证工程施工正常进行,在地下室等特殊施工部位施工时所采用的照明设备的安拆、维护及照明用电等
011707004	二次搬运	由于施工场地条件限制而发生的材料、成品、半成品等一次运输不能到达堆放地点,必须进行的二次或多次搬运
011707005	冬雨季施工	1. 冬雨(风)季施工时增加的临时设施(防寒保温、防雨、防风设施)的指设、拆除 2. 冬雨(风)季施工时,对砌体、混凝土等采用的特殊加温、保温和养护措施 3. 冬雨(风)季施工时,施工现场的防滑处理、对影响施工的雨雪的清除 4. 包括冬雨(风)季施工时增加的临时设施、施工人员的劳动保护用品、冬雨(风)季施工劳动效率降低等
011707006	地上、地下施工、建筑物的临时保护设施	在工程施工过程中,对已建成的地上、地下设施和建筑物进行的逃盖、封闭、隔离等必要保护措施
011707007	已经完成工程及设备保护	对已完工程及设备采取的覆盖、包要、封闭、隔离等必要保护措施

注 本表所列项目应该根据实际情况计算措施项目费用,需分摊的应合理计算摊销费用。

本 章 小 结

装饰装修工程工程量清单项自分为两部分:①实体项目,即分部分项工程项目;②措施项目。实体项目分为 6 个分部工程,即楼地面工程,墙柱面工程,天棚工程,门窗装饰工程,油漆、涂料、楼相工程,其他工程。措施项目可分为两类:①单价措施项目(本书只讲脚手架工程部分);②安全文明施工及其他措施项目。清单项目按照《计量规范》附录要求进行设置。

清单项目按《计量规范》附录规定的计量单位和工程量计算规则进行计算。清单工程量,是按工程实体净尺寸计算的。采用清单计价,工程量计算主要有两部分内容:①核算招标工程量清单所提供的清单项目的清单工程量是否准确;②计算每一个清单主体项目及所组合的辅助项目的计价工程量,以便分析综合单价。

1. 综合单价的计算方法

清单项目的综合单价按《计量规范》附录规定的项目特征采用定额组价来确定。定额组价是采用辅助项目随主体项目计算,将不同工程内容的辅助项目组合在一起,计算出主体项目的综合单价。

2. 综合单价的计算步骤

(1)核算清单工程量。

(2)计算计价工程量。

（3）选套定额、确定人材机单价、计算人材机费用。

（4）确定费率，计算管理费、利润。

（5）计算风险费用。

（6）计算综合单价。

技　能　训　练

1. 以所在教室为案例，计算分部分项工程量与编制工程量清单。

2. 以编制的教室工程量清单结果，编制工程量清单综合单价分析表，其中管理费取值为人工费＋机械费的 27.3%，利润为人工费＋机械费的 7.06%，风险因素不考虑，以 2013 版《广西定额》作为参考进行计算。

项目7　装饰装修工程施工图预算编制

【内容提要】

以实训楼精装房样板间为案例，演示并讲解施工图预算书的编制过程以及方法，且主要内容是工程量清单计价模式下装饰装修工程施工图预算编制方法，以及招标工量清单编制、工程量清单计价编制程序。定额计价法只介绍编制内容及方法，不进行实例编制讲解，重点讲解清单计价法的实例编制。

【知识目标】

1. 了解施工图预算的基本概念、施工图预算包含的内容和编制依据。

2. 理解施工图预算在工程造价中的作用和所涵盖的范畴。

3. 掌握定额计价法和清单计价法编制施工图预算的方法和步骤。

【能力目标】

1. 能够解释定额计价法和清单计价法在实际应用中的不同特点。

2. 能够应用定额计价法编制装饰工程预算书，能够进行定额换算。

3. 能够应用清单计价法编制装饰工程工程量清单，编制装饰工程投标报价书，能够进行清单项目的综合单价分析。

任务7.1　概　　述

7.1.1　装饰装修工程施工图预算的概念

从设计角度理解，施工图预算是由设计单位在施工图设计完成后，根据设计图纸、现行预算定额、费用定额以及地区设备、材料、人工、机械台班等预算价格编制和确定的单位工程或单项工程预算造价的技术经济文件，施工图预算是施工图设计文件的重要组成部分。

从建设工程招投标角度理解，招标控制价、投标报价等均属于施工图预算范畴；从施工单位角度理解，工程预算造价、工程结算、确定工程合同价款等，也属于施工图预算范畴，都可以采用施工图预算的编制方法确定其预算价格。

施工图预算一般以单位工程为确定工程造价的基本单元，各单位工程预算汇总为单项工程预算，最后汇总为建设项目总预算。装饰装修工程施工图预算属于单位工程预算，可以是建设项目总预算的组成部分，也可以作为独立的工程造价文件，用于工程招投标或工程发包与承包。编制装饰装修工程施工图预算的计价方式包括定额计价法和清单计价法两种。

施工图预算在建设工程造价管理上具有极其重要的作用。对建设单位而言，施工图预算既是控制工程造价及合理使用资金的依据，也是确定工程招标控制价或工程合同价款的依据；又是施工过程中进度款拨付及工程结算的依据。对施工单位而言，施工图预算既是确定工程预算造价或投标报价的依据，也是施工前准备及施工中劳动力、材料、施工机械组织等方面的依据，又是控制工程施工成本的依据。对政府机关而言，施工图预算是工程造价管理部门监督检查定额执行情况、测算造价指数、审核工程造价的重要依据。

7.1.2　装饰装修工程施工图预算编制依据

由于编制施工图预算的主体或采取的计价方式不同，装饰装修工程施工图预算编制的依据也有所差别，但总的要求基本是一致的。例如以施工单位为编制主体，其施工图预算（以投标报价为例）编制依据主要包括以下几点。

（1）国家或省级、行业建设主管部门颁发的计价定额和计价办法，计价定额主要包括现行的预算定额或单位估价表，计价办法主要包括现行的费用定额中规定的计价程序及取费标准。装饰装修工程有单独的预算定额或单位估价表。采用清单计价法编制装饰装修工程施工图预算，应执行《计价规范》以及《计量规范》的具体要求。

（2）施工图纸、设计说明及标准图集施工图纸应经过相关部门会审批准通过，其中"图纸会审纪要"也应作为装饰装修工程施工图预算编制的依据。通过对施工图纸、设计说明及标准图集分析解读，可以熟悉装饰工程的设计要点、施工内容、工艺结构等装饰装修工程的基本情况。

（3）施工组织设计或施工方案。通过施工组织设计或施工方案，可以充分了解装饰装修工程中各分部分项工程的施工方法、材料组成及应用、施工进度计划、施工机械选择、采取的措施项目（包括单价措施项目，即技术措施，总价措施项目，即组织措施）等内容，是确定预算项目或清单项目、计算工程量、计算措施项目费的重要依据。

（4）招标文件。施工单位在编制投标报价时，必须严格执行招标文件中有关报价方式，取费标准、造价构成、报价格式等方面的要求，对招标文件给予积极的响应，招投标过程中的"补充通知、答疑纪要"等也应作为装饰装修工程施工图预算编制的依据。以清单计价方式编制投标报价时，招标文件中的工程量清单及有关要求由甲方负责编制，是投标报价最重要的依据。

（5）企业定额。自从国家颁布《计价规范》以来，企业定额作为编制装饰装修工程施工图预算的依据，越来越得到企业的重视。装饰企业应组织专业技术人员，参照省级、行业建设主管部门颁发的预算定额，编制与本企业技术水平和管理水平相适应的企业定额。企业定额应以确定人、材、机消耗量为核心，以综合单价为企业定额的计价方式，以达到快速准确编制装饰装修工程施工图预算的目的。

（6）市场价格信息。一般情况下，编制装饰装修工程施工图预算时，应以工程造价管理机构发布的工程造价信息为依据。由于装饰装修工程涉及材料品种、规格、花色较多，新材料新工艺层出不穷，更新换代频繁，所以更多情况下，编制装饰装修工程施工图预算以市场价格信息为依据，装饰企业应建立并完善企业市场询价体系，随时关注了解市场价格信息变化，为编制装饰装修工程施工图预算提供及时准确的市场参考价格。

（7）其他的相关资料。主要包括技术性资料和工具性资料，如与装饰装修工程相关的标准、规范等技术资料，装饰材料手册，装饰五金手册等。这些资料包含有各种装饰装修工程技术数据、常用计算公式、材料品种规格及物理参数、装饰五金种类及应用等，是编制装饰装修工程施工图预算必备的基础数据和应用工具，可以大大加快施工图预算编制的速度。

7.1.3　装饰装修工程施工图预算编制内容

7.1.3.1　装饰装修工程施工图预算内容

装饰装修工程施工图预算属于单位工程预算，其编制内容包括：确定分部分项工程费用；确定措施项目费用，包括单价措施项目费用即技术措施费用、总价措施项目费用即组织措施费用；确定企业管理费、规费、利润、税金等；然后汇总为单位工程预算造价；最后按照一定的文本格式要求，编制成装饰装修工程预算书或投标报价书。为准确确定各项费用，装饰装修工程施工图预算同时还涉及分项工程划分（预算项目或清单项目）、工程量计算、计价参照基数、费用计算程序等各方面内容。另外采取不同的计价方式，上述各项费用的确定程序、计算公式、取费标准有很大的区别，本章以定额计价法和清单计价法两种计价方式分别进行叙述。

7.1.3.2　装饰装修工程施工图预算编制方法

目前装饰装修工程施工图预算的编制方法，有定额计价法和清单计价法两种。其中定额计价法又包括工料单价法和实物法，清单计价法又包括综合单价法和全费用单价法。

1. 定额计价法

定额计价法中的工料单价法，是根据装饰装修工程预算定额，按分部分项工程的顺序确定预算项目，先计算出各分项工程工程量，然后再乘以对应定额子目的基价和人工费、材料费、机械费单价，求出各分项工程的费用和人工费、材料费、机械费，汇总即为单位工程的分部分项工程费及其中的人工费、材料费、机械费；最后按照规定的计价规则，计算措施项目费（其中单价措施费与分部分项工程费计算方法一样，总价措施项目费按计价基数乘以费率计算）、企业管理费、规费、利润、税金等，从而生成单位工程施工图预算，即装饰装修工程施工图预算。

2. 清单计价法

清单计价法包括工程量清单编制和工程量清单计价两个环节。其中工程量清单由甲方负责编制，或甲方委托造价咨询公司编制，是招标文件的重要组成部分，工程量清单计价由乙方负责编制。清单计价法实际上是由甲方负责"量"，乙方负责"价"来共同完成的，这也体现了清单计价法"各负其责量价分离"的特点。

清单计价法中的综合单价法，是根据《计价规范》和《计量规范》的规定，参照企业定额和地区装饰装修工程预算定额，确定清单项目；再以市场人工工日单价、材料价格、机械台班价格为依据，对清单项目的综合单价进行分析，综合单价中包括人工费、材料费、机械费、管理费、利润、风险因素等；然后以综合单价乘以各清单项目工程量，求出各清单项目的费用和人工费、材料费、机械费、管理费、利润；汇总即得到单位工程的分部分项工程费及其中的人工费、材料费、机械费、管理费、利润；最后按照规定的计价规则，计算措施项目费（其中单价措施费与分部分项工程费计算方法一样，总价措施项目费按计价基数乘以费率计算）、其他项目费、规费、税金等，从而生成单位工程施工图预算，即装饰装修工程施工图预算。

应用综合单价法编制装饰装修工程施工图预算时，应保证清单项目的项目编码、项目名称、计量单位、工程量计算规则四个统一，即严格执行《计量规范》的要求。项目特征和工程内容应按施工图纸和工程实际情况确定，《计量规范》的内容主要作为提示和参考。为保证预算造价与工程实际造价更接近，同时便于施工过程中工程造价管理，在进行综合单价分析时，主要材料的价格应列为暂估单价在综合单价分析表中标明。

清单计价法中的全费用单价法，是在分析清单项目单价时，将所有的价格影响因素全部考虑进去，得出清单项目的全费用单价，全费用单价包括了清单项目的人工费、材料费、机械费、管理费、利润或酬金、措施费、规费、税金等，同时还包括合同约定的所有工料价格变化风险等一切费用，以全费用单价乘以各清单项目工程量，汇总即生成单位工程施工图预算。

应用全费用单价法编制单位工程施工图预算的程序非常简单，但在确定全费用单价时必须细致分析所着价格影响因素，特别是对市场价格变化带来的风险因素应有充分的考虑，具体应用中对工程造价人员的综合素质有很高的要求。全费用单价法是一种国际上比较通行的工程造价计价方式，目前在我国的应用还不很普及。

7.1.3.3　装饰装修工程施工图预算文本格式

1. 定额计价法文本格式

定额计价法目前还没有规定统一的文本格式，装饰企业可以根据装饰装修工程实际的情况，编制适合的装饰装工程预算文本格式。

（1）封面内容包括建设单位名称、工程名称、工程总造价、编制单位名称、编制人员及其证章、审核人员及其证章、编制单位盖章、编制日期等内容。

（2）编制说明主要内容包括工程概况、编制概况、依据的预算定额、取费标准、材料价格、图纸、工程量计算等方面的文字说明。

（3）单位工程造价汇总表按照定额计价规则规定的程序、计算方法、费率标准计算单位工程预算，包括分部分项工程费、措施项目费、企业管理费、规费、利润、税金等的计算。

（4）分部分项工程费表套预算定额子目，计算分部分项工程费，其中单价措施项目费也应用此表计算。

（5）工程量计算表包括分项工程工程量的单位、数量和计算过程。

（6）定额换算明细表对分项工程的定额基价及其中的人、材、机费用单价进行调整或换算，套定额计算分部分项工程费时，应套用换算后的定额。

（7）甲供主材明细表包括甲方提供的主要材料品种、规格、数量、单价、合价等。

2. 清单计价法中工程量清单的文本格式

清单计价法中工程量清单由甲方负责编制，或由甲方委托的工程造价咨询企业编制，其文本格式参照《计价规范》中的标准样表，甲方在编制装饰装修工程工程量清单时可酌情参照执行。

《计价规范》中规定工程量清单文本格式，包括 14 张表格，在编制装饰装修工程工程量清单时，根据装饰装修工程的实际情况，可以省略其中的一些表格。标准参考样表的使用应遵照《计价规范》第 16 章"工程计价表格"的要求，以工程招标工程量清单为例，从《计价规范》的附录中摘录的标准参考样表目录如下，其中表格编号均遵照清单计价规范中的表格编号。

封-1 招标工程量清单

扉-1 招标工程量清单

表-01 工程计价总说明

表-08 分部分项工程和单价措施项目清单

表-11 总价措施项目清单

表-12 其他项目清单汇总表

表-12-1 暂列金额明细表

表-12-2 材料（工程设备）暂估单价表

表-12-3 专业工程暂估价表

表-12-4 计日工表

表 12-5 总承包服务费计价表

表-13 规费、税金项目计价表

表-20 发包人提供材料和工程设备一览表

表-21 承包人提供主要材料和工程设备一览表

3. 清单计价法中工程量清单计价的文本格式

根据《计价规范》中，针对不同的工程造价管理和计价活动的要求，清单计价法中工程量清单计价的文本格式也有标准参考样表，在编制装饰装修工程工程量清单计价时可酌情参照执行。

以装饰装修工程投标报价书为例，《计价规范》中规定投标报价文本格式，包括 19 张表格，在编制装饰装修工程投标报价时，根据装饰装修工程的实际情况，可以省略其中的一些表格。标准参考样表的使用应遵照《计价规范》第 16 章"工程计价表格"的要求，从《计价规范》的附录中摘录的标准参考样表目录如下，其中表格编号均遵照清单计价规范中的表格编号。

封-3 投标总价

扉-3 投标总价

表-01 工程计价总说明

表-02 建设项目投标报价汇总表

表-03 单项工程投标报价汇总表

表-04 单位工程投标报价汇总表

表-08 分部分项工程和单价措施项目清单与计价表

表-09 综合单价分析表

表-11 总价措施项目清单与计价表

表-12 其他项目清单与计价汇总表

表-12-1 暂列金额明细表

表-12-2 材料（工程设备）暂估单价表

表-12-3 专业工程暂估价表

表-12-4 计日工表

表-12-5 总承包服务费计价表

表-13 规费、税金项目计价表

表-16 总价项目进度款支付分解表

表-20 发包人提供材料和工程设备一览表

表-21 承包人提供主要材料和工程设备一览表

还可参照 7.2.3 清单计价模式下装饰装修工程投标报价书编制实例的表格。

7.1.4　装饰装修工程施工图预算编制步骤

7.1.4.1　定额计价法施工图预算编制步骤

以编制"装饰装修工程预算书"为例。

（1）准备资料。熟悉施工图纸、施工组织设计、预算定额、工程量计算规则、取费标准、地区材料预算价格、市场价格信息、招标文件等。

（2）列预算项目。根据设计图纸及装饰装修工程工艺特点和工作内容，参照预算定额的项目组成，列出分项工程预算项目。定额计价法一般以装饰装修工程施工工艺特点、施工工序、材料种类及规格等因素，来确定分项工程子目项目。

（3）工程量计算。根据装饰装修工程各大分部说明中规定的工程量计算规则，按照一定的计算顺序和方法，计算出所列分项工程预算项目的工程量，汇总整理计算数据，编制工程量计算表。

（4）定额换算。当定额项目的工作内容或价格，与设计的实际工作内容或价格不一致时，或材料的市场价格与预算价格不一致时，应对定额项目中的人、材、机费用单价以及定额基价进行调整，从而得到一个符合实际情况的新定额，换算后的定额编号前或后加"换"字或加"H"，汇总编制定额换算明细表。

（5）套定额。根据分项工程的项目特征，在消耗量定额中找出相对应的子目，套用子目中的基价和人工费、材料费、机械费单价，乘以工程量，计算出各分项工程费（合价）和其中的人工费、材料费、机械费，汇总即为单位工程的分部分项工程费和其中的人工费、材料费、机械费。

（6）计算工程造价。将上面计算的数据汇总到单位工程造价汇总表，按照规定的计价基数、取费标准、计算程序，分别计算措施项目费、企业管理费、利润、规费、税金等，得出单位工程预算造价。装饰装修工程中总价措施项目费、企业管理费、利润、规费，均以人工费＋机械费为计价基数，税金以不含税工程造价为计价基数。汇总整理计算数据，编制单位工程造价汇总表。

（7）审核复核。对分项工程预算项目设置、计量单位（定额单位换算）、计算方法和公式、计算结果、取费标准、数据间相互逻辑关系、数字的精确度等进行认真核对，避免项目设置中出现重项、漏项、错项的情况，避免计算过程中计算程序、取费标准、计算方法、数据应用等错误的发生。

（8）编预算书。填写封面和编制说明，按照合适的文本格式打印装订成施工图预算书，编制单位盖章，编制人（审核人）签字盖章。

7.1.4.2 清单计价法工程量清单编制步骤

以编制招标文件中"装饰装修工程工程量清单"为例。

（1）准备资料。熟悉施工图纸、预算定额、清单计价规范、工程量计算规则等，同时要熟悉《计量规范》内容，掌握工程量清单编制程序及应遵循的原则。

（2）列清单项目。根据设计图纸及装饰装修工程工艺特点和工作内容，按照《计量规范》中清单项目设置的要求，参考预算定额的项目组成，列出清单项目。清单项目设置是以完成工程实体为基本要素，这与定额计价的预算项目设置有本质不同。清单项目设置时应细致分析其项目特征和工作内容，按装饰装修工程施工工艺特点和施工工序的要求，编写项目特征及工作内容，才达到能分析其综合单价构成。

（3）计算工程量。根据《计量规范》中规定的清单项目工程量计算规则，按照一定的计算顺序和方法，计算出所列清单项目的工程量，汇总整理计算数据。

（4）分部分项工程量清单。分部分项工程量清单应根据《计量规范》规定的项目编码、项目名称、项目特征、计量单位和工程量计算规则进行编制。其中项目特征应根据装饰装修工程的实际情况，参照《计量规范》中的项目特征和工作内容，同时做到四个统一，即统一项目编码、统一项目名称、统一计量单位和统一工程量计算规则。

（5）措施项目清单。装饰装修工程单价措施项目（技术措施）包括垂直运输、脚手架和成品保护三项。总价措施项目（组织措施）包括安全文明施工（安全施工、文朗施工、环境保护、临时设施）、夜间施工、二次搬运、冬雨季施工、工程定位复测费等，装饰装修工程可增加室内空气污染测试内容，应根据装饰装修工程的实际情况编制。

（6）其他项目清单。先分别列出其他项目的各个分表，包括暂列金额明细表、材料（工程设备）暂估单价表、专业工程暂估价表、计日工表、总承包服务费计价表，这些分表中的内容应根据装饰装修工程的实际情况明确，如果只是具体的金额，可以省略分表。

暂列金额主要考虑不可预见和不确定因素；材料（工程设备）暂估单价一般指主要材料和工程设备价格，编制时主要材料和工程设备价格招标人可以事先规定，也可以由投标单位根据市场信息确定；专业工程暂估价主要考虑工程分包因素，甲购主要材料部分可以视为专业工程暂估价，编制时专业工程暂估价招标人可以事先规定，也可以由投标单位根据市场信息确定；计日工表中人工、材料、机械均为估算的消耗量；总承包服务费主要考虑招标人进行工程分包和自购材料时需要投标单位提供相关的协助，应根据工作内容和复杂程度确定具体金额。汇总整理各个分表数据，编制其他项目清单汇总表。

（7）复核审核。对每一个项目清单的内容，参照《计价规范》和《计量规范》的要求进行认真复核审核。特别对分部分项工程量清单中项目设置、项目特征、计量单位、工程量计算方法和公式、计算结果、数字的精确度等进行认真核对，避免清单项目设置中出现重项、漏项、错项的情况发生。

（8）编工程量清单。填写封面和总说明，参照清单计价规范中规定的文本格式打印装订工程量清单，编制单位盖章，编制人（审核人）签字盖章。

任务7.2　装饰装修工程施工图预算编制实例

7.2.1　工程概况

以实训中心精装房为例，详细设计方案见施工图纸（图7.2.1～图7.2.22）。建设方采取公开招标形式选择装饰公司负责施工，委托某工程造价咨询公司编制该样板房的工程量清单，工程量清单是招标文件的组成部分，与招标文件一起提供给投标单位，某工程造价咨询公司造价人员根据《计价规范》的要求，编制的工程量清单见表7.2.1～表7.2.12。

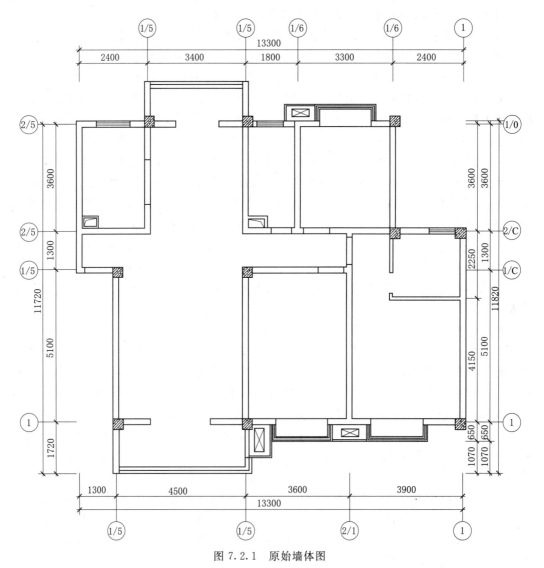

图7.2.1　原始墙体图

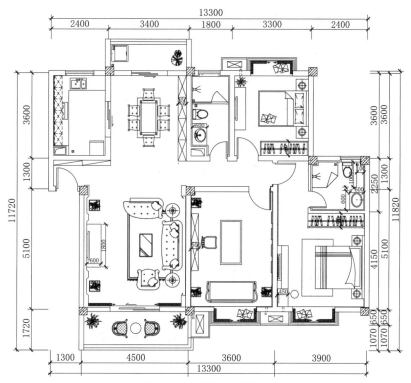

图 7.2.2 平面布置图 1

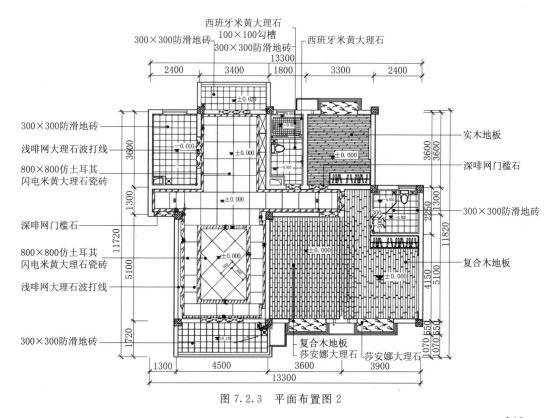

图 7.2.3 平面布置图 2

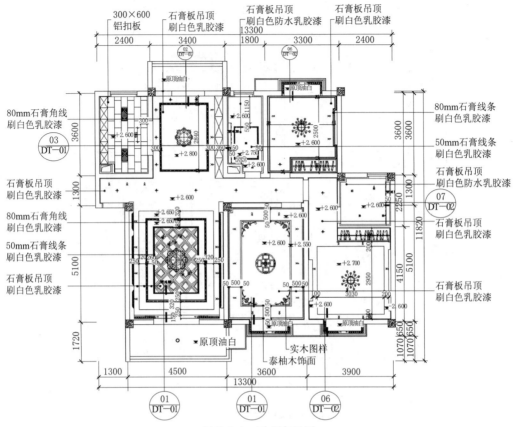

图 7.2.4　天花布置图

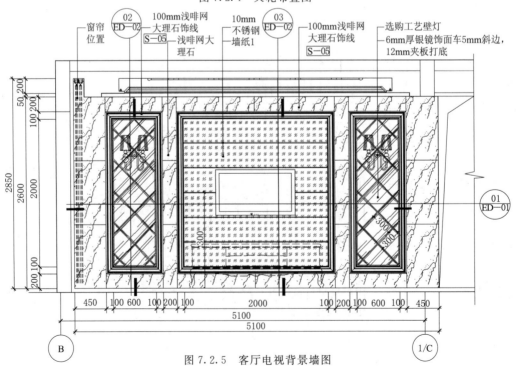

图 7.2.5　客厅电视背景墙图

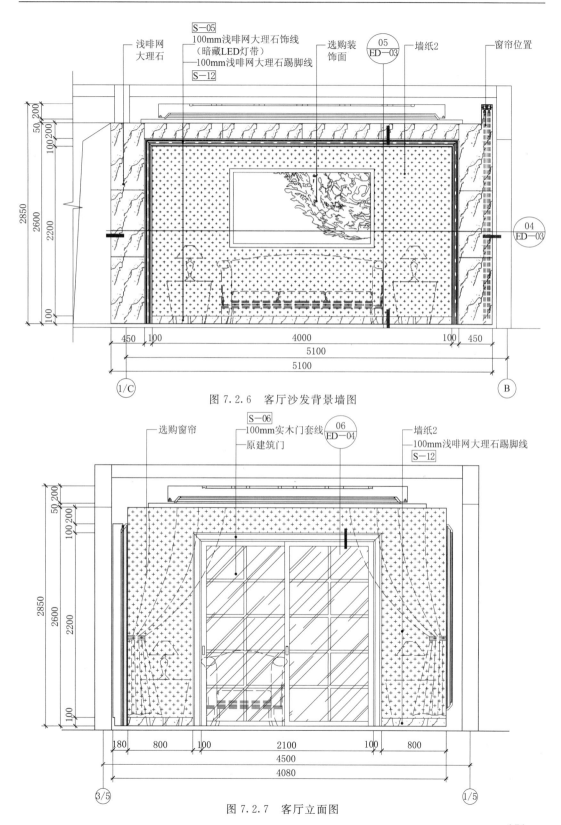

图 7.2.6　客厅沙发背景墙图

图 7.2.7　客厅立面图

151

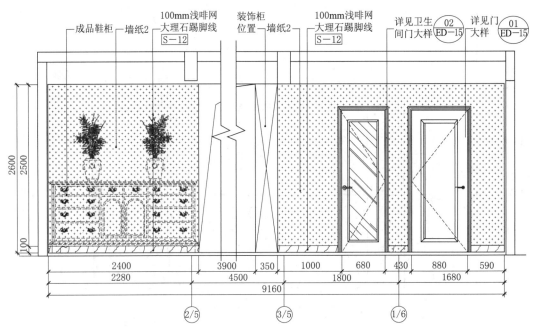

图 7.2.8　过道立面图 1

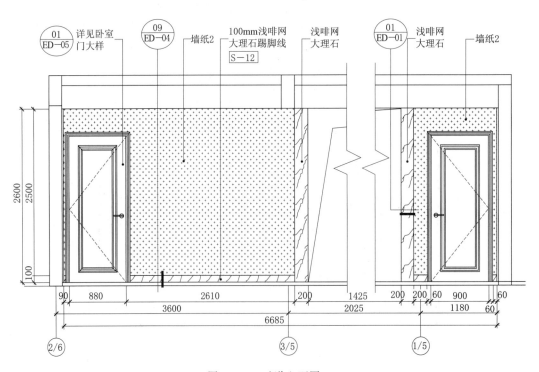

图 7.2.9　过道立面图 2

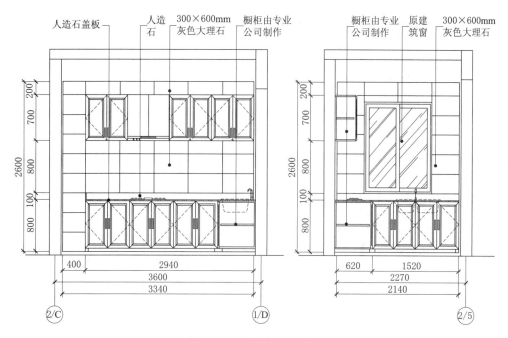

图 7.2.10 厨房立面图 1

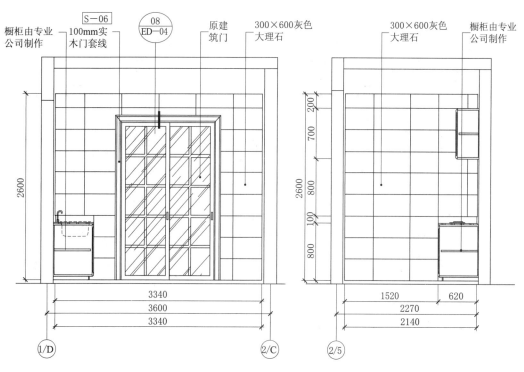

图 7.2.11 厨房立面图 2

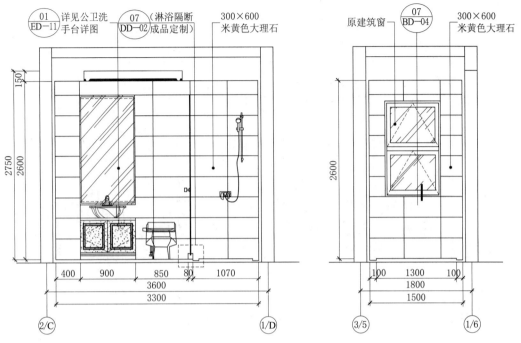

图 7.2.12　客卫立面图 1

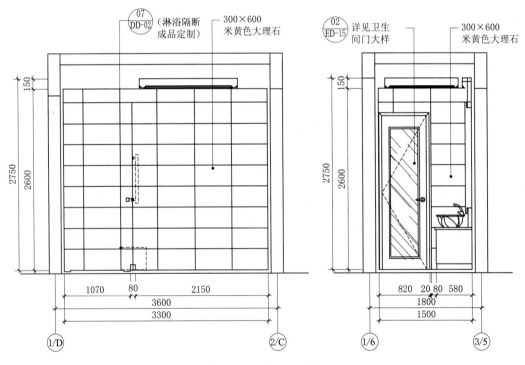

图 7.2.13　客卫立面图 2

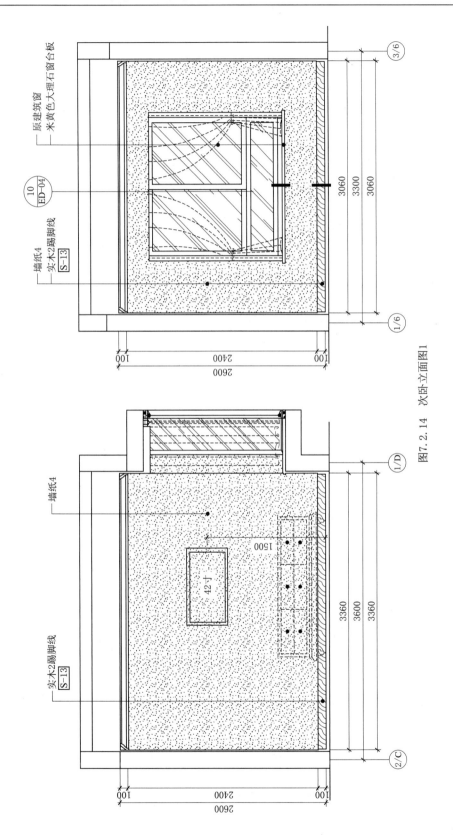

图7.2.14 次卧立面图1

155

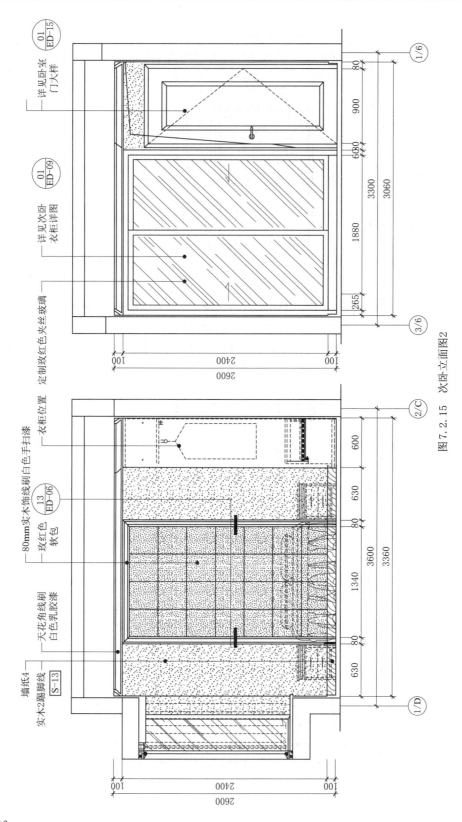

图 7.2.15　次卧立面图2

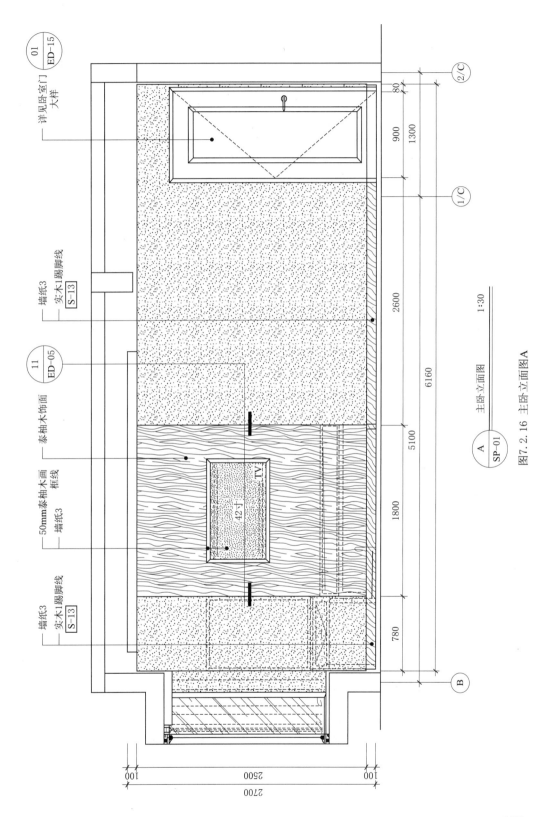

主卧立面图
1:30

A
SP-01
主卧立面图A

图7.2.16 主卧立面图A

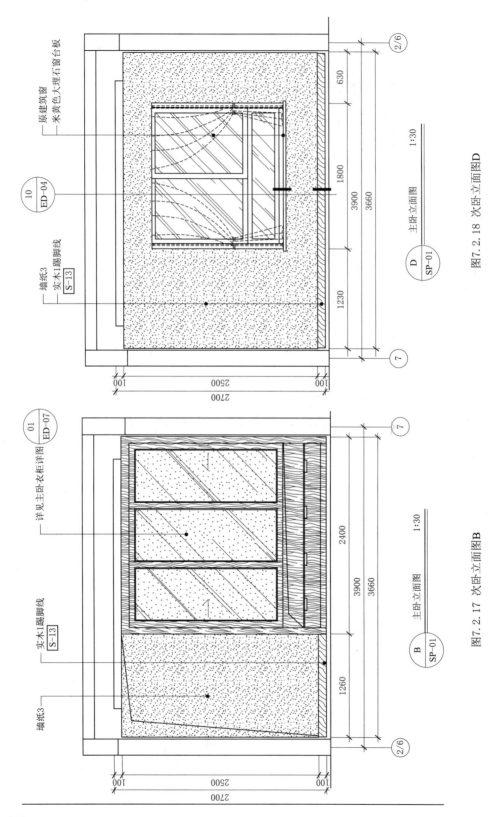

图7.2.18　次卧立面图 D

图7.2.17　次卧立面图 B

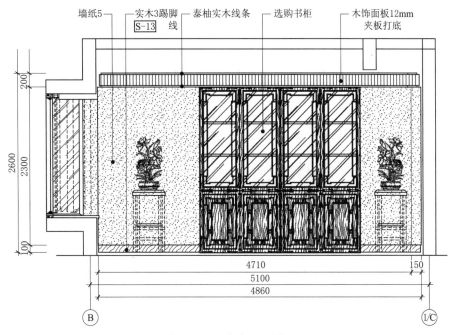

图 7.2.19　书房立面图 1

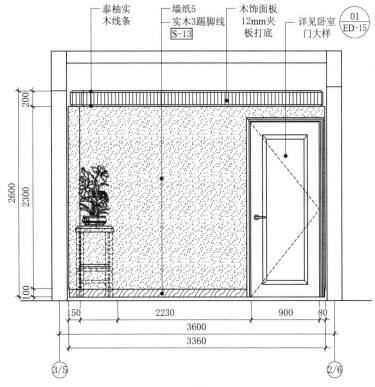

图 7.2.20　书房立面图 2

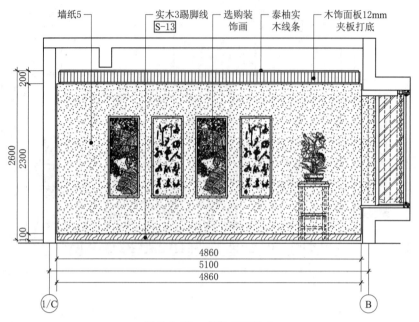

图 7.2.21　书房立面图 3

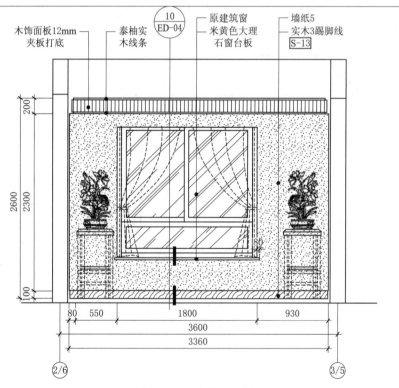

图 7.2.22　书房立面图 4

表 7.2.1　　　　　　　　**招标工程量清单（封面）**

———————实训楼精装房———————**工程**

招标工程量清单

招　标　人：———————————————

（单位盖章）

造价咨询人：———————————————

（单位盖章）

年　月　日

软件名称及版本号：广联达软件 5.3000.6.888

软件测评合格编号：2016J001

封-1

表 7.2.2　　　　　　　　**招标工程量清单（扉页）**

———————实训楼精装房———————**工程**

招标工程量清单

招　标　人：———————————　　　　　造价咨询人：———————————

（单位盖章）　　　　　　　　　　　　　（单位资质专用章）

法定代表人　　　　　　　　　　　　　　法定代表人
或其授权人：———————————　　　　或其授权人：———————————

（签字或盖章）　　　　　　　　　　　　（签字或盖章）

编　制　人：———————————　　　　复　核　人：———————————

（造价人员签字盖专用章）　　　　　　　（造价工程师签字盖专用章）

编制时间：　　年　月　日　　　　　　复核时间：　　年　月　日

扉-1

161

表 7.2.3 　　　　　　　　　　　工 程 计 价 总 说 明

总 　 说 　 明

工程名称:实训楼精装房 　　　　　　　　　　　　　　　　　　　　　　　第 1 页 共 1 页

1)工程概况:建设规模、工程特征、计划工期、合同工期、实际工期、施工现场及变化情况、施工组织设计的特点、自然地理条件、环境保护要求等。

2)工程招标和分包范围。

3)工程量清单编制依据。

4)工程质量、材料、施工等的特殊要求。

5)其他需要说明的问题。

表-01

表 7.2.4 　　　　　　　　　　单位工程投标报价汇总表

单位工程投标报价汇总表

工程名称:实训楼精装房 　　　　　　　　　　　　　　　　　　　　　　　第 1 页 共 1 页

序号	汇 总 内 容	金额/元	备注
1	分部分项工程和单价措施项目清单计价合计		
1.1	其中:暂估价		
2	总价措施项目清单计价合计		
2.1	其中:安全文明施工费		
3	其他项目清单计价合计		
4	税前项目清单计价合计		
5	规费		
6	增值税		

续表

序号	汇 总 内 容	金额/元	备注
7	工程总造价＝1＋2＋3＋4＋5＋6		

表 7.2.5   **分部分项工程和单价措施项目清单与计价表**

工程名称：实训楼精装房   第 1 页 共 3 页

序号	项目编码	项目名称及项目特征描述	计量单位	工程量	综合单价	合价	其中：暂估价
		分部分项工程					
1	011101001001	水泥砂浆找平层 1. 水泥浆一道（内渗建筑胶） 2. 聚氨酯防水层1.5厚 3. 6厚建筑胶水泥砂浆结合层 4. 1∶3水泥砂浆找平 5. 打磨	m²	2.17			
2	011102001001	莎安娜大理石窗台石 1. 水泥浆一道（内渗建筑胶） 2. 6厚建筑胶水泥砂浆结合层 3. 莎安娜大理石窗台石	m²	3.24			

163

序号	项目编码	项目名称及项目特征描述	计量单位	工程量	金额/元		
					综合单价	合价	其中：暂估价
		分部分项工程					
3	011102001002	西班牙米黄大理石 100×100 勾槽 1. 水泥浆一道（内渗建筑胶） 2. 聚氨酯防水层 1.5 厚 3. 6 厚建筑胶水泥砂浆结合层 4. 西班牙米黄大理石 100×100 勾 5mm 槽	m²	1.13			
4	011102001003	西班牙米黄大理石 1. 水泥浆一道（内渗建筑胶） 2. 聚氨酯防水层 1.5 厚 3. 6 厚建筑胶水泥砂浆结合层 4. 西班牙米黄大理石 5. 酸洗打蜡	m²	0.47			
5	011102001004	浅啡网大理石波打线 1. 水泥浆一道（内渗建筑胶） 2. 6 厚建筑胶水泥砂浆结合层 3. 浅啡网大理石波打线 4. 酸洗打蜡	m²	5.97			
6	011102003001	800×800 仿土耳其闪电米黄大理石纹理瓷砖 1. 水泥浆一道（内渗建筑胶） 2. 6 厚建筑胶水泥砂浆结合层 3. 浅啡网大理石波打线 4. 酸洗打蜡	m²	34.49			
7	011102003002	300×300 防滑地砖 1. 水泥浆一道（内渗建筑胶） 2. 聚氨酯防水层 1.5 厚 3. 6 厚建筑胶水泥砂浆结合层 4. 300×300 防滑砖 5. 酸洗打蜡	m²	11.99			
8	011102003003	防滑地砖 1. 水泥浆一道（内渗建筑胶） 2. 聚氨酯防水层 1.5 厚 3. 6 厚建筑胶水泥砂浆结合层 4. 防滑砖	m²	9.62			
9	011104002001	复合木地板 1. 木龙骨 2. 12mm 木夹板（三防处理） 3. 防潮垫 4. 实木地板	m²	16.33			

表-08

164

续表

序号	项目编码	项目名称及项目特征描述	计量单位	工程量	金额/元		
					综合单价	合价	其中：暂估价
		分部分项工程					
10	011104002002	实木地板 1. 木龙骨 2. 12mm 木夹板（三防处理） 3. 防潮垫 4. 实木地板 5. 抛光打蜡	m²	15.34			
11	011104002003	复合实木地板 1. 水泥砂浆找平层 2. 浮铺防潮垫 3. 抛光打蜡	m²	10.18			
12	011108001001	深啡网门槛石 1. 水泥浆一道（内渗建筑胶） 2. 聚氨酯防水层 1.5 厚 3. 6 厚建筑胶水泥砂浆结合层 4. 深啡网门槛石 5. 酸洗打蜡	m²	4.77			
13	桂 011204007001	300×600 灰色大理石 1.300×600 灰色大理石	m²	24.91			
14	桂 011204007002	300×600 米黄色大理石 1. 水泥砂浆找平 2. 干性防水涂料 3. 300×600 米黄色大理石	m²	39.79			
15	011207001001	电视背景墙 1. 30×40 木龙骨 2. 12mm 木夹板打底 3. 浅啡网大理石 4. 6mm 厚银镜饰面车 5mm 斜边 5. 墙纸 1 6. 100mm 浅啡网大理石饰线 7. 10mm 不锈钢线条	m²	26.6			
16	011207001002	玫红色软包 1. 木龙骨骨架 2. 12mm 木夹板打底 3. 9 厚海绵体 4. 80mm 石膏线条	m²	3.6			
17	011207001003	米色软包泰柚木饰面 1. 木龙骨骨架 2. 12mm 木夹板打底 3. 米色皮革软包 4. 100mm 泰木线条	m²	7.14			
18	011207001004	泰柚木饰面装饰板 1. 木龙骨骨架 2. 50mm 实木饰线 3. 12mm 木夹板打底 4. 泰柚木饰面	m²	4.33			
19	011302001001	300×600 铝扣板 1. 300×300 铝合金龙骨 2. 300×600 铝合金扣板吊顶	m²	6.9			

续表

序号	项目编码	项目名称及项目特征描述	计量单位	工程量	金额/元		
					综合单价	合价	其中:暂估价
		分部分项工程					
20	011302001002	石膏板吊顶刷白色乳胶漆 1. C50 轻钢龙骨 2. 9 厚石膏板刮腻子 3. 刷白色乳胶漆	m²	77.14			
21	011302001003	石膏板吊顶刷白色防水乳胶漆 1. 轻钢龙骨 2. 9 厚防水石膏板 3. 白色防水乳胶漆	m²	8.84			
22	011406001001	原顶油白1. 刮防水腻子,白色防水乳胶漆	m²	12.04			
23	011408001001	墙纸1	m²	3.9			
24	011408001002	墙纸2 1. 刮腻子遍数:2 遍 2. 面层材料品种、规格、颜色:墙纸2	m²	54.23			
25	011408001005	墙纸3 1. 刮腻子遍数:2 遍	m²	25.01			
26	011408001003	墙纸4 1. 刮腻子遍数:2 遍 2. 面层材料品种、规格、颜色:墙纸4	m²	15.58			
27	011408001004	墙纸5 1. 刮腻子遍数:2 遍 2. 面层材料品种、规格、颜色:墙纸5	m²	38.91			
		小计					
		∑人工费					
		∑材料费					
		∑机械费					
		∑管理费					
		∑利润					
		合计					
		∑人工费					
		∑材料费					
		∑机械费					
		∑管理费					
		∑利润					

表-08

表 7.2.6　　　　　　　　　　　总价措施项目清单与计价表

总价措施项目清单与计价表

工程名称:实训楼精装房　　　　　　　　　　　　　　　　　　　　　第 1 页　共 1 页

序号	项目编码	项目名称	计算基础	费率/% 或标准	金额/元	备注
		建筑装饰装修工程				
1	桂 011801001001	安全文明施工费	Σ分部分项及单价措施项目 人工费＋材料费＋机械费			
2	桂 011801002001	检验试验配合费				
3	桂 011801003001	雨季施工增加费				
4	桂 011801004001	工程定位复测费				
			合计			

注　以项计算的总价措施,无"计算基础"和"费率"的数值,可只填"金额"数值,但应在备注栏说明施工方案
　　出处或计算方法。

表-11

167

表 7.2.7　　　　　　其他项目清单与计价汇总表

其他项目清单与计价汇总表

工程名称:实训楼精装房　　　　　　　　　　　　　　　　　　第1页　共1页

序号	项 目 名 称	金额/元	备 注
	其他项目合计		
1	暂列金额		明细详见表-12-1
2	材料(工程设备)暂估价		明细详见表-12-2
3	专业工程暂估价		明细详见表-12-3
4	计日工		明细详见表-12-4
5	总承包服务费		明细详见表-12-5
	合计		—

注　材料暂估单价进入清单项目综合单价,此处不汇总。

表-12

表 7.2.8　　　　　　　　　　　　暂 列 金 额 明 细 表

暂列金额明细表

工程名称:实训楼精装房　　　　　　　　　　　　　　　　　　　第 1 页　共 1 页

序号	项目名称	计量单位	暂定金额/元	备注
1	暂列金额			
1.1				
		合计		—

注　此表由招标人填写,如不能详列,也可只列暂定金额总额,投标人应将上述暂列金额计入总价中。

表-12-1

表7.2.9 　　　　　　　发包人提供主要材料和工程设备一览表

发包人提供主要材料和工程设备一览表

工程名称:实训楼精装房　　　　　　　　　　　　　　　　　编号:

序号	材料(工程设备)名称、规格、型号	单位	数量	单价/元	交货方式	送达地点	备注

注　此表由招标人填写,供投标人在投标报价、确定总承包服务费时参考。

表-21

170

表 7.2.10 　　　　　　　　　　　计　日　工　表

计　日　工　表

工程名称:实训楼精装房　　　　　　　　　　　　　　　　　　　　　　　　第 1 页　共 1 页

编号	项目名称	单位	暂定数量	综合单价/元	合价/元	备注
一	人工					
二	材料					
三	施工机械					
		总计				

注　1. 此表项目名称、暂定数量由招标人填写,编制招标控制价时,单价由招标人按有关计价规定确定。

　　2. 投标时,单价由投标人自主报价,按暂定数量计算合价计入投标总价中。

　　3. 计日工单价包含除增值税以外的所有费用。

表-12-4

表 7.2.11   总承包服务费计价表

总承包服务费计价表

工程名称:实训楼精装房   第 1 页 共 1 页

序号	项目名称	计算基础/元	服务内容	费率/%	金额/元	备注
5.1	发包人发包专业工程					
5.1.1						
5.1.2						
5.2	发包人供应材料					
	合计	—	—	—		

注 此表项目名称、服务内容由招标人填写,编制招标控制价时,费率及金额由招标人按有关计价规定确定;投标时,费率及金额由投标人自主报价,计入投标总价中。此表项目价值在结算时,计算基础按实记取。

表-12-5

表 7.2.12　　　　　　　　　　　规费、增值税计价表

规费、增值税计价表

工程名称:实训楼精装房　　　　　　　　　　　　　　　　　　　　　　第 1 页　共 1 页

序号	项目名称	计 算 基 础	计算费率/%	金额/元
	建筑装饰装修工程			
1	规费	1.1+1.2+1.3		
1.1	社会保险费			
1.1.1	养老保险费			
1.1.2	失业保险费	∑(分部分项人工费+单价措施人工费)		
1.1.3	医疗保险费			
1.1.4	生育保险费			
1.1.5	工伤保险费			
1.2	住房公积金			
2	增值税	分部分项及单价措施工程费+总价措施项目费+其他项目费+税前项目费+规费		
	合计			

表-15

7.2.2　工程量清单编制过程

1. 准备工作

与甲方充分沟通，准确了解甲方对样板房装修的具体要求，对装修档次和材料的要求，并进行现场勘察。详细解读施工图纸，了解装饰工程施工项目内容、施工工艺特点、材料应用要求等，对《计价规范》内容和要求要熟悉了解，编装饰装修工程工程量清单时应执行《计量规范》的具体要求，掌握工程量清单编制程序及应遵循的原则，掌握工程量计算规则。同时还要熟悉装饰装修工程技术规范。

2. 列清单项目

根据设计图纸及装饰装修工程工艺特点和工作内容，按照《计量规范》中清单项目设置的要求，参考预算定额的项目组成，列出清单项目。清单项目设置以完成工程实体为基本要素，应细致分析其项目特征和工作内容，按装饰装修工程施工工艺特点和施工工序的要求，将项目特征及工作内容分解细化，必须达到能分析其综合单价构成的程度。

根据住宅室内装饰工程的特点，按照《计量规范》中清单项目设置的要求，先一个房间一个房间分析有哪些清单项目，注意清单项目中的项目编码、项目名称、计量单位、工程量计算规则应与《计量规范》的要求完全一致，即四个统一。项目特征和工作内容，按装饰装修工程施工工艺特点和施工工序的要求，参考预算定额的子目，进行分解细化，应达到能分析其综合单价构成的程度。然后将相同的清单项目合并，再按照装饰装修工程各大分部的顺序汇总列表。

例如，主卫生间包括防滑地砖、墙面砖、过门大理石等几个清单项目，其中防滑地砖的项目特征和工作内容包含地面回填、防水涂料、防滑地砖；铝扣板吊顶的项目特征和工作内容包含轻钢龙骨、铝扣板吊顶、铝扣板收边条；实木门的项目特征和工作内容包含实木装饰门安装、门锁安装、门磁吸安装等。再例如，儿童房包括实木地板、成品踢脚线、抹灰面乳胶漆、局部平顶、窗台板、窗帘盒、窗帘杆、衣柜、实木门、过门大理石等几个清单项目。其中实木地板的项目特征和工作内容包含地面木龙骨、基层木夹板、实木地板等。

清单计价法中的有些清单项目虽然项目名称一样，但所包含的项目特征和工作内容可能完全不一样，应分别列清单项目。例如本例中卫生间的防滑地砖与厨房的防滑地砖项目名称一样，但卫生间防滑地砖的项目特征和工作内容包含地面回填、防水涂料、防滑地砖三个内容，厨房和阳台的防滑地砖只包含一个内容，所以分别列清单项目。主卧、儿童房、衣帽间大衣柜的项目名称也一样，但其规格、尺寸以及柜门的形式都存在差异，也应分别列清单项目。

3. 计算工程量

根据前面所列的清单项目，对应《计量规范》中对每个清单项目规定的工程量计算规则，逐项计算每个清单项目的工程量。清单计价法计算工程量是以完成装饰工程实体为计算单元，若清单项目中只含一项施工内容，其计算方法与定额计价法工程量计算方法完全一样，例如本例中厨房防滑地砖、墙面砖、乳胶漆等项目。若清单项目中含两项以上的施工内容，则只计算表现主要项目特征施工内容的工程量，例如本例中实木地板清单项目，只计算实木地板面层的工程量，木龙骨、胶合板等施工内容则不需要计算其工程量。另外对于单价措施项目，也应计算其工程量。

4. 分部分项工程量清单

将前面所列清单项目内容和工程量计算数据进行整理汇总，参照《计量规范》中规定项目编码、项目名称、计量单位，根据装饰工程实际的项目特征，参照《计价规范》中的分部分项工程和单价措施项目清单表格样式，先列出空白表，再将工程量计算数据填入表格。

5. 总价措施项目清单

根据样板房装饰工程特点，参照《计量规范》中所列总价措施项目内容，本例共列出4项总价措施项目，即安全文明施工（含环境保护、文明施工、安全施工、临时设施）、检验试验复合、冬雨季施工、工程定位复测等。投标单位可根据装饰装修工程的实际情况和企业的技术管理水平，对所列总价措施项目内容进行增减，但安全文明施工项目不得作为竞争项目，即不得删减。

6. 其他项目清单

先分别确定其他项目清单各个分表的内容。

本例样板房装饰工程项目明确，计价时暂列金额为 3000 元，总承包服务费为 1000元，投标人按要求直接填写，不得变更。相应的"暂列金额明细表"和"总承包服务费计价表"省略。

本例主要材料暂估单价由投标单位根据市场价格信息确定，要求在综合单价分析表中标明，不再另外列"材料（工程设备）暂估单价表"。

计日工项目包括拆除砖墙、垃圾装袋下楼、垃圾外运、包排水管、零星砌体等，其中人工、材料、机械等均估算出其消耗量数量，投标单位应以综合单价进行计价，具体数据见本例中"表 7.2.10 计日工表"。

然后将其他项目各个分表的内容整理汇总到总表中，具体数据见本例中"表 7.2.7 其他项目清单汇总表"。

7. 复核审核

对以上所有内容参照《计价规范》中工程量清单编制的要求，和《计量规范》的要求，逐项进行认真复核审核。特别对分部分项清单中项目设置、项目特征、计量单位、工程量计算方法和公式、计算结果、数字的精确度等进行认真核对，避免清单项目设置中出现重项、漏项、错项和工程量计算错误等情况的发生。

8. 编工程量清单

填写封面、廊页和总说明，封面见本例中表 7.2.1，扉页见本例中表 7.2.2，总说明包括工程概况、工程范围、工程量清单编制依据、特殊项目的说明、投标报价的要求等，具体内容见本例中"表 7.2.3 工程计价总说明"，本例省略了"规费、税金项目清单计价表"。最后按照《计价规范》中提供参考的工程计价表格格式打印装订工程量清单，编制单位盖章，编制人（审核人）签字盖章。

7.2.3　工程投标报价书编制

工程投标报价书见表 7.2.13～表 7.2.23。

表 7.2.13 投标总价（封面）

———————————————————————————————————————

_____实训楼精装房_____ **工程**

投 标 总 价

投 标 人：_____

（单位盖章）

年 月 日

封-3

表 7.2.14 投标总价（扉页）

———————————————————————————————————————

_____实训楼精装房_____ **工程**

投 标 总 价

招 标 人：_____

工 程 名 称：实训楼精装房_____

投标总价(小写)：73567.28(元)_____

（大写）：柒万叁仟伍佰陆拾柒元贰角捌分_____

投 标 人：_____

（单位盖章）

法定代表人

或其授权人：_____

（签字或盖章）

编 制 人：_____

（造价人员签字盖专用章）

时 间： 年 月 日

扉-3

表 7.2.15   **工 程 计 价 总 说 明**

总 说 明

工程名称:实训楼精装房   第 1 页 共 1 页

1)工程概况:建设规模、工程特征、计划工期、合同工期、实际工期、施工现场及变化情况、施工组织设计的特点、自然地理条件、环境保护要求等。

2)工程招标和分包范围。

3)工程量清单编制依据。

4)工程质量、材料、施工等的特殊要求。

5)其他需要说明的问题。

表-01

表 7.2.16   **单位工程投标报价汇总表**

单位工程投标报价汇总表

工程名称:实训楼精装房   第 1 页 共 1 页

序号	汇 总 内 容	金额/元	备注
1	分部分项工程和单价措施项目清单计价合计	61182.34	
1.1	其中:暂估价		
2	总价措施项目清单计价合计	375.35	
2.1	其中:安全文明施工费		
3	其他项目清单计价合计		
4	税前项目清单计价合计		
5	规费	5935.23	
6	增值税	6074.36	

序号	汇 总 内 容	金额/元	备注
7	工程总造价＝1＋2＋3＋4＋5＋6	73567.28	

表-04

表 7.2.17　　　　分部分项工程和单价措施项目清单与计价表

工程名称：实训楼精装房　　　　　　　　　　　　　　　第 1 页 共 3 页

序号	项目编码	项目名称及项目特征描述	计量单位	工程量	综合单价	合价	其中：暂估价
		分部分项工程				61182.34	
1	011101001001	水泥砂浆找平层 1. 水泥浆一道（内渗建筑胶） 2. 聚氨酯防水层 1.5 厚 3. 6 厚建筑胶水泥砂浆结合层 4. 1：3 水泥砂浆找平 5. 打磨	m²	2.17	48.22	104.64	
2	011102001001	莎安娜大理石窗台石 1. 水泥浆一道（内渗建筑胶） 2. 6 厚建筑胶水泥砂浆结合层 3. 莎安娜大理石窗台石	m²	3.24	153.47	497.24	
3	011102001002	西班牙米黄大理石 100×100 勾槽 1. 水泥浆一道（内渗建筑胶） 2. 聚氨酯防水层 1.5 厚 3. 6 厚建筑胶水泥砂浆结合层 4. 西班牙米黄大理石 100×100 勾 5mm 槽	m²	1.13	177.91	201.04	

178

续表

序号	项目编码	项目名称及项目特征描述	计量单位	工程量	金额/元		
					综合单价	合价	其中：暂估价
		分部分项工程				61182.34	
4	011102001003	西班牙米黄大理石 1. 水泥浆一道（内渗建筑胶） 2. 聚氨酯防水层1.5厚 3. 6厚建筑胶水泥砂浆结合层 4. 西班牙米黄大理石 5. 酸洗打蜡	m²	0.47	194.42	91.38	
5	011102001004	浅啡网大理石波打线 1. 水泥浆一道（内渗建筑胶） 2. 6厚建筑胶水泥砂浆结合层 3. 浅啡网大理石波打线 4. 酸洗打蜡	m²	5.97	346.05	2065.92	
6	011102003001	800×800仿土耳其闪电米黄大理石纹理瓷砖 1. 水泥浆一道（内渗建筑胶） 2. 6厚建筑胶水泥砂浆结合层 3. 浅啡网大理石波打线 4. 酸洗打蜡	m²	34.49	126.45	4361.26	
7	011102003002	300×300防滑地砖 1. 水泥浆一道（内渗建筑胶） 2. 聚氨酯防水层1.5厚 3. 6厚建筑胶水泥砂浆结合层 4. 300×300防滑砖 5. 酸洗打蜡	m²	11.99	118.24	1417.7	
8	011102003003	防滑地砖 1. 水泥浆一道（内渗建筑胶） 2. 聚氨酯防水层1.5厚 3. 6厚建筑胶水泥砂浆结合层 4. 防滑砖	m²	9.62	117.89	1134.1	
9	011104002001	复合木地板 1. 木龙骨 2. 12mm木夹板（三防处理） 3. 防潮垫 4. 实木地板	m²	16.33	231.88	3786.6	
10	011104002002	实木地板 1. 木龙骨 2. 12mm木夹板（三防处理） 3. 防潮垫 4. 实木地板 5. 抛光打蜡	m²	15.34	342.8	5258.55	
11	011104002003	复合实木地板 1. 水泥砂浆找平层 2. 浮铺防潮垫 3. 抛光打蜡	m²	10.18	232.76	2369.5	

续表

序号	项目编码	项目名称及项目特征描述	计量单位	工程量	金额/元		
					综合单价	合价	其中：暂估价
		分部分项工程				61182.34	
12	011108001001	深啡网门槛石 1. 水泥浆一道（内渗建筑胶） 2. 聚氨酯防水层 1.5 厚 3. 6 厚建筑胶水泥砂浆结合层 4. 深啡网门槛石 5. 酸洗打蜡	m²	4.77	183.89	877.16	
13	桂 011204007001	300×600 灰色大理石 1.300×600mm 灰色大理石	m²	24.91	117.61	2929.67	
14	桂 011204007002	300×600 米黄色大理石 1. 水泥砂浆找平 2. 干性防水涂料 3. 300×600mm 米黄色大理石	m²	39.79	117.68	4682.49	
15	011207001001	电视背景墙 1. 30×40 木龙骨 2. 12mm 木夹板打底 3. 浅啡网大理石 4. 6mm 厚银镜饰面车 5mm 斜边 5. 墙纸 1 6. 100mm 浅啡网大理石饰线 7. 10mm 不锈钢线条	m²	26.6	406.58	10815.03	
16	011207001002	玫红色软包 1. 木龙骨骨架 2. 12mm 木夹板打底 3. 9 厚海绵体 4. 80mm 石膏线条	m²	3.6	149.25	537.3	
17	011207001003	米色软包泰柚木饰面 1. 木龙骨骨架 2. 12mm 木夹板打底 3. 米色皮革软包 4. 100mm 泰木线条	m²	7.14	148.41	1059.65	
18	011207001004	泰柚木饰面装饰板 1. 木龙骨骨架 2. 50mm 实木饰线 3. 12mm 木夹板打底 4. 泰柚木饰面	m²	4.33	113.53	491.58	
19	011302001001	300×600 铝扣板 1. 300×300 铝合金龙骨 2. 300×600 铝合金扣板吊顶	m²	6.9	118.63	818.55	
20	011302001002	石膏板吊顶刷白色乳胶漆 1. C50 轻钢龙骨 2. 9 厚石膏板刮腻子 3. 刷白色乳胶漆	m²	77.14	136.03	10493.35	

序号	项目编码	项目名称及项目特征描述	计量单位	工程量	金额/元		
					综合单价	合价	其中：暂估价
		分部分项工程				61182.34	
21	011302001003	石膏板吊顶刷白色防水乳胶漆 1. 轻钢龙骨 2. 9厚防水石膏板 3. 白色防水乳胶漆	m²	8.84	126.74	1120.38	
22	011406001001	原顶油白1. 刮防水腻子，白色防水乳胶漆	m²	12.04	24.42	294.02	
23	011408001001	墙纸1	m²	3.9	41.97	163.68	
24	011408001002	墙纸2 1. 刮腻子遍数：2遍 2. 面层材料品种、规格、颜色：墙纸2	m²	54.23	41.94	2274.41	
25	011408001005	墙纸31. 刮腻子遍数：2遍	m²	25.01	41.96	1049.42	
26	011408001003	墙纸4 1. 刮腻子遍数：2遍 2. 面层材料品种、规格、颜色：墙纸4	m²	15.58	42.02	654.67	
27	011408001004	墙纸5 1. 刮腻子遍数：2遍 2. 面层材料品种、规格、颜色：墙纸5	m²	38.91	41.97	1633.05	
		小计				61182.34	
		Σ人工费				19023.17	
		Σ材料费				34747.88	
		Σ机械费				627.21	
		Σ管理费				5390.87	
		Σ利润				1393.21	
		合计				61182.34	
		Σ人工费				19023.17	
		Σ材料费				34747.88	
		Σ机械费				627.21	
		Σ管理费				5390.87	
		Σ利润				1393.21	

表-08

表 7.2.18

工程量清单综合单价分析表

工程名称：实训楼精装房

序号	项目编码	项目名称及项目特征描述	单位	工程量	综合单价/元	综合单价 人工费	材料费	机械费	管理费	利润	其中：暂估价
		分部分项工程									
1	011101001001	水泥砂浆找平层 1. 水泥浆一道（内渗建筑胶） 2. 聚氨酯防水层 1.5mm 厚 3. 6mm 厚建筑胶水泥砂浆结合层 4. 1：3 水泥砂浆找平 5. 打磨	m²	2.17	48.22	14.98	26.71	0.78	4.57	1.18	
	A9－1	水泥砂浆找平层 混凝土或硬基层上 20mm	100m²	0.022	1397.54	649.86	474.07	37.45	187.64	48.52	
	A7－134 换	聚氨酯防水 1.2mm 厚平面 实际厚度（mm）:1.5	100m²	0.022	2735.53	441.64	2110.04		146.49	37.36	
	A10－93	混凝土面打磨	100m²	0.022	622.46	386.1	50.63	39.49	116.19	30.05	
2	011102001001	莎安娜大理石窗台石 1. 水泥浆一道（内渗建筑胶） 2. 6mm 厚建筑胶水泥砂浆结合层 3. 莎安娜大理石窗台石	m²	3.24	153.47	29.58	110.26	2.58	8.78	2.27	
	A9－28	大理石楼地面 不拼花 水泥砂浆	100m²	0.032	14979.75	2600.6	11134.38	261.39	781.32	202.06	
	A9－173	块料面酸洗打蜡 楼地面	100m²	0.032	559.91	394.68	29.62		107.75	27.86	
3	011102001002	西班牙米黄大理石 100×100 勾槽 1. 水泥浆一道（内渗建筑胶） 2. 聚氨酯防水层 1.5mm 厚 3. 6mm 厚建筑胶水泥砂浆结合层 4. 西班牙米黄大理石 100×100 勾 5mm 槽	m²	1.13	177.91	33.46	129.22	2.55	10.08	2.6	
	A7－134 换	聚氨酯防水 1.2mm 厚平面 实际厚度（mm）:1.5	100m²	0.011	2735.53	441.64	2110.04		146.49	37.36	
	A9－28	大理石楼地面 不拼花 水泥砂浆	100m²	0.011	14979.75	2600.6	11134.38	261.39	781.32	202.06	
	A9－173	块料面酸洗打蜡 楼地面	100m²	0.011	559.91	394.68	29.62		107.75	27.86	

续表

序号	项目编码	项目名称及项目特征描述	单位	工程量	综合单价/元	综合单价					其中:暂估价
						人工费	材料费	机械费	管理费	利润	
		分部分项工程									
4	011102001003	西班牙米黄大理石 1. 水泥浆一道（内渗建筑胶） 2. 聚氨酯防水层1.5mm厚 3. 6mm厚建筑胶水泥砂浆结合层 4. 西班牙米黄大理石 5. 酸洗打蜡	m²	0.47	194.42	36.55	141.21	2.79	11.02	2.85	
	A7-134换	聚氨酯防水 1.2mm厚平面 实际厚度(mm):1.5	100m²	0.005	2735.53	441.64	2110.04		146.49	37.36	
	A9-28	大理石楼地面 不拼花 水泥砂浆	100m²	0.005	14979.75	2600.6	11134.38	261.39	781.32	202.06	
	A9-173	块料面酸洗打蜡地面	100m²	0.005	559.91	394.68	29.62		107.75	27.86	
5	011102001004	浅啡网大理石波打线 1. 水泥浆一道（内渗建筑胶） 2. 6mm厚建筑胶水泥砂浆结合层 3. 浅啡网大理石波打线 4. 酸洗打蜡	m²	5.97	346.05	60.31	257.46	5.63	18	4.65	
	A9-1	水泥砂浆找平层 混凝土或硬基层上20mm	100m²	0.06	1397.54	649.86	474.07	37.45	187.64	48.52	
	A9-28	大理石楼地面 不拼花 水泥砂浆	100m²	0.06	14979.75	2600.6	11134.38	261.39	781.32	202.06	
	A9-31	大理石楼地面 波打线（嵌边） 水泥砂浆	100m²	0.06	18055.57	2750.75	14008.46	261.39	822.31	212.66	
6	011102003001	800×800仿土耳其闪米黄大理石纹理瓷砖 1. 水泥浆一道（内渗建筑胶） 2. 6mm厚建筑胶水泥砂浆结合层 3. 浅啡网大理石波打线 4. 酸洗打蜡	m²	34.49	126.45	37.85	72.11	2.59	11.04	2.86	
	A9-1	水泥砂浆找平层 混凝土或硬基层上20mm	100m²	0.345	1397.54	649.86	474.07	37.45	187.64	48.52	
	A9-84	陶瓷地砖楼地面 每块周长3200mm以内 水泥砂浆密缝	100m²	0.345	10684.44	2739.59	6705.38	221.9	808.49	209.08	

183

续表

序号	项目编码	项目名称及项目特征描述	单位	工程量	综合单价/元	综合单价					其中:暂估价
						人工费	材料费	机械费	管理费	利润	
		分部分项工程									
7	A9-173	块料面酸洗打蜡 楼地面	100m²	0.345	559.91	394.68	29.62		107.75	27.86	
	011102003002	300×300防滑地面 1.水泥浆一道(内渗建筑胶) 2.聚氨酯防水层 1.5mm厚 3.6mm厚建筑胶水泥砂浆结合层 4.300×300防滑砖 5.酸洗打蜡	m²	11.99	118.24	41.86	58.18	2.6	12.4	3.2	
	A9-1	水泥砂浆找平层 混凝土或硬基层上 20mm	100m²	0.12	1397.54	649.86	474.07	37.45	187.64	48.52	
	A7-134换	聚氨酯防水 1.2mm厚平面 实际厚度(mm):1.5	100m²	0.12	2735.53	441.64	2110.04		146.49	37.36	
	A9-80	陶瓷地砖楼地面 每块周长1200mm以内 水泥砂浆密缝	100m²	0.12	7120.73	2696.69	3199.31	221.9	796.78	206.05	
	A9-173	块料面酸洗打蜡 楼地面	100m²	0.12	559.91	394.68	29.62		107.75	27.86	
8	011102003003	防滑地砖 1.水泥浆一道(内渗建筑胶) 2.聚氨酯防水层 1.5mm厚 3.6mm厚建筑胶水泥砂浆结合层 4.防滑砖	m²	9.62	117.89	41.74	58.01	2.59	12.36	3.19	
	A9-1	水泥砂浆找平层 混凝土或硬基层上 20mm	100m²	0.096	1397.54	649.86	474.07	37.45	187.64	48.52	
	A7-134换	聚氨酯防水 1.2mm厚平面 实际厚度(mm):1.5	100m²	0.096	2735.53	441.64	2110.04		146.49	37.36	
	A9-80	陶瓷地砖楼地面 每块周长1200mm以内 水泥砂浆密缝	100m²	0.096	7120.73	2696.69	3199.31	221.9	796.78	206.05	
	A9-173	块料面酸洗打蜡 楼地面	100m²	0.096	559.91	394.68	29.62		107.75	27.86	
9	011104002001	复合木地板 1.木龙骨 2.12mm木夹板(三防处理) 3.防潮垫 4.实木地板	m²	16.33	231.88	56.52	154.46	1.05	15.77	4.08	

续表

序号	项目编码	项目名称及项目特征描述	单位	工程量	综合单价/元	综合单价					其中:暂估价
						人工费	材料费	机械费	管理费	利润	
		分部分项工程									
	A10-220	木龙骨 断面7.5cm²以内 平均中距300mm以内	100m²	0.163	3640.75	1780.35	1239.89	6.54	487.82	126.15	
	A10-242	板基层 胶合板9mm	100m²	0.163	2743.41	611.75	1797	92.63	192.3	49.73	
	A7-77	干铺聚乙烯膜	100m²	0.163	627.27	97.81	488.75		32.44	8.27	
	A9-149	长条复合木地板 铺在细木工板上（双层）	100m²	0.163	16218.95	3172.03	11948.9	6.04	867.61	224.37	
10	01110400200 2	实木地板 1. 木龙骨 2. 12mm木夹板（三防处理） 3. 防潮垫 4. 实木地板 5. 抛光打蜡	m²	15.34	342.8	60.68	256.72	3.34	17.53	4.53	
	A10-220	木龙骨 断面7.5cm²以内 平均中距300mm以内	100m²	0.153	3640.75	1780.35	1239.89	6.54	487.82	126.15	
	A10-242	板基层 胶合板9mm	100m²	0.153	2743.41	611.75	1797	92.63	192.3	49.73	
	A7-77	干铺聚乙烯膜	100m²	0.153	627.27	97.81	488.75		32.44	8.27	
	A9-142	硬木地板 铺在细木工板上（双层）平口	100m²	0.153	27359.04	3594.16	22213.84	235.25	1045.43	270.36	
11	01110400200 3	复合实木地板 1. 水泥砂浆找平层 2. 浮铺防潮垫 3. 抛光打蜡	m²	10.18	232.76	56.73	155.05	1.06	15.83	4.09	
	A10-220	木龙骨 断面7.5cm²以内 平均中距300mm以内	100m²	0.102	3640.75	1780.35	1239.89	6.54	487.82	126.15	
	A10-242	板基层 胶合板9mm	100m²	0.102	2743.41	611.75	1797	92.63	192.3	49.73	
	A7-77	干铺聚乙烯膜	100m²	0.102	627.27	97.81	488.75		32.44	8.27	
	A9-149	长条复合木地板 铺在细木工板上（双层）	100m²	0.102	16218.95	3172.03	11948.9	6.04	867.61	224.37	

续表

序号	项目编码	项目名称及项目特征描述	单位	工程量	综合单价/元	人工费	材料费	机械费	管理费	利润	其中:暂估价
12	011108001001	深啡网门槛石 1. 水泥浆一道（内渗建筑胶） 2. 聚氨酯防水层1.5mm厚 3. 6mm厚建筑胶水泥砂浆结合层 4. 深啡网门槛石 5. 酸洗打蜡	m²	4.77	183.89	34.58	133.57	2.63	10.42	2.69	
	A7-134换	聚氨酯防水 1.2mm 厚 平面实际厚度（mm）:1.5	100m²	0.048	2735.53	441.64	2110.04		146.49	37.36	
	A9-28	大理石楼地面 不拼花 水泥砂浆	100m²	0.048	14979.75	2600.6	11134.38	261.39	781.32	202.06	
	A9-173	块料面酸洗打蜡 楼地面	100m²	0.048	559.91	394.68	29.62		107.75	27.86	
13	桂 011204007001	300×600 灰色大理石 1.300×600mm灰色大理石	m²	24.91	117.61	34.4	68.06	2.24	10.26	2.65	
	A10-172	墙面·墙裙贴面砖 水泥砂浆粘贴 周长在2000mm以内	100m²	0.249	9400.48	3003	5064.69	223.99	880.97	227.83	
	A7-131	聚合物水泥防水涂料 涂膜 1.2mm厚立面	100m²	0.249	2364.61	437.93	1744.37		145.26	37.05	
14	桂 011204007002	300×600 米黄色大理石 1. 水泥砂浆找平 2. 干性防水涂料 3. 300×600mm米黄色大理石	m²	39.79	117.68	34.42	68.11	2.24	10.26	2.65	
	A7-131	聚合物水泥防水涂料 涂膜 1.2mm厚面	100m²	0.398	2364.61	437.93	1744.37		145.26	37.05	
	A10-172	墙面·墙裙贴面砖 水泥砂浆粘贴 周长在2000mm以内	100m²	0.398	9400.48	3003	5064.69	223.99	880.97	227.83	
15	011207001001	电视背景墙 1. 30×40木龙骨 2. 12mm木夹板打底 3. 浅啡网大理石 4. 6mm厚银镜饰面车5mm斜边 5. 墙纸1 6. 100mm浅啡网浅啡网大理石饰线 7. 10mm不锈钢饰线条	m²	26.6	406.58	118.57	238.5	6.53	34.15	8.83	

续表

序号	项目编码	项目名称及项目特征描述	单位	工程量	综合单价/元	综合单价					其中：暂估价
						人工费	材料费	机械费	管理费	利润	
		分部分项工程									
	A10-222	木龙骨断面13cm²以内 平均中距300mm以内	100m²	0.266	4087.26	1760.62	1712.91	6.54	482.43	124.76	
	A10-263换	胶合板面 墙面、墙裙 若胶合板钉在木龙骨上材料[144108001]含量-28.07	100m²	0.266	2744.09	909.48	1356.18	123.5	282	72.93	
	A10-109换	粘贴大理石 干粉型粘贴 墙面镶贴块料 圆弧形、锯齿形，不规则墙面镶贴块料时 人工×1.15,材料×1.05 含量1.05	100m²	0.266	22192.47	5890.6	13575.7	522.6	1750.8	452.77	
	A10-245	镜面玻璃 墙面 在胶合板上粘贴	100m²	0.266	8598.43	1795.79	6185.61		490.25	126.78	
	A13-263	墙面贴装饰墙纸 墙纸 不对花	100m²		3035.44	1500.64	1019.18		409.67	105.95	
	A14-66换	粘贴石材装饰线 80mm内 安直线装饰线条 人工×1.34	100m		4822.58	1257.79	3080.09	39.09	354.05	91.56	
	A14-45换	金属装饰 压条 安直线装饰线条 人工×1.34	100m		595.5	228.79	282.86	3.9	63.52	16.43	
16	011207001002	玫红色软包 1.木龙骨骨架 2.12mm木夹板打底 3.9mm厚海绵体 4.80mm石膏线条	m²	3.6	149.25	57.72	70.37	0.99	16.03	4.14	
	A10-222	木龙骨 断面13cm²以内 平均中距300mm以内	100m²	0.036	4087.26	1760.62	1712.91	6.54	482.43	124.76	
	A10-242	板基层 胶合板9mm	100m²	0.036	2743.41	611.75	1797	92.63	192.3	49.73	
	A10-261	人造革软包带衬板 墙、柱面	100m²	0.036	8094.38	3399.4	3526.94		928.04	240	
	A14-66换	粘贴石材装饰线 80mm内 安直线装饰线条 人工×1.34	100m		4822.58	1257.79	3080.09	39.09	354.05	91.56	

续表

序号	项目编码	项目名称及项目特征描述	单位	工程量	综合单价/元	综合单价					其中:暂估价
						人工费	材料费	机械费	管理费	利润	
		分部分项工程									
17	011207001003	米色软包泰柚木饰面 1. 木龙骨骨架 2. 12mm木夹板打底 3. 米色皮革软包 4. 100mm泰柚木线条	m²	7.14	148.41	57.39	69.97	0.99	15.94	4.12	
	A10-222	木龙骨　断面13cm²以内　平均中距 300mm以内	100m²	0.071	4087.26	1760.62	1712.91	6.54	482.43	124.76	
	A10-242	板基层　胶合板9mm	100m²	0.071	2743.41	611.75	1797	92.63	192.3	49.73	
	A10-261	人造革软包带衬板　墙、柱面	100m²	0.071	8094.38	3399.4	3526.94		928.04	240	
	A14-57换	木质装饰线100mm内　安装直线装饰线条　人工×1.34	100m		852.5	405.85	307.2		110.8	28.65	
18	011207001004	泰柚木饰面装饰板 1. 木龙骨骨架 2. 50mm实木饰线 3. 12mm木夹板打底 4. 泰柚木饰面	m²	4.33	113.53	43.36	53.95	0.98	12.11	3.13	
	A10-220	木龙骨　断面7.5cm²以内　平均中距 300mm以内	100m²	0.043	3640.75	1780.35	1239.89	6.54	487.82	126.15	
	A14-55	木质装饰线　宽度50mm内	100m		543.22	252.25	204.3		68.86	17.81	
	A10-242	板基层　胶合板9mm	100m²	0.043	2743.41	611.75	1797	92.63	192.3	49.73	
	A10-274	泰柚木皮	100m²	0.043	5047.61	1973.4	2396.15		538.74	139.32	
19	011302001001	300×600铝扣板 1. 300×300铝合金龙骨 2. 300×600铝合金扣板吊顶	m²	6.9	118.63	26.73	82.52	0.14	7.34	1.9	

续表

序号	项目编码	项目名称及项目特征描述	单位	工程量	综合单价/元	综合单价					其中:暂估价
						人工费	材料费	机械费	管理费	利润	
		分部分项工程									
20	A11-41	装配式T型铝合金天棚龙骨（不上人型）面层规格300mm×300mm 平面	100m²	0.069	5528.4	1643.93	3300.05	14.56	452.77	117.09	
	A11-105	天棚铝板面层 300×300	100m²	0.069	6334.97	1029.6	4951.6		281.08	72.69	
	011302001002	石膏板吊顶刷白色乳胶漆 1.C50轻钢龙骨 2.9mm厚石膏板刮刮腻子 3.刷白色乳胶漆	m²	77.14	136.03	50.68	67.82	0.09	13.86	3.58	
	A11-30	装配式U形轻钢天棚龙骨（不上人型）面层 规格600mm×600mm 跌级	100m²	0.771	5791.06	1740.02	3441.64	8.58	477.37	123.45	
	A11-75	天棚胶合板 基层	100m²	0.771	2345.79	838.27	1219.49		228.85	59.18	
	A11-94 换	天棚石膏板面层 安在U形轻钢龙骨上 如为跌级天棚 人工×1.1	100m²	0.771	3001.6	1091.98	1534.42		298.11	77.09	
	A13-206 换	刮成品腻子粉 内墙面 两遍 如为梁、柱、天棚面挂腻面 人工×1.18	100m²	0.771	1308.8	843.36	175.66		230.24	59.54	
	A13-210	乳胶漆 内墙、柱、天棚抹灰面 二遍	100m²	0.771	1162.23	556.84	414.06		152.02	39.31	
21	011302001003	石膏板吊顶刷白色防水乳胶漆 1.轻钢龙骨 2.9mm厚防水石膏板 3.白色防水乳胶漆	m²	8.84	126.74	44.79	66.44	0.09	12.25	3.17	
	A11-26	装配式U形轻钢天棚龙骨（不上人型）面层 规格300mm×300mm 跌级	100m²	0.088	7125.69	1975.97	4459.25	8.58	541.78	140.11	
	A11-94 换	天棚石膏板面层 安在U形轻钢龙骨上 如为跌级天棚 人工×1.1	100m²	0.088	3001.6	1091.98	1534.42		298.11	77.09	
	A13-208	外墙防水腻子 二遍	100m²	0.088	1440.97	874.3	266.26		238.68	61.73	

续表

序号	项目编码	项目名称及项目特征描述	单位	工程量	综合单价/元	综合 单 价					其中:暂估价
						人工费	材料费	机械费	管理费	利润	
		分部分项工程									
22	A13-210	乳胶漆　内墙、柱、天棚抹灰面　二遍	100m²	0.088	1162.23	556.84	414.06		152.02	39.31	
	011406001001	原顶油白 1.刮防水腻子,白色防水乳胶漆	m²	12.04	24.42	13.96	5.66		3.81	0.99	
	A13-204换	刮熟胶粉腻子　内墙面　两遍　如为梁、柱、天棚面挂腻子　人工×1.18	100m²	0.12	1286.6	843.36	153.46		230.24	59.54	
23	A13-210	乳胶漆　内墙、柱、天棚抹灰面　二遍	100m²	0.12	1162.23	556.84	414.06		152.02	39.31	
	011408001001	墙纸1	m²	3.9	41.97	20.57	14.33		5.62	1.45	
	A13-210	乳胶漆　内墙、柱、天棚抹灰面　二遍	100m²	0.039	1162.23	556.84	414.06		152.02	39.31	
	A13-263	墙面贴装饰墙纸　不对花	100m²	0.039	3035.44	1500.64	1019.18		409.67	105.95	
24	011408001002	墙纸2 1.刮腻子遍数:2遍 2.面层材料品种、规格、颜色:墙纸2	m²	54.23	41.94	20.56	14.32		5.61	1.45	
	A13-210	乳胶漆　内墙、柱、天棚抹灰面　二遍	100m²	0.542	1162.23	556.84	414.06		152.02	39.31	
	A13-263	墙面贴装饰墙纸　不对花	100m²	0.542	3035.44	1500.64	1019.18		409.67	105.95	
25	011408001005	墙纸3 1.刮腻子遍数:2遍	m²	25.01	41.96	20.57	14.33		5.61	1.45	
	A13-210	乳胶漆　内墙、柱、天棚抹灰面　二遍	100m²	0.25	1162.23	556.84	414.06		152.02	39.31	
	A13-263	墙面贴装饰墙纸　不对花	100m²	0.25	3035.44	1500.64	1019.18		409.67	105.95	
26	011408001003	墙纸4 1.刮腻子遍数:2遍 2.面层材料品种、规格、颜色:墙纸4	m²	15.58	42.02	20.6	14.35		5.62	1.45	
	A13-210	乳胶漆　内墙、柱、天棚抹灰面　二遍	100m²	0.156	1162.23	556.84	414.06		152.02	39.31	
	A13-263	墙面贴装饰墙纸　不对花	100m²	0.156	3035.44	1500.64	1019.18		409.67	105.95	

续表

序号	项目编码	项目名称及项目特征描述	单位	工程量	综合单价/元	综合单价					
						人工费	材料费	机械费	管理费	利润	其中:暂估价
		分部分项工程									
27	011408001004	墙纸5 1. 刮腻子遍数:2遍 2. 面层材料品种、规格、颜色:墙纸5	m²	38.91	41.97	20.57	14.33		5.62	1.45	
	A13-210	乳胶漆 内墙、柱、天棚抹灰面 二遍	100m²	0.389	1162.23	556.84	414.06		152.02	39.31	
	A13-263	墙面贴装饰纸 墙纸 不对花	100m²	0.389	3035.44	1500.64	1019.18		409.67	105.95	

表-09

191

表 7.2.19   **总价措施项目清单与计价表**

工程名称：实训楼精装房   第 1 页   共 1 页

序号	项目编码	项 目 名 称	计 算 基 础	费率/% 或标准	金额/元	备注
		建筑装饰装修工程				
1	桂 011801002001	检验试验配合费	$\sum$ 分部分项及单价措施项目人工费＋材料费＋机械费 (19023.17)＋(34747.88)＋(627.21)	0.11	59.84	
2	桂 011801003001	雨季施工增加费		0.53	288.31	
3	桂 011801004001	工程定位复测费		0.05	27.2	
		合计			375.35	

注   以项计算的总价措施，无"计算基础"和"费率"的数值，可只填"金额"数值，但应在备注栏说明施工方案出处或计算方法。

表-11

表 7.2.20   **其他项目清单与计价汇总表**

工程名称：实训楼精装房   第 1 页　共 1 页

序号	项目名称	金额	备注
	其他项目		
	其他项目合计		
1	暂列金额		明细详见表-12-1
2	材料(工程设备)暂估价		明细详见表-12-2
3	专业工程暂估价		明细详见表-12-3
4	计日工		明细详见表-12-4
5	总承包服务费		明细详见表-12-5
6	机械台班停滞费		
7	停工窝工人工补贴		
	合计		—

注　材料暂估单价进入清单项目综合单价，此处不汇总。

表-12

表 7.2.21   **暂 列 金 额 明 细 表**

工程名称：实训楼精装房   第 1 页　共 1 页

序号	项目名称	计量单位	暂定金额/元	备注
1	暂列金额	项	3000	
1.1				
	合计			—

注　此表由招标人填写，如不能详列，也可只列暂定金额总额，投标人应将上述暂列金额计入总价中。

表-12-1

表 7.2.22　　　　　　　计　日　工　表

工程名称：实训楼精装房　　　　　　　　　　　　　　　　　　　　　第 1 页　共 1 页

编号	项目名称	单位	暂定数量	综合单价/元	合价/元	备注
一	人工					
二	材料					
三	施工机械					
		总计				

注　1. 此表项目名称、暂定数量由招标人填写，编制招标控制价时，单价由招标人按有关计价规定确定。

　　2. 投标时，单价由投标人自主报价，按暂定数量计算合价计入投标总价中。

　　3. 计日工单价包含除增值税以外的所有费用。

表-12-4

表 7.2.23　　　　　　　　　　**规费、增值税计价表**

工程名称：实训楼精装房　　　　　　　　　　　　　　　　第 1 页　共 1 页

序号	项目名称	计 算 基 础	计算费率/%	金额/元
	建筑装饰装修工程			
1	规费	1.1+1.2+1.3		5935.23
1.1	社会保险费		29.35	5583.3
1.1.1	养老保险费		17.22	3275.79
1.1.2	失业保险费	∑(分部分项人工费+单价措施人工费)	0.34	64.68
1.1.3	医疗保险费	(19023.17+0=19023.17)	10.25	1949.87
1.1.4	生育保险费		0.64	121.75
1.1.5	工伤保险费		0.90	171.21
1.2	住房公积金		1.85	351.93
2	增值税	分部分项及单价措施工程费+总价措施项目费+其他项目费+税前项目费+规费 (61182.34+375.35+0+0+5935.23=67492.92)	9.00	6074.36
	合计			12009.59

表-15

7.2.4　工程投标报价书编制过程

1. 准备工作

熟悉施工图纸和施工组织设计、准备并熟悉定手册、收集材料市场价格信息等。另外清单计价法编投标报价书时还应对招标文件，特别是其中的招标工程量清单认真解读，招标文件是编制投标报价最直接也是最重要的依据。同时对《计价规范》内容和要求要熟悉了解，编制装饰装修工程投标报价时应执行《计量规范》的要求。若按照企业定额编制投

195

标报价，则应准备并熟悉企业定额手册。同时还要准备一些装饰装修工程技术规范和一些工具性手册。本例主要按照 2013 版《广西定额》（下册——装饰装修分册）和 2013 版《广西壮族自治区建筑装饰装修工程费用定额》进行综合单价分析和编制投标报价书，同时参考材料市场价格。

2. 核对清单项目

对招标人提供的招标工程量清单项目逐项进行核对，按照《计量规范》中的要求，核对项目编码、项目名称、计量单位，根据设计图纸及装饰装修工程工艺特点和工作内容，核对项目特征和工作内容，同时核对工程量清单表格及其中内容的完整性，发现不符合《计价规范》要求的重项、漏项、错项等问题，及时向甲方质疑。

3. 核对工程量

根据《计量规范》中规定的清单项目工程量计算规则，对招标人提供的招标工程量清单中的工程量计算数据逐项进行核对，一般情况下应根据设计图纸对每个清单项目的工程量重新核算一遍，特殊情况也应重新核算那些对工程造价影响较大的关键清单项目的工程量，发现工程量计算程序错误、数据误差较大等问题，及时向甲方质疑。

4. 综合单价分析

清单项目的综合单价分析是清单计价法的核心内容，也是清单计价法的重点和难点，每一个清单项目都要进行综合单价分析，本例涉及综合单价分析的表格太多，在此全部省略，后面将就综合单价分析的内容和步骤做专门讲述，并列出部分综合单价分析表供参考。本例综合单价分析的结果见表 7.2.18。

5. 清单项目计价

清单项目计价比较简单，用综合单价乘以工程量，即为每一个清单项目的计价，汇总即为分部分项工程费，本例装饰装修工程中总价措施项目费和规费均以人工费＋机械费为计价基数，所以在列清单项目计价表时为了后面方便计算总价措施项目费和规费，将其中的人工费和机械费也进行汇总。单价措施项目费的计价方法与清单项目计价一样。具体数据见表 7.2.17。

6. 总价措施项目计价

总价措施项目费计价以人工费＋机械费为计价基数，本例总价措施项目在招标人提供的项目基础上做了部分增减，依据 2013 版《广西定额》规定，总价措施项目费按 6.46％费率计算，包括：安全文明施工费 5.81％，其中，安全保护 3.29％，文明施工与环境保护费 1.29％，临时设施费 1.23％；其他组织措施费 0.65％，其中，夜间施工 0.15％，二次搬运费（本例省略），冬雨季增加费 0.37％，工程定位复测 0.13％。本例省略了"总价措施项目清单计价表"。具体数据见表 7.2.19。

7. 其他项目计价

根据招标人提供的招标工程量清单中"其他项目清单汇总表"及其各个分表的内容。本例暂列金额为 300 元，总承包服务费为 1000 元，直接填写到表 7.2.20，故其相应的明细表省略。

本例主要材料暂估单价根据市场价格信息确定，并在综合单价分析表中予以标明，省略了"材料（工程设备）暂估单价表"，具体的主要材料暂估单价见本例中表 7.2.17。

本例专业工程暂估价中没有分包工程项目，根据招标人提供的主要材料清单，其主要材料的价格均参照市场价格信息估价。

本例计日工项目包括拆除砖墙、垃圾装袋下楼、垃圾外运、包排水管、零星砌体等，其中人工工日单价按普工60元/工日计价，零星材料单价按市场价计价，施工机械台班按预算价计价，最后计取了企业管理费和利润，即以综合费用进行估价，具体数据见表7.2.22。

将以上各个分表的计价内容整理汇总到总表中，具体数据见表7.2.20其他项目清单与计价汇总表。

8. 单位工程计价

将上面分析计算的数据导入单位工程投标报价汇总表，以人工费＋机械费为计价基数，按规定的10.95％费率计算规费，其中：社会保险费率29.35％（养老保险费率17.22％、失业保险费率0.34％、医疗保险费率10.25％、工伤保险费率0.64％，生育保险费率0.90％），住房公积金费率1.85％。以不含税工程造价为计价基数，按规定的3.48％费率计算税金，汇总得出单位工程投标报价。本例省略了工程排污费，详见表7.2.23规费、增值税计价表。

9. 复核审核

对前面所有的过程进行复核审核，重点对综合单价构成是否完整准确，综合单价分析时主要材料是否采用市场价格，各数据间的逻辑关系是否正确，所有计价过程是否严格遵照招标人提供的工程量清单的要求等内容进行复核审核，同时对计量单位、计算方法、取费标准、数字精确度等也要进行核对，避免错误发生，本例为了使清单计价过程更加简单明了，省略了一些计价表格，其相关的数据在其他表格中体现。

10. 编投标报价书

填写封面、扉页和总说明，封面见表7.2.13，扉页见表7.2.14，总说明包括投标报价书编制依据、参考定额手册、各项取费标准、特殊项目说明等，具体内容见表7.2.16单位工程投标报价汇总表。最后按照《计价规范》中提供参考的工程计价表格格式打印装订成投标报价书。投标报价书一般应由具有工程造价专业执业资格的造价从业人员进行审核，要求投标单位盖章，编制人、审核人签字或盖章方为有效。

本 章 小 结

施工图预算是根据《计量规范》《计价规范》的相关规定，以施工设计图纸、地区或者企业现行工程量消耗定额、费用定额、市场价格信息等为依据，编制的单位工程预算造价的技术经济文件。

本章主要以某实训中心精装房样板工程为例，在工程清单计价模式下编制装饰工程预算书、装饰工程工程量清单和装饰工程投标报价书，并详细讲解了编制预算书的方法过程，以及报表的输出内容。重点是综合单价分析。

技 能 训 练

一、选择题

1. 关于施工图预算文件的组成，下列说法中错误的是（   ）。

A. 当建设项目有多个单项工程时，应采用三级预算编制形式

B. 三级预算编制形式的施工图预算文件包括综合预算表、单位工程预算表和附件等

C. 当建设项目仅有一个单项工程时，应采用二级预算编制形式

D. 二级预算编制形式的施工图预算文件包括综合预算表和单位工程预算表两个主要报表

2. 编制工程量清单时，可以依据施工组织设计、施工规范、验收规范确定的要素有（   ）。

A. 项目名称   B. 项目编码   C. 项目特征

D. 计量单位   E. 工程量

3. 其他项目清单中，无须由招标人根据拟建工程实际情况提出估算额度的费用项目是（   ）。

A. 暂列金额   B. 材料暂估价

C. 专业工程暂估价   D. 计日工费用

4. 工程定额计价方法与工程量清单计价方法的相同之处在于（   ）的一致性。

A. 工程量计算规则   B. 项目划分单元

C. 单价与报价构成   D. 从下而上分部组合计价方法

5. 关于工程量清单编制的说法，正确的有（   ）。

A. 脚手架工程应列入以综合单价形式计价的措施项目清单

B. 暂估价用于支付可能发生也可能不发生的材料及专业工程

C. 材料暂估价中的材料包括应计入建安费中的设备

D. 暂列金额是招标人考虑工程建设工程中不可预见、不能确定的因素而暂定的一笔费用

E. 计日工清单中由招标人列项，招标人填写数量与单价

二、问答题

1. 什么是施工图预算？施工图预算在工程造价中有什么作用？

2. 编制施工图预算应参照哪些依据？

3. 清单计价法编制装饰工程工程量清单和编制投标报价书的步骤有哪些？

项目 8　建筑装饰工程造价管理软件应用

【内容提要】

本项目主要内容包括建筑装饰工程造价管理软件概述和举例，重点介绍一种造价管理软件的应用。

【知识目标】

1. 了解工程造价管理软件的发展及国内现用的工程造价管理软件概况。
2. 掌握工程造价管理软件在实例中的运用。

【能力目标】

1. 能够熟悉工程造价管理软件的种类。
2. 能够应用工程造价管理软件对建筑装饰工程实例进行工程计价。

【学习建议】

结合工程实践理解计价软件，熟悉造价管理软件的特点和使用方法，掌握本地区计价软件的操作，并总结使用技巧。熟练掌握编制装饰工程预算的编制程序。

任务 8.1　建筑装饰工程造价管理软件概述

随着计算机和网络技术的迅速发展，计算机开始较多地参与工程设计、定额编制和工程预算等各项工作，在工程造价管理中，工程造价软件得到了充分的运用与展示，同时也是工程造价人员从事工程造价工作的重要手段。现在国内外对工程造价管理都非常重视，随着信息技术的飞速发展，一些从事工程造价研发的专业公司也在不断地开发一些具有使用价值的工程造价软件，现在在国内也有着一定的用户群体并具有一定市场地位的软件品牌，如北京广联达、中国建筑科学院 PKPM、上海鲁班、深圳清华斯维尔等。

8.1.1　工程造价管理软件的类型

（1）算量软件。工程量计算是定额计量、工程量清单编制等各项工作的基础，工作量较大，这类软件大多都是以 AutoCAD 为开发平台进行二次开发的，如上海鲁班和深圳清华斯维尔，但是大连北科及北京广联达有所区别，不过以上几家都已经实现了三维算量。三维算量软件是基于 AutoCAD 平台的工程量计算软件，通过三维图形建模，直接识别利用设计院电子文档的方式，将电子文档转化为面向工程量及套价计算的图形构件对象，以真正面向图形的方法，非常直观地解决了工程量的计算及套价，提高了建设工程量计算速度与精确度，把算量工作人员从繁重的计算中解放出来，它彻底改变了算量的工作方法。

（2）计价软件。计价软件比较多，如"清单大师——工程量清单计价软件""PK －

PM 工程量计价软件""必佳软件""鹏业软件""青山软件""宏业软件""广联达软件"等，这些计价软件均采用 Windows 为系统平台，使用高级语言和数据库技术编制的，采用所见即所得的实时计算方式，操作简便、直观、计算准确，输出表格符合有关文件的规定。

北京广联达软件技术有限公司是现阶段工程造价软件市场中比较有实力的软件企业，主要从事于建筑软件整体方案解决。它的系列产品操作流程是由工程量软件和钢筋统计软件计算出工程量，通过数字网站询价，然后用清单计价软件进行组价。

广联达清单计价软件内置浏览器，用户可直接点击链接进入软件服务网，进行最新材料价格信息的查询和应用。广联达算量软件在自主平台上开发，功能较完善。随着三维算量软件的发展和时代发展的需要，广联达先开发了基于 CAD 平台三维算量软件。随着技术的发展，广联达造价软件在精装修方面已经有广联达 BIM 装饰计量 2019，计价软件有广联达云计价平台 GCCP5.0 等。

8.1.2　工程造价管理软件应用的必要性

在信息社会环境下，计算机作为现代社会的管理手段，给人们的工作带来了极大的便利，也为社会创造了效益。

1. 从宏观分析工程造价管理软件应用的必要性

（1）加快工程造价信息流动。为了使工程造价管理组织之间的工程造价信息流畅通顺，并在工程造价管理活动中进行有效交流，必须使用工程造价管理软件。

（2）提高工程造价管理水平。只有把思想观念和业务流程融进工程造价管理软件，才能提高工程造价管理水平，提高工程造价管理整体效益。

（3）适应建设市场竞争需要。工程造价管理软件的应用已经成为决定企业成败的关键因素之一，也是企业实现跨地区经营的前提，有利于企业适应建设市场的招标投标竞争机制。

2. 从微观分析工程造价管理软件应用的必要性

（1）提升组织的核心竞争力。工程造价管理软件的集成应用，可以提升工程造价咨询企业的核心竞争力，适应建设市场竞争的要求。

（2）提高组织的决策水平。使用工程造价管理软件能够使组织在获取、交流、利用工程造价信息资源方面更加灵活、快速和便捷，最大限度减少了决策过程中工程造价信息的不对称，提高了组织的决策水平。

（3）有效降低组织成本。使用工程造价管理软件可以改变和改善成本结构，减少消耗商品费用和商务费用等成本，提高工程造价信息交流的效率。

（4）营造工程造价信息环境。工程造价管理软件的应用，有利于营造组织的工程造价信息环境，培养信息素养，提高信息意识和信息能力。

任务 8.2　建筑装饰工程造价管理软件举例

目前，我国工程造价管理软件种类繁多，现以广联达造价管理软件为例进行简单的介绍。

广联达系列软件现包括广联达 BIM 装饰计量 2019、工程量清单计价软件 GBQ3.0/GBQ4.0、云计价平台 GCCP5.0 等。

8.2.1　广联达 BIM 装饰计量 2019 软件应用

广联达 BIM 装饰计量 2019 是一款针对建筑装饰工程进行建模与算量的软件，它基于广联达自主研发的图形平台，通过三维建模将二维 CAD 图纸三维可视化。广联达 BIM 装饰计量 2019 立足"简单、快速、准确、专业"的产品定位，确保作为 BIM 装饰建模与算量专家，为广大用户创造更多价值，让工作更便捷和高效。

本章以实训中心精装房工程为例，用广联达 BIM 装饰计量 2019 软件对该工程进行工程量计算操作。

8.2.1.1　软件建模

1. 新建工程

安装软件和驱动后，打开广联达 BIM 装饰计量 2019 软件，界面显示如图 8.2.1 所示。

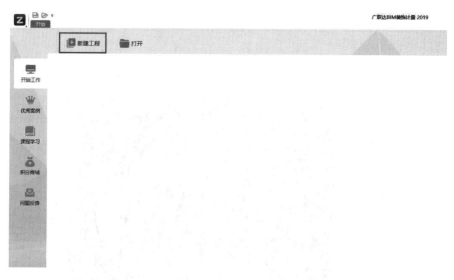

图 8.2.1　广联达 BIM 装饰计量 2019 界面

点击【新建工程】，弹出的对话框如图 8.2.2 所示，在对话框中更改工程名称，在【清单库】下拉命令选取工程量清单项目计量规范（2013 -广西）2016 修订版，在【定额库】下拉命令选取广西建筑装饰装修工程消耗量定额（2013）。点击确定，然后等待进度读取。

注意：工程量清单项目计量规范与消耗量定额如果没有显示，则需要安装对应省份的云计价软件。

点击【确定】，然后等待进度读取，弹出新建界面，如图 8.2.3 所示。

图 8.2.2　新建工程界面

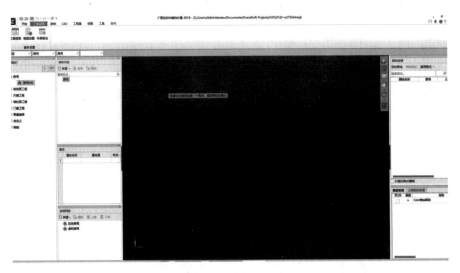

图 8.2.3　新建界面

　　点击【工程设置】、【工程信息】，在弹出的对话框中，可以对工程信息进行进一步修改确认，如图 8.2.4，图 8.2.5 所示。

　　点击【楼层设置】命令，在弹出的对话框中，可以对楼层进行设置，对楼层数进行增减、对标高进行设置，如图 8.2.6 所示。

　　2. 导入图纸

　　完成楼层设置后，可以导入 CAD 图纸，具体操作如下：

图 8.2.4 工程信息基本设置对话框

属性名称	属性值
1 ☐ 工程信息	
2 　工程名称	实训楷精装房工程
3 　清单库	工程量清单项目计量规范(2013-广西)2016修订版
4 　定额库	广西建筑装饰装修工程消耗量定额(2013)
5 　项目代码	
6 　工程类别	住宅
7 　结构类型	框架结构
8 　基础形式	条形基础
9 　建筑特征	矩形
10 　地下层数(层)	
11 　地上层数(层)	
12 　建筑面积(m2)	
13 ☐ 编制信息	
14 　建设单位	
15 　设计单位	
16 　施工单位	
17 　编制单位	
18 　编制日期	2019-09-06
19 　编制人	
20 　编制人证号	
21 　审核人	
22 　审核人证号	

图 8.2.5 工程信息属性对话框

在软件界面右边图纸管理窗口，点击【添加图纸】命令，在相应该的文件路径中，添加对应的平面图，如图 8.2.7 所示，双击对应的图纸名称。

如果图纸是使用 CAD 布局绘图，会出现比例窗口不一致的情况，需要对图纸进行局

图 8.2.6　楼层设置

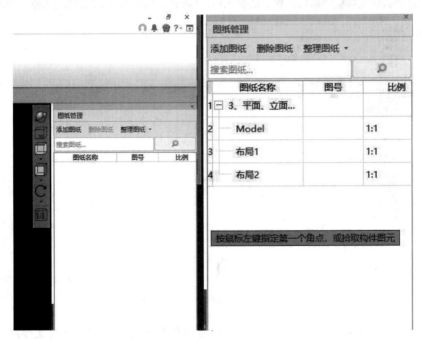

图 8.2.7　图纸管理对话框

部缩放，如图 8.2.8 所示。

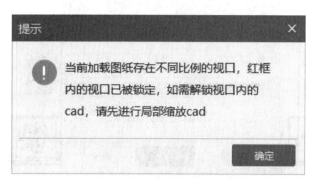

图 8.2.8　局部缩放提示

点击菜单栏上【CAD】，点击【局部缩放 CAD 图】命令，如图 8.2.9 所示，框选需要进行局部缩放的图视窗口，选中的图纸变为蓝色，右击确定，软件自动弹出比例对话框，直接确定，如图 8.2.10、图 8.2.11 所示。然后选取到相应的位置，右击确定。

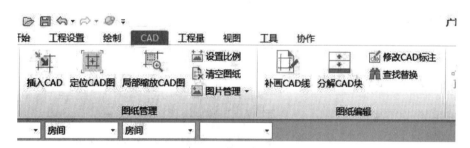

图 8.2.9　局部缩放 CAD 图命令

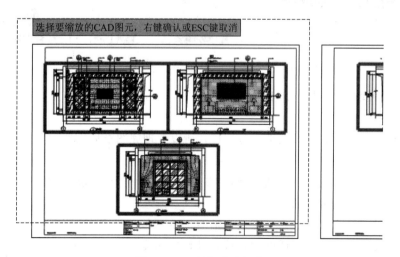

图 8.2.10　局部缩放操作

图 8.2.11 局部缩放比例

3. 图纸整理

对导入好的图纸进行拆分整理，方便于建模算量工作。

在图纸管理窗口点击【整理图纸】下拉命令，选择【智能拆分】，图纸则按图框进行自动拆分整理，如图 8.2.12、图 8.2.13 所示，直接确定。如果有特殊要求，可使用【手动拆分】功能。

图 8.2.12 整理图纸　　　　　　　　　　图 8.2.13 智能拆分

继续以上步骤，导入其他需要的图纸。

4. 建立轴网

在绘制模型之前，需要对图纸进行定位，所以整理完图纸后需要建立轴网对图纸进行定位，具体如下：

在导航栏中选择轴线，点击【轴网】，在构建列表栏中点击【新建】，选择【新建正交轴网】，如图 8.2.14 所示。

在弹出轴网定义窗口，建立一个正交轴网，如图 8.2.15 所示。

在弹出的【输入角度】对话框中，选择默认的角度 0 确定，如图 8.2.16 所示。则会在坐标（0，0）处生成一个轴网。

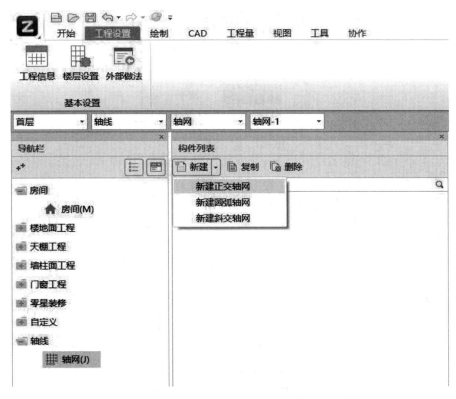

图 8.2.14　新建轴网

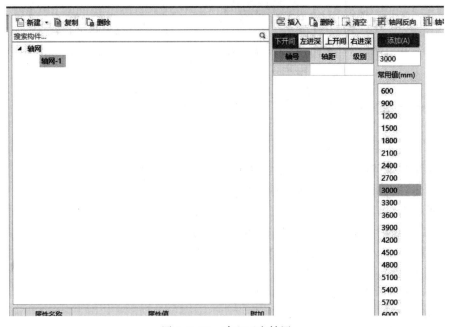

图 8.2.15　建立正交轴网

图 8.2.16　轴网角度

5. 图纸定位

在坐标（0，0）处生成一个轴网后，可以将 CAD 图纸定位到坐标（0，0），以便完成建模任务，具体操作如下：

在图纸管理栏中双击【地面铺设图】，进入到【地面铺设图】界面，如图 8.2.17 所示。

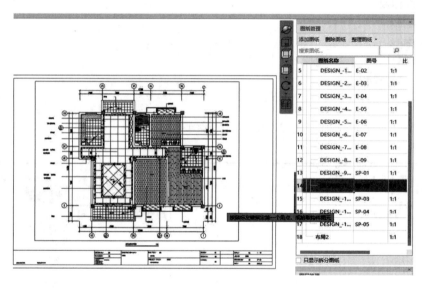

图 8.2.17　管理地面铺设图

选择菜单栏中【CAD】命令，选择【定位 CAD 图】，如图 8.2.18 所示。

选择【定位 CAD 图】后，鼠标移动回到图纸窗口，会显示"按鼠标左键确定 CAD 图纸的基准点"，以及附带着坐标输出框，如图 8.2.19 所示。

在 CAD 图纸上选择对应的位置点，按左键确定，在坐标显示框处输入 0，再按键盘上的【Tab】，再输入 0，按【回车键】确定，按鼠标中键拖动视口界面，【地面铺设图】移动定位到坐标（0，0）轴网处。

根据需要，将天花布置图及其他需要的图纸定位到坐标（0，0）点。

6. 识别构件

将图纸整理定位好后，就可以根据图纸对工程进行模型绘制了。

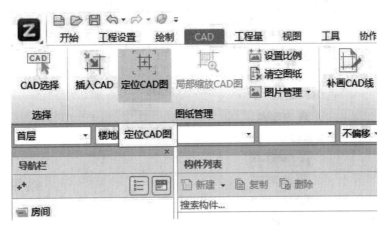

图 8.2.18　定位 CAD 图命令

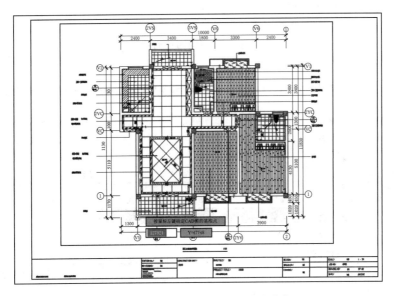

图 8.2.19　定位 CAD 图纸的基准点

首先在导航栏中选择【楼地面工程】，选择【楼地面】，如图 8.2.20 所示，在构件列表新建楼地面构件。

新建楼地面构件有多种方法，可以直接点击【新建】命令，选择【新建楼地面】，也可以从 CAD 图纸上直接进行识别构件。下面以识别构件为案例进行说明。

选择菜单栏中【绘制】命令，在【识别】状态栏选择【识别构件】，弹出【识别模式】对话框，鼠标则显示为"拉框或按鼠标左键选择构件名称，右键确认或 ESC 取消"状态，如图 8.2.21 所示。

默认选择【识别构件】，鼠标左键选择构件名称，如选择图纸上"300×300 防滑地

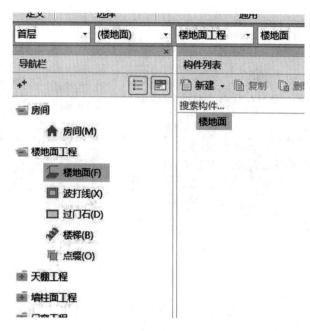

图 8.2.20　识别楼地面构件

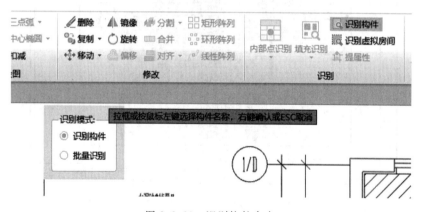

图 8.2.21　识别构件命令

砖"项目名称,则在左边构件列表中,生成"300×300 防滑地砖"构件,如图 8.2.22 所示。批量识别可以一次识别多个构件,可根据自己的需要使用。

根据 CAD 图纸内容,分别识别楼地面其余的构件,以及天棚工程、墙柱面工程、门窗工程及其他零星装修工程的构件,如图 8.2.23 所示。

7. 绘制图元

当所有的构件都添加或者识别完之后,就可以对图纸进行图元绘制了。图元绘制的方法也有多种,比较常用的是"填充识别""内部点识别""图例识别"以及用绘图工具进行图元绘制识别。

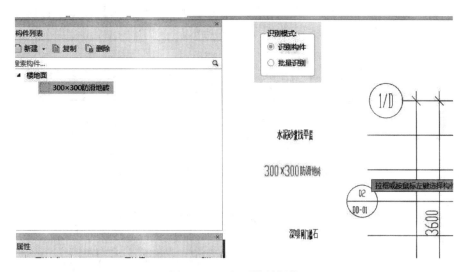

图 8.2.22 识别构件操作

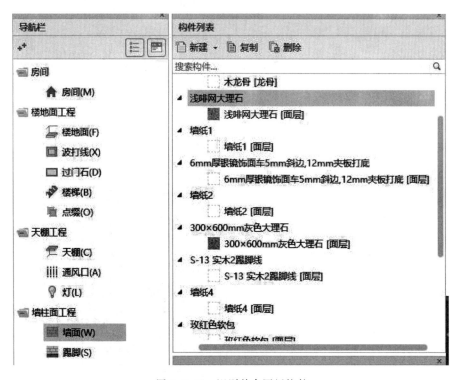

图 8.2.23 识别其余图纸构件

（1）填充识别。

填充识别是对 CAD 图纸本身的填充图像内容进行识别，因此 CAD 图纸必须按国家施工标准绘制。

在菜单栏选择【绘制】，导航栏选择【楼地面】，在构件列表中选择相应的构件名称，如"300×300防滑地砖"构件，在"识别"栏中选择【填充识别】命令，将鼠标移动到CAD图纸中对应的图例位置，显示如图8.2.24所示。

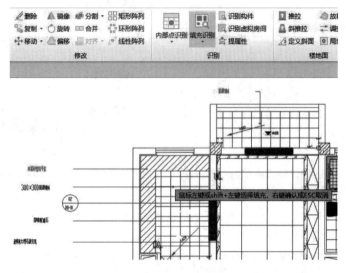

图 8.2.24 填充识别元件

选择对应的填充图案，所选的对象变成蓝色，右键点击确定，对应位置显示图案填充，如图8.2.25所示。

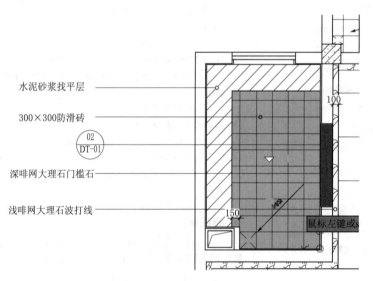

图 8.2.25 已识别的图元

（2）内部点识别。

内部点识别是针对CAD图纸中的闭合区域进行识别，如果CAD图纸没有形成闭合空间，则不能识别成功。

在菜单栏选择【绘制】，导航栏选择【楼地面】，在构件列表中选择相应的构件名称，如"防滑地砖"构件，在"识别"栏中选择【内部点识别】命令，将鼠标移动到 CAD 图纸中对应的图例位置，案例中选择是阳台的位置，阳台闭合区间的边线变粗，为被选中状态，鼠标显示为"田"状态，显示如图8.2.26所示。

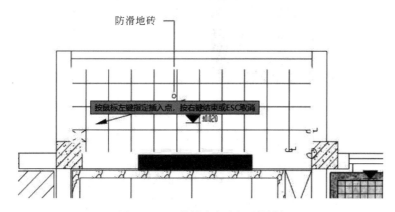

图 8.2.26 能被内部点识别图例

（3）图例识别。

在 CAD 图纸中，如果需要识别的区域中又包含多个较小闭合空间，用【内部点识别】命令进行识别，则会比较繁琐，此时可使用图例识别功能。图例识别与内部点识别相似，但图例识别需要选取的对象是图例，而不是空间，如 CAD 线、PL 构造线等，且所选线条需构成闭合空间。

在构件列表中选择相应的构件名称，如"800×800 仿土耳其闪电米黄大理石纹理瓷砖"构件，在"识别"栏中选择【内部点识别】下拉命令，选择【图例识别】，将鼠标移动到 CAD 图纸中对应的图例位置，案例中选择是客餐厅区域，将鼠标移动到客餐厅波打线的内边线处，鼠标显示为"回"状态，显示如图8.2.27所示。

左键点击选取波打线的内边线，波打线的内边线变为蓝色，处于被选中状态，右键点击确定，如图8.2.28所示，客餐厅全部区域则会填充为"800×800 仿土耳其闪电米黄大理石纹理瓷砖"图样贴图，且弹出提示对话框为"识别的图例数量是：1个"。如果所选图例不能形成闭合空间，则弹出提示对话框为"所选择区域不是封闭区域"。此时需要对相应的 CAD 图纸进行修补或者选择其他的识别方法。

（4）用矩形、直线工具绘制识别。

对于一些矩形又不封闭的区域，或者是不规则的又不能用内部识别工具识别的，则需

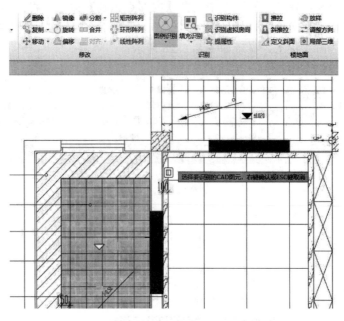

图 8.2.27　选择波打线识别

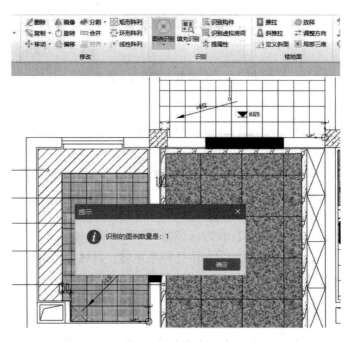

图 8.2.28　完成识别

要使用矩形或者直线工具绘制对应的区域进行识别。

在构件列表中选择相应的构件名称，在"绘图"栏中选择【矩形】对相的矩形区域进行绘制，或者【矩形】下拉命令，选择【直线】，对相应的矩形区域进行绘制。绘制完成后会在相应的区域填充上对应图案。

　　根据 CAD 图纸内容，使用合适的方法，依次分别识别楼地面其余构件图元，以及天棚工程、墙柱面工程、门窗工程及其他零星装修工程构件的图元，识别完所有图元后，可得到如图 8.2.29、图 8.2.30 所示。

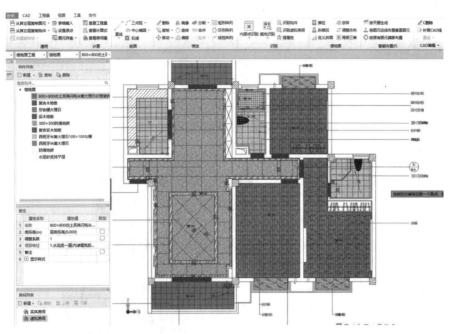

图 8.2.29　完成地面图元识别

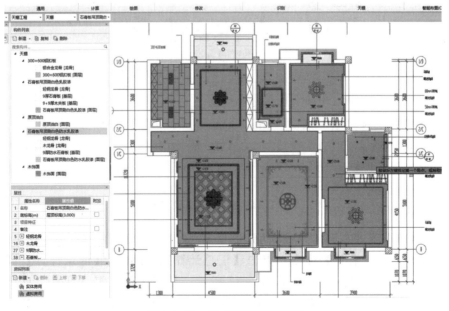

图 8.2.30　完成天棚图元识别

8.2.1.2　查看工程量

建模完成后，可以对工程量进行查看及导出。在建模过程中，也可以针对部分在建模型查看工程，操作如下：

（1）选择某一部分或者多部分建好的图元模型，选择【计算】栏中【查看工程量】命令，在弹出的查看工程量对话框中，可看查看选中部分图元工程量，如图 8.2.31 所示。

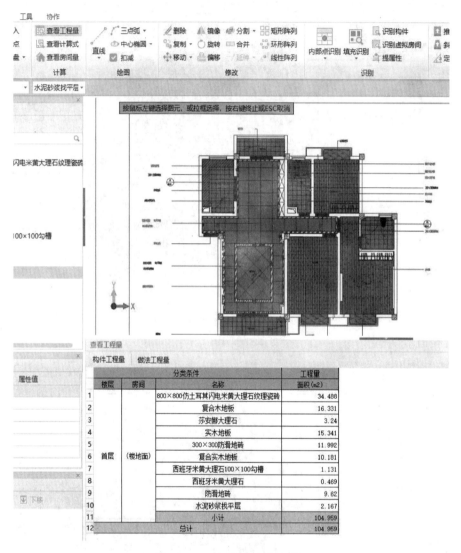

图 8.2.31　查看工程量对话框

（2）在全部图元模型都建完后，可预览报表，对整个项目的工程量进行查看。

选择菜单栏【工程量】命令，点击【汇总计算】，在弹出【汇总计算】的对话框中勾选楼层，点击【确定】，如图 8.2.32 所示。使用工程量汇总计算，可计算查看所有楼层的工程量，也可查看某一层的工程量，根据需要，勾选需要查看的楼层即可。

图 8.2.32　汇兑计算对话框

汇总计算完成后，选择【报表预览】命令，打开报表预览窗口，可根据需要查看构件工程量图 8.2.33 所示。

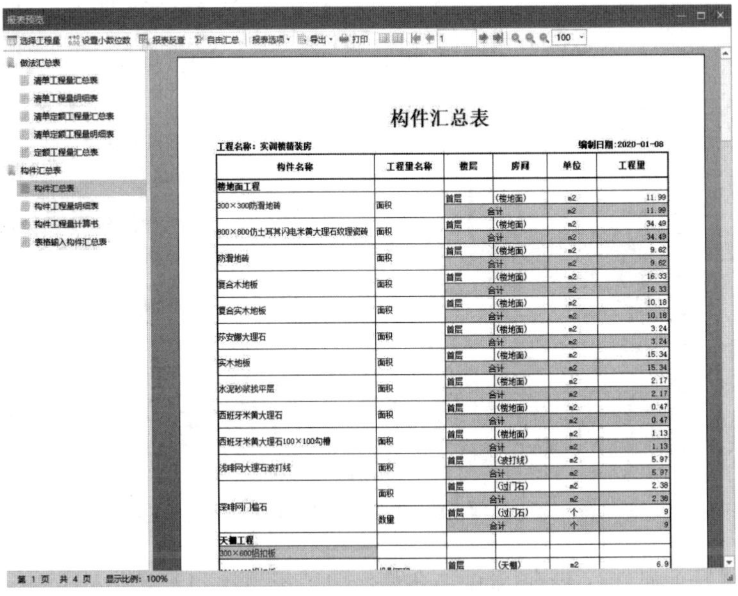

图 8.2.33　报表预览窗口

8.2.1.3 编制工程量清单

工程量计算完成后，可对工程量清单进行编制。

1. 识别项目特征

清单的项目特征是按照施工说明要求或者按工艺做法进行编制的，在进行项目特征之前，可将施工说明或者大样图添加到软件中，以到项目特征进行识别。本案例中使用大样图进行项目特征编制。

将楼地面大样图添加到软件中，打开后，选择已经识别完成的楼地面"实木地板"构件，在下方【属性】窗口中，选择"项目特征属性行"，选择【识别栏】中【提取属性】命令，如图8.2.34、图8.2.35所示。

图 8.2.34 属性对话框

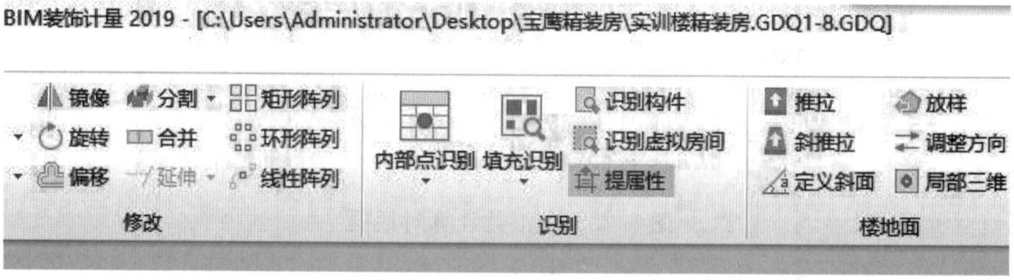

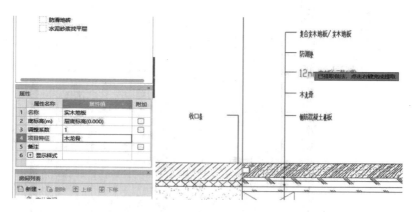

图 8.2.35 提取属性命令

根据楼地面大样图的属性，用【提属性】工具对项目特征文字进行提取，如图8.2.36所示。用此方法依次对相应的构件进行项目特征的编制。

图 8.2.36 提取项目特征属性

选择"项目特征属性行 ⋯"命令，在弹出的"编辑项目特征"窗口中，对项目特征进行一步编辑或者修改，如图8.2.37所示。对于部分项目特征，没有在大样图中体现

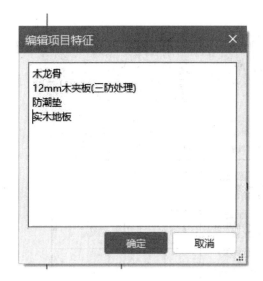

图 8.2.37　编辑项目特征对话框

出来的项目特征，可手动输入进行编辑。

2. 工程量清单查看及导出

同样使用菜单栏【工程量】命令，点击【汇总计算】，在弹出【汇总计算】的对话框中勾选楼层，点击【确定】，使用工程量汇总计算后，选择【报表预览】命令，打开报表预览窗口，在做法汇总表中，选择【清单定额工程量汇总表】，如图 8.2.38 所示。

查看无误后，根据需要导出工程量清单。具体操作如下：

报表预览窗口菜单栏选择【导出】→【导出到 Excel 程序中】，软件则自动将报表导到 Excel 表格中，可得到到工程量清

图 8.2.38　清单定额工程量汇总表

单，如图 8.2.39 所示。

熟练使用 BIM 算量软件，可以对比较复杂的精装修工程进行快速有效的算量，提高算量效率和精度，使概预算人员从繁琐的算量基础工作中解放出来，节省更多的时间与精力去从事造价管理中更有价值的工作。

8.2.2　广联达云计价平台 GCCP5.0 软件应用

使用广联达云计价平台 GCCP5.0 是广联达公司开发的新一代计价产品，是为计价客

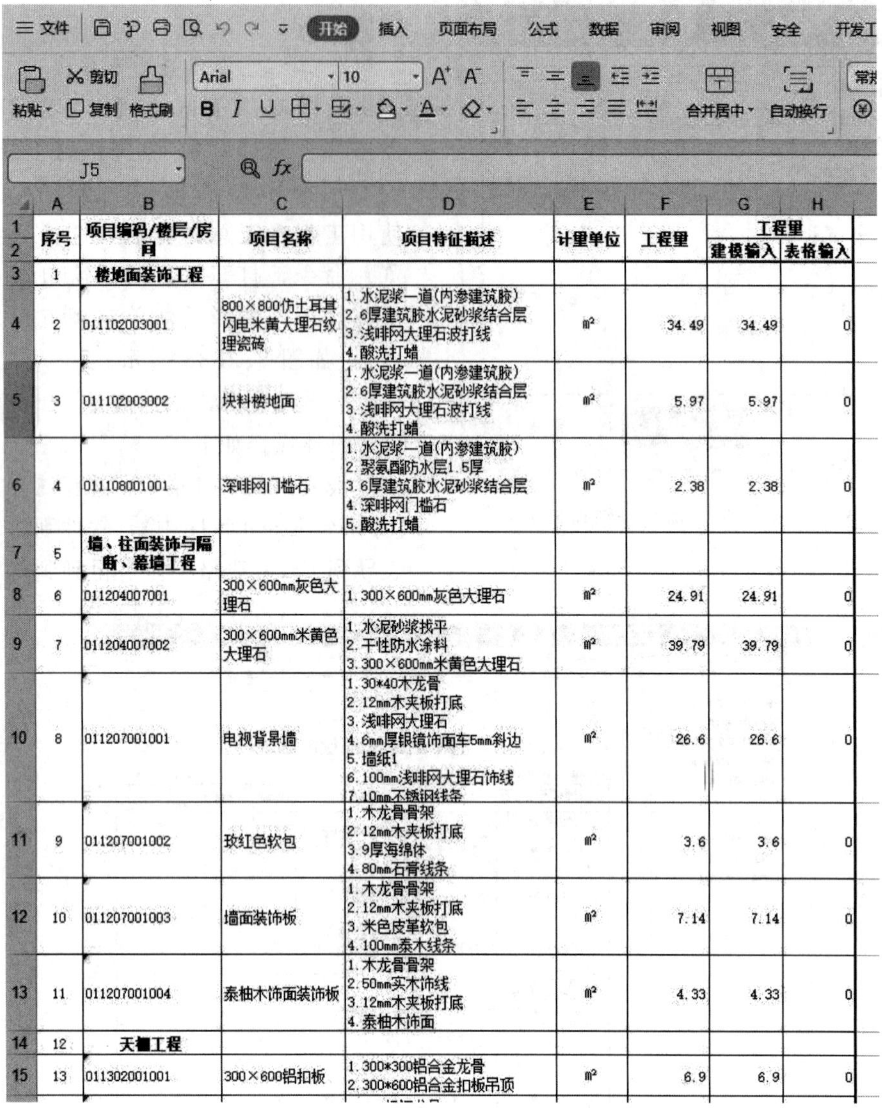

序号	项目编码/楼层/房间	项目名称	项目特征描述	计量单位	工程量	工程量 建模输入	工程量 表格输入
1	楼地面装饰工程						
2	011102003001	800×800仿土耳其闪电米黄大理石纹理瓷砖	1.水泥浆一道(内掺建筑胶) 2.6厚建筑胶水泥砂浆结合层 3.浅啡网大理石波打线 4.酸洗打蜡	m²	34.49	34.49	0
3	011102003002	块料楼地面	1.水泥浆一道(内掺建筑胶) 2.6厚建筑胶水泥砂浆结合层 3.浅啡网大理石波打线 4.酸洗打蜡	m²	5.97	5.97	0
4	011108001001	深啡网门槛石	1.水泥浆一道(内掺建筑胶) 2.聚氨酯防水层1.5厚 3.6厚建筑胶水泥砂浆结合层 4.深啡网门槛石 5.酸洗打蜡	m²	2.38	2.38	0
5	墙、柱面装饰与隔断、幕墙工程						
6	011204007001	300×600mm灰色大理石	1.300×600mm灰色大理石	m²	24.91	24.91	0
7	011204007002	300×600mm米黄色大理石	1.水泥砂浆找平 2.干性防水涂料 3.300×600mm米黄色大理石	m²	39.79	39.79	0
8	011207001001	电视背景墙	1.30*40木龙骨 2.12mm木夹板打底 3.浅啡网大理石 4.6mm厚银镜饰面车5mm斜边 5.墙纸1 6.100mm浅啡网大理石饰线 7.10mm不锈钢线条	m²	26.6	26.6	0
9	011207001002	玫红色软包	1.木龙骨骨架 2.12mm木夹板打底 3.9厚海绵体 4.80mm石膏线条	m²	3.6	3.6	0
10	011207001003	墙面装饰板	1.木龙骨骨架 2.12mm木夹板打底 3.米色皮革软包 4.100mm泰木线条	m²	7.14	7.14	0
11	011207001004	泰柚木饰面装饰板	1.木龙骨骨架 2.50mm实木饰线 3.12mm木夹板打底 4.泰柚木饰面	m²	4.33	4.33	0
12	天棚工程						
13	011302001001	300×600铝扣板	1.300*300铝合金龙骨 2.300*600铝合金扣板吊顶	m²	6.9	6.9	0

图 8.2.39　导出工程量清单

户群提供概算、预算、竣工结算阶段的数据编审、积累、分析和挖掘再利用的平台产品。该平台基于大数据、云计算等信息技术，实现计价全业务一体化、全流程覆盖，从而使造价工作更高效、更智能。

本节将以广联达 BIM 装饰计量 2019 导出的精装房工程量清单为实例，在清单计价模式下，使用广联达云计价平台 GCCP5.0 进行工程计价操作演示。

广联达云计价平台 GCCP5.0 是按照项目的三级管理结构来进行设置的，所谓项目的三级管理结构就是指项目工程、单项工程和单位工程。项目工程代表的是一个项目的总名称，而单项工程是指在一个建设工程项目中有独立的设计文件，竣工后能独立发挥生产能力或效益的工程单位工程。单位工程则是指独立的设计文件，具备独立施工条件，并能形成独立使用功能，但是在竣工后不能独立发挥生产能力或工程效益的工程，而单位工程的是构成单项工程的组成部分。

8.2.2.1　新建招投标项目

1. 新建项目

启动广联达云计价平台 GCCP5.0，在启动窗口界面会显示如图 8.2.40 所示。在窗口选择【新建】，选择【新建招投标项目】，选择对应的地区。

图 8.2.40　启动窗口界面

在新建工程窗口选择【清单计价】下的【新建招标项目】，如图 8.2.41 所示，在弹出的【新建招标项目】对话框中，填写项目名称、项目编号，如图 8.2.42 所示，清单库及定额库则选择对应的清单规范及定额，选取对应的取费模式，点击【下一步】。如果安装了多个地区版本的软件的话，则需要选择相应地区的清单规范及定额库。

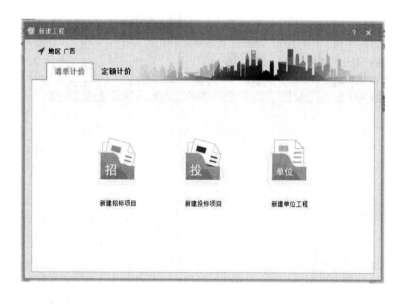

图 8.2.41　新建工程对话框

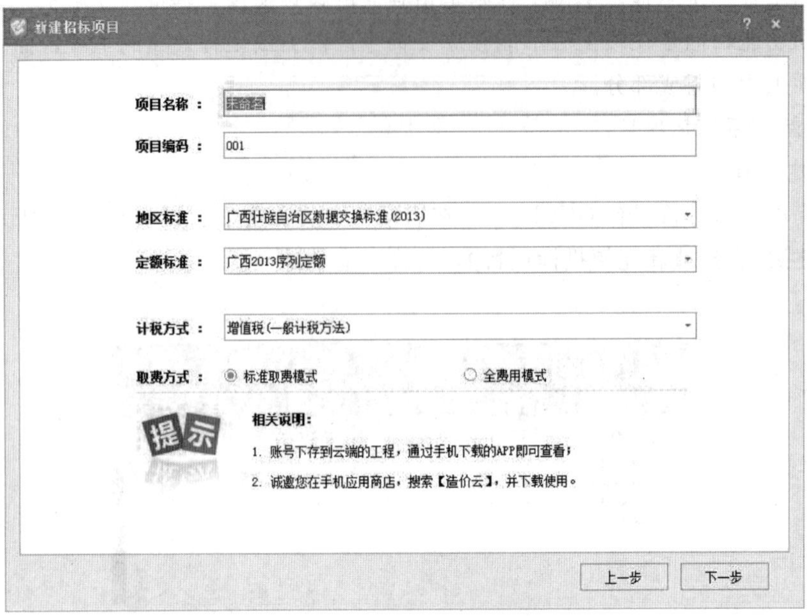

图 8.2.42   编辑新建招标项目

在新建招标项目窗口中，点击【新建单项工程】，如图 8.2.43 所示，在弹出的【新建单项工程】中，按工程需要填写工程名称，如果有数栋楼，则按工程实际，在单项数量则按需要填写即可。如有将安装工程报价一起编制，则在【单位工程】处按需要勾选对应单位工程，本案例为精装修工程，只需选择【建筑装饰】即可，如图 8.2.44 所示。

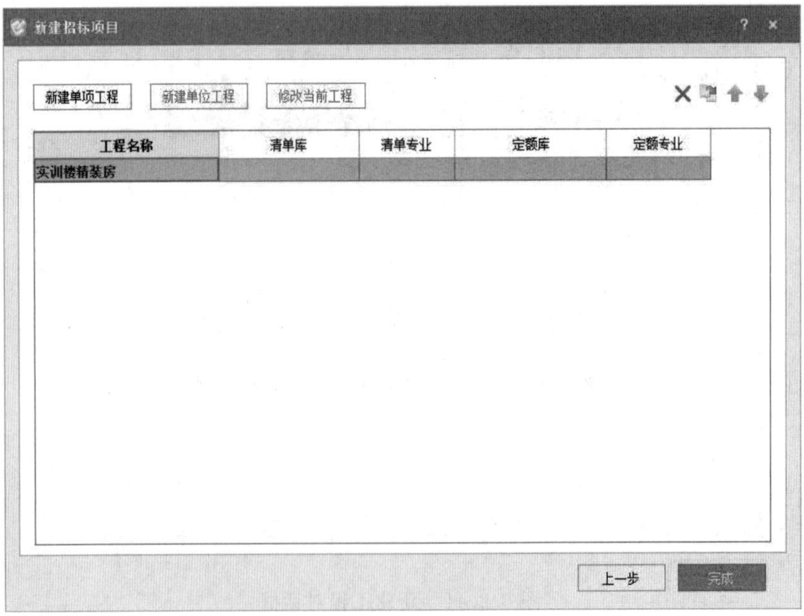

图 8.2.43   新建招标项目

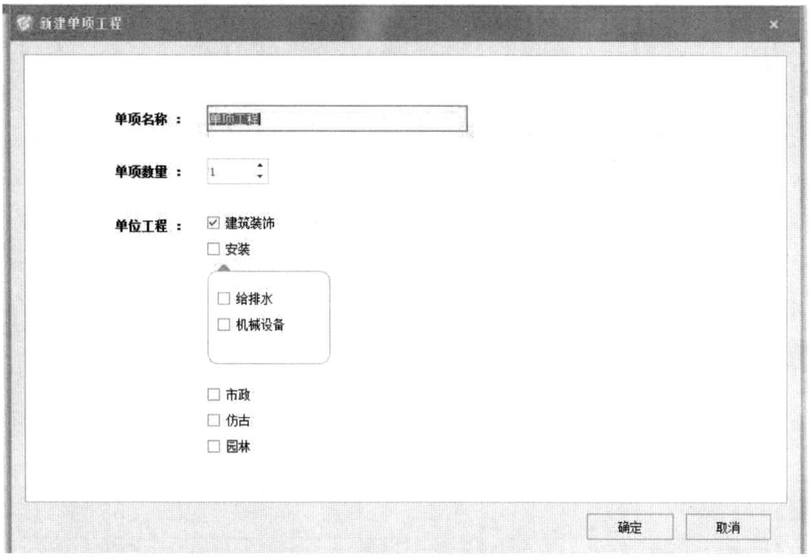

图 8.2.44   新建单项工程

新建单项工程后，即可新建单位工程，如图 8.2.45、图 8.2.46 所示，完成后，在软件主界面可以查看到新建项目、工程的具体设置，可进一步对工程具体信息如建筑面积、地上面积、地下面积、建设单位、设计单位、工程地点、质量标准、编制单位等信息进行设置，或者修改，如图 8.2.47 所示。

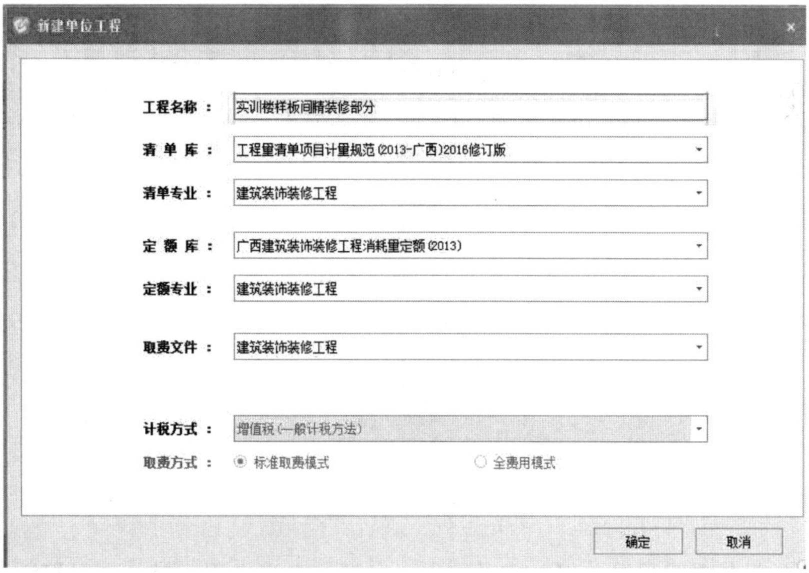

图 8.2.45   编辑新建单项工程

在广联达云计价平台 GCCP5.0 主界面，如图 8.2.47 所示，主要包括【编制】、【报表】、【电子标】三部分。【编制】部分主要进行预算报价编制，包括工程概况说明编制、

图 8.2.46　完成新建单项工程

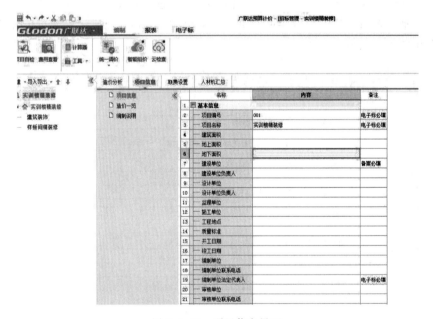

图 8.2.47　项目信息界面

取费设置、分部分项工程清单编制或者导入、定额的查询应用、措施项目编制、其他项目编制、人材机汇总及费用汇总指标分析等功能。即组价、报价过程基本上在【编制】完成的。【报表】部分则是对完成组价、报价等编制后，对工程输出为报表文件比如分部分项工程量清单、措施项目、其他项目等。【电子标】部分则主要是生成电子标书，本节不详细讲解标书内容。

2. 编制清单计价

在软件主界面若能栏选择【编制】页签部分，选择单位工程，即【样板间精装房】，则进入到分部分项工程量清单、措施项目清单等编制界面，如图 8.2.48 所示。

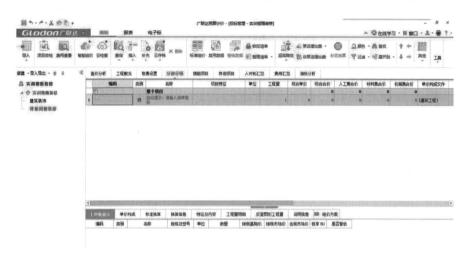

图 8.2.48　编制项目清单界面

首先对分部分项工程量清单的五要素进行编制。分部分项工程量清单的编制方法有多种：第一种方法为直接输入法。如果对清单内容掌握得比较透彻，可以直接在编码键入框输入对应的九数编码，如直接输入"101102001"，点击回车键确定，则软件自动生成 12 位编码，并在对应的清单行生成项目名称、计量单位，此时可按工程需要，对项目名称进行修改，并且对项目特征描述进行编制，并键入对应的工量即可，如图 8.2.49 所示。编制完一条清单后，可选择菜单栏上的插入命令，在已经完成的清单下方插入一条空白的清单，即可继续编制。

图 8.2.49　分部分项工程量清单界面

第二种方法为查询输入。如果对清单的掌握不是很熟悉，可使用此方法，进行快速编制清单。选择菜单栏中的【查询】命令，在弹出的查询窗口中，可以查询到清单指引、清单、定额、人材机内容。选择查询【清单】命令，在左侧的导航栏，可以看到清单是按照专业章节来进行划分的，本例编制的是建筑装饰部分，打开建筑装饰装修工程文件夹，则可查询到建筑工程装饰装修大部分的清单，且软件的清单也是与《计量规范》排序一致，如图 8.2.50 所示。

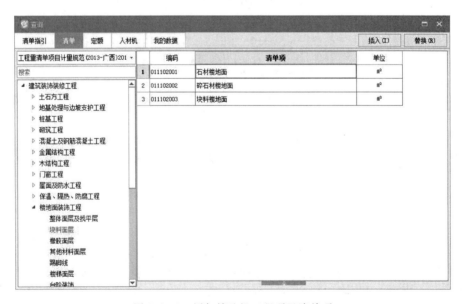

图 8.2.50　查询清单

比如需要增加一条"石材楼面"清单，则在导航栏选择打开【建筑装饰装修工程文件夹】，打开【楼地面装饰工程】，选择块料楼地面，在右边窗口出现对应的清单项目，如图 8.2.51 所示，双击对应的清单项目，则在编制界面生成一条对应的清单，如图 8.2.52 所示。如果已经有同类型的清单，则自动生成新的项目编码。

图 8.2.51　添加楼地机工程项目清单项

图 8.2.52　完成添加清单

第三种方法，可用导入文件的办法，快速有效地完成分部分项工程量清单的编制。例如已经使用计量软件完成工程量清单编制，并生成相应的文件，可以直接此方法。

以导入 Excel 文件为例，选择菜单栏上【导入】命令的下拉按钮，选择【导入 Excel 文件】，如图 8.2.53 所示，按照保存路径，找到对应的 Excel 文件打开，如图 8.2.54 所示。

图 8.2.53　导入 Excel 文件

在对话框中，【选择数据表】选择已经编制完成的工程量清单，在【选择导入位置】中下拉，选择【分部分项和单价措施汇清单】，核对【项目编码】【名称】【项目特征】【计量单位】【工程量】是否已经识别，如果没有识别则需要手动进行识别。选择【未识别】列上的"未识别"字样，选择对应的内容进行识别即可。

识别完成后，点击导入，等待进度读取完成后，点击【线束导入】即可。如果清单出现错误，软件会对错误项目进行提示，则针对错误内容进行修改即可。导入完成如图 8.2.55 所示。

导入完成后，工程量清单的相关内容则自动导入到对应的位置，如项目编码、项目名称、项目特征、计量单位、工程量等。

3. 措施项目和其他项目清单

措施项目清单在软件中一般不需要单独编制，软件已经按国家相关规定，自动生成完整的清单项目，用户只需要对应的项目进行修改编辑即可。

227

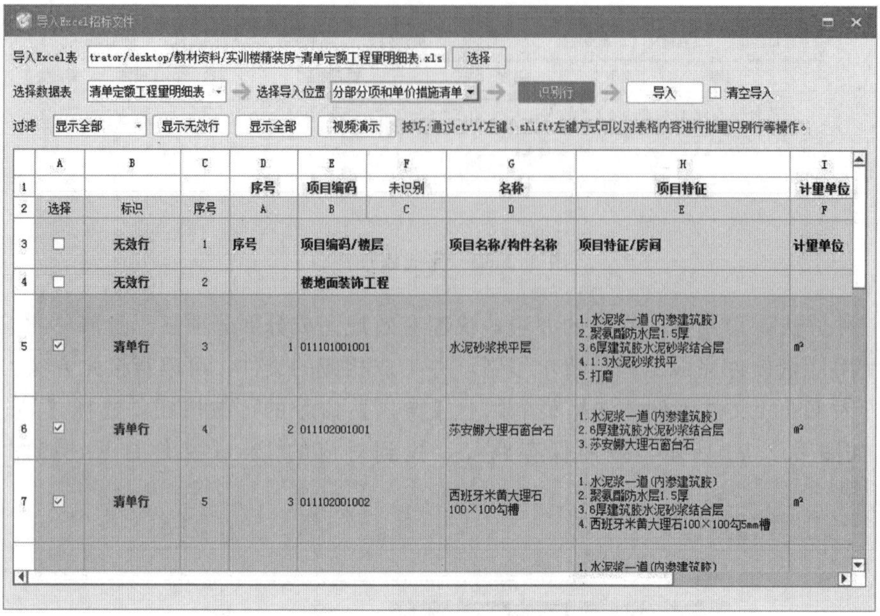

图 8.2.54　导入 Excel 招标文件对话框

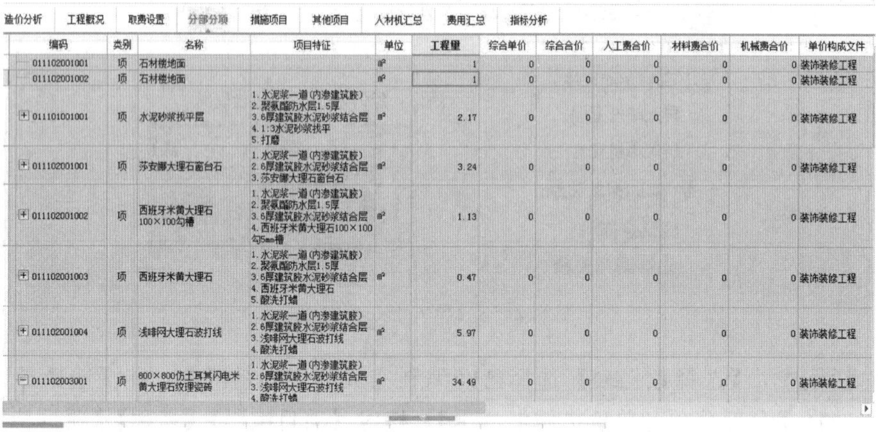

图 8.2.55　完成 Excel 文件导入

4. 输出报表

完成分部分项工程量清单的编制后，可对工程输出报表。

选择【报表】页签部分，在左侧导航栏可选择输出报表类型，软件提供了【工程量清单】【投标方】【招标控制价】及【其他】四类报表，如图 8.2.56 所示，可根据实际需要选择对应的报表，选择【批量导出 Excel】，在弹出的对话框中，勾选需要的报表，导出到相应的位置，即可生成需要的报表文件。

8.2.2.2　投标报价编制

投标是投标方取得招标工程量清单后，对工程进行组价报价的编制。

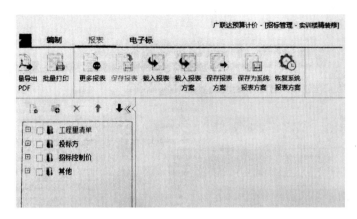

图 8.2.56　导出报表

1. 新建投标项目与工程信息设置

投标项目的新建与招标项目的新建操作基本相同，本案例主要以编制报价书过程作为演示。

2. 清单的导入

使用导入 Excel 文件的方法，将 Excel 文件的工程量清单导入软件中，操作与上节内容一致。

3. 费用设置与查看

新建单位工程后，可在取费设置栏进行费率的设置，如图 8.2.57 所示。

图 8.2.57　招标工程取费设置

4. 分部分项项目组价

导入工程量清单后，一般工程量清单处于锁定状态，防止投标方对工程量清单进行失误操作以致成为废标。如果和招标方核实工程量清单有误需要修改，可以选择【解除锁清单锁定】按钮，对清单进行解锁编制，如无特殊情况，不建议随意解锁对招标清单进行修改。

确认工程量清单无误后，使用查询方法对工程量清单进行组价。以卫生间铺"西班牙米黄大理石"为例，选中"西班牙米黄大理石"清单行，选择【查询】下拉按钮，选择【定额】，如图 8.2.58 所示，根据该清单的项目特征描述，依次查询对应的定额，选取对应的定额组合到清单上，如图 8.2.59 所示。

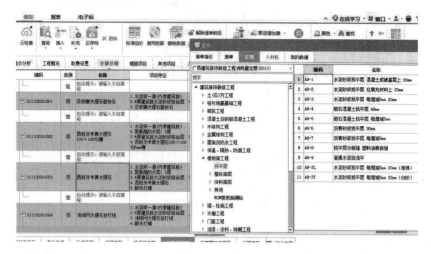

图 8.2.58 定额查询

图 8.2.59 选取对应定额

使用此方法，依次对分部分项其他清单进行组价，同时也对措施项目、其他项目进行组价。

5. 调价

对所有项目进行组价后，可以进行调价。在【人材机】汇总界面，在软件上方选择【载价】下拉命令，选择【批量载价】，在弹出的对话框中，选择对应的地区和期数，点击【下一步】，如图 8.2.60 所示。对于材料价格的变动情况及变化率，如图 8.2.61 所示，投标人对相应的人材机费用进行调整后，可根据相关文件要求，输出投标报价报表，操作步骤与招标项目报表输出相同。

本 章 小 结

造价软件的研发与应用，能够大幅提高工程造价的工作效率与准确率。计量软件通过软件建模等方法，快速计算出装饰装修工程的工程量，使造价人员从繁重的手工算量任务中解放出来，从而节省更多的时间去进行更有效的工作。计价软件通过快速查询定额，使

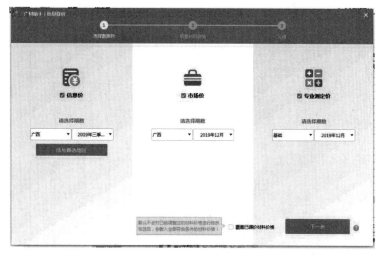

图 8.2.60 选择参考价

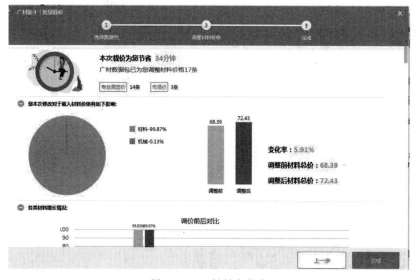

图 8.2.61 材料变化率

造价人员能够快速准备选取对应的定额子目，进行套用或者换算，快速确定工程的消耗量，从而快速进行工程造价费用计算编制。

技 能 训 练

某房间精装修工程施工图如图 Q8.1～图 Q8.4 所示，地面铺设实木，9mm 阻燃板基层，做 100mm 实木踢脚线，窗台铺贴象牙白大理石，房间墙面贴印花墙纸，天花刮腻子刷乳胶漆两遍。

1. 使用广联达 BIM 装饰计量 2019 软件计算并编制工程量清单。

2. 使用广联达云计价平台 GCCP5.0 编制工程报价，并输出报表。

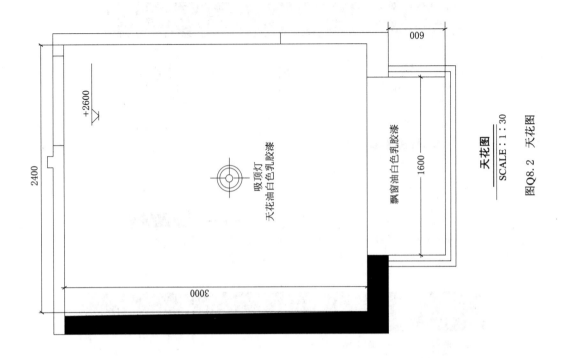

天花图
SCALE：1：30
图Q8.2　天花图

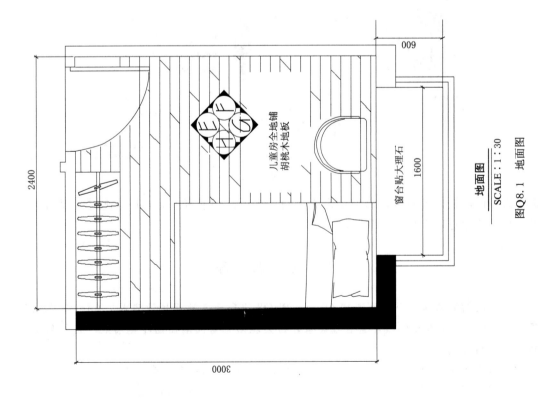

地面图
SCALE：1：30
图Q8.1　地面图

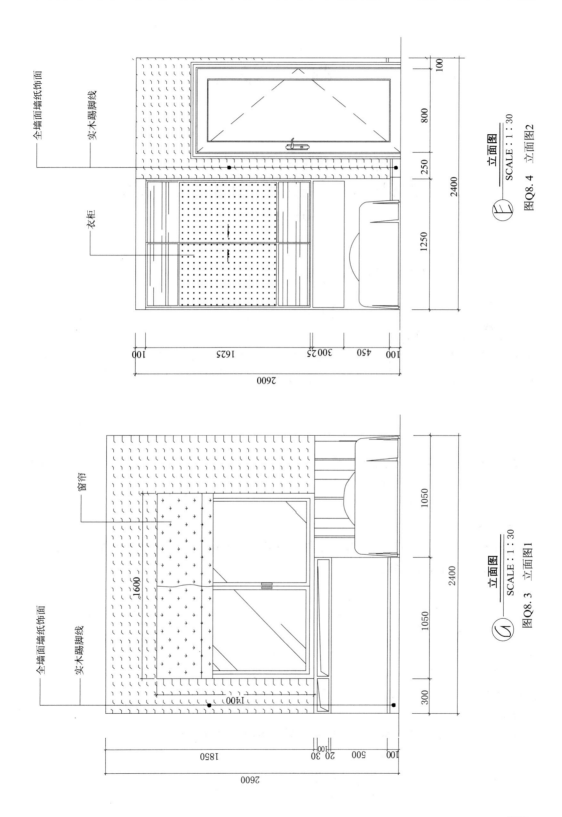

全墙面墙纸饰面
实木踢脚线
衣柜

2400
100
800
250
1250
100 1625 300 25 450 100
2600

立面图
SCALE：1：30
图Q8.4 立面图2

窗帘
全墙面墙纸饰面
实木踢脚线

1600
1400
2400
1050
1050
300

100 1850 20 30 500 100
2600

立面图
SCALE：1：30
图Q8.3 立面图1

附　录

中华人民共和国国家标准
房屋建筑与装饰工程工程量计算规范（摘选）
GB 50854—2013

1　总则

1.0.1　为规范房屋建筑与装饰工程造价计量行为，统一房屋建筑与装饰工程工程量计算规则、工程量清单的编制方法，制定本规范。

1.0.2　本规范适用于工业与民用的房屋建筑与装饰工程发承包及实施阶段计价活动中的工程计量和工程量清单编制。

1.0.3　房屋建筑与装饰工程计价，必须按本规范规定的工程量计算规则进行工程计量。

1.0.4　房屋建筑与装饰工程计量活动，除应遵守本规范外，尚应符合国家现行有关标准的规定。

2　术语

2.0.1　工程量计算

指建设工程项目以工程设计图纸、施工组织设计或施工方案及有关技术经济文件为依据，按照相关工程国家标准的计算规则、计量单位等规定，进行工程数量的计算活动，在工程建设中简称工程计量。

2.0.2　房屋建筑

在固定地点，为使用者或占用物提供庇护覆盖以进行生活、生产或其他活动的实体，可分为工业建筑与民用建筑。

2.0.3　工业建筑

提供生产用的各种建筑物，如车间、厂区建筑、动力站、与厂房相连的生活间、厂区内的库房和运输设施等。

2.0.4　民用建筑

非生产性的居住建筑和公共建筑，如住宅、办公楼、幼儿园、学校、食堂、影剧院、商店、体育馆、旅馆、医院、展览馆等。

3　工程计量

3.0.1　工程量计算除依据本规范各项规定外，尚应依据以下文件：

　　1　经审定通过的施工设计图纸及其说明。

　　2　经审定通过的施工组织设计或施工方案。

　　3　经审定通过的其他有关技术经济文件。

3.0.2　工程实施过程中的计量应按照现行国家标准《建设工程工程量清单计价规范》GB 50500 的相关规定执行。

3.0.3　本规范附录中有两个或两个以上计量单位的，应结合拟建工程项目的实际情况，确定其中一个为计量单位。同一工程项目的计量单位应一致。

3.0.4　工程计量时每二项目汇总的有效位数应遵守下列规定：

1　以"t"为单位，应保留小数点后三位数字，第四位小数四舍五入。

2　以"m"、"m²"、"m³"、"kg"为单位，应保留小数点后两位数字，第三位小数四舍五入。

3　以"个"、"件"、"根"、"组"、"系统"为单位，应取整数。

3.0.5　本规范各项目仅列出了主要工作内容，除另有规定和说明者外，应视为已经包括完成该项目所列或未列的全部工作内容。

3.0.6　房屋建筑与装饰工程涉及电气、给排水、消防等安装工程的项目，按照现行国家标准《通用安装工程工程量计算规范》GB 50856 的相应项目执行；涉及仿古建筑工程的项目，按现行国家标准《仿古建筑工程工程量计算规范》GB 50855 的相应项目执行；涉及室外地（路）面、室外给排水等工程的项目，按现行国家标准《市政工程工程量计算规范》GB 50857 的相应项目执行；采用爆破法施工的石方工程按照现行国家标准《爆破工程工程量计算规范》GB 50862 的相应项目执行。

4　工程量清单编制

4.1　一般规定

4.1.1　编制工程量清单应依据：

1　本规范和现行国家标准《建设工程工程量清单计价规范》GB 50500。

2　国家或省级、行业建设主管部门颁发的计价依据和办法。

3　建设工程设计文件。

4　与建设工程项目有关的标准、规范、技术资料。

5　拟定的招标文件。

6　施工现场情况、工程特点及常规施工方案。

7　其他相关资料。

4.1.2　其他项目、规费和税金项目清单应按照现行国家标准《建设工程工程量清单计价规范》GB50500 的相关规定编制。

4.1.3　编制工程量清单出现附录中未包括的项目，编制人应做补充，并报省级或行业工程造价管理机构备案，省级或行业工程造价管理机构应汇总报住房和城乡建设部标准定额研究所。

补充项目的编码由本规范的代码 01 与 B 和三位阿拉伯数字组成，并应从 01B001 起顺序编制，同一招标工程的项目不得重码。

补充的工程量清单需附有补充项目的名称、项目特征、计量单位、工程量计算规则、工作内容。不能计量的措施项目，需附有补充项目的名称、工作内容及包含范围。

4.2　分部分项工程

4.2.1　工程量清单应根据附录规定的项目编码、项目名称、项目特征、计量单位和工程量计算规则进行编制。

4.2.2　工程量清单的项目编码，应采用十二位阿拉伯数字表示，一至九位应按附录的规定设置，十至十二位应根据拟建工程的工程量清单项目名称和项目特征设置，同一招标工程的项目编码不得有重码。

4.2.3　工程量清单的项目名称应按附录的项目名称结合拟建工程的实际确定。

4.2.4　工程量清单项目特征应按附录中规定的项目特征，结合拟建工程项目的实际予以描述。

4.2.5　工程量清单中所列工程量应按附录中规定的工程量计算规则计算。

4.2.6　工程量清单的计量单位应按附录中规定的计量单位确定。

4.2.7　本规范现浇混凝土工程项目"工作内容"中包括模板工程的内容，同时又在措施项目中单列了现浇混凝土模板工程项目。对此，招标人应根据工程实际情况选用。若招标人在措施项目清单中未编列现浇混凝土模板项目清单，即表示现浇混凝土模板项目不单列，现浇混凝土工程项目的综合单价中应包括模板工程费用。

4.2.8　本规范对预制混凝土构件按现场制作编制项目，"工作内容"中包括模板工程，不再另列。若采用成品预制混凝土构件时，构件成品价（包括模板、钢筋、混凝土等所有费用）应计入综合单价中。

4.2.9　金属结构构件按成品编制项目，构件成品价应计入综合单价中，若采用现场制作，包括制作的所有费用。

4.2.10　门窗（橱窗除外）按成品编制项目，门窗成品价应计入综合单价中。若采用现场制作，包括制作的所有费用。

4.3　措施项目

4.3.1　措施项目中列出了项目编码、项目名称、项目特征、计量单位、工程量计算规则的项目，编制工程量清单时，应按照本规范4.2分部分项工程的规定执行。

4.3.2　措施项目中仅列出项目编码、项目名称，未列出项目特征、计量单位和工程量计算规则的项目，编制工程量清单时，应按本规范附录S措施项目规定的项目编码、项目名称确定。

参 考 文 献

［1］ 中华人民共和国住房和城乡建设部．建设工程工程量请单计价规范：GB 50500—2013［S］.北京：中国计划出版社，2013.

［2］ 中华人民共和国住房和城乡建设部．房屋建筑与装饰工程工程量计算规范：GB 50854—2013［S］.北京：中国计划出版社，2013.

［3］ 任波远，吕红校，宫淑艳．建筑与装饰工程清单计量与计价［M］.北京：机械工业出版社，2017.

［4］ 刘晓燕．装饰工程计量与计价［M］.天津：天津大学出版社，2017.

［5］ 戴晓燕．装饰装修工程计量与计价［M］.北京：化学工业出版社，2017.